Hartmut Balder

Die Wurzeln der Stadtbäume

Die in diesem Buch enthaltenen Empfehlungen und Angaben sind von den Autoren mit größter Sorgfalt zusammengestellt und geprüft worden. Eine Garantie für die Richtigkeit der Angaben kann aber nicht gegeben werden. Autoren und Verlag übernehmen keine Haftung für Schäden und Unfälle. Bitte setzen Sie bei der Anwendung der in diesem Buch enthaltenen Empfehlungen Ihr persönliches Urteilsvermögen ein.
Der Verlag Eugen Ulmer ist nicht verantwortlich für die Inhalte der im Buch genannten Websites.

Anmerkung des Verlags zur Schreibweise (Gendering): Gendergerechtigkeit und Inklusion sind bei uns gelebte Praxis – bei der Auswahl unserer Themen, bei der Recherchearbeit, in der Gestaltung. Unsere Texte meinen alle. Damit unsere Inhalte jedoch gut lesbar bleiben, verzichten wir in diesem Werk auf die jeweilige Mehrfachnennung oder Anpassung der Schreibweise bestimmter Bezeichnungen an die weibliche, männliche oder diverse Form.

Bibliografische Information der Deutschen Nationalbibliothek
Die Deutsche Nationalbibliothek verzeichnet diese Publikation in der Deutschen Nationalbibliografie; detaillierte bibliografische Daten sind im Internet über http://dnb.d-nb.de abrufbar.

Sonderausgabe der 1. Auflage
1998 Parey Buchverlag
Eugen Ulmer KG 2025
Wollgrasweg 41, 70599 Stuttgart (Hohenheim)
E-Mail: info@ulmer.de
Internet: www.ulmer-verlag.de
Projektleitung: Mark Ellenberger
Umschlaggestaltung: Verlag Eugen Ulmer
Druck und Bindung: BOD – Books on Demand, Norderstedt
Printed in Germany

ISBN 978-3-8186-2670-9

FSC www.fsc.org
MIX
Papier aus verantwortungsvollen Quellen
Paper from responsible sources
FSC® C105338

Hartmut Balder

Die Wurzeln der Stadtbäume

Ein Handbuch zum vorbeugenden und nachsorgenden Wurzelschutz

Mit 204 Abbildungen, davon 130 farbig auf 25 Tafeln, und 38 Tabellen

„*Unverständigen* und *ungeübten Händen* darf das *Pflanzen von Bäumen* in den Städten durchaus *nicht* überlassen werden, weil man hier mit zu widerwärtigen Boden-, Luft- und sonstigen Verhältnissen zu kämpfen hat und von deren *strenger Beachtung* allein das sichere und freudige Gedeihen oft recht kostspieliger Anlagen abhängig ist."

FINTELMANN, 1877

Vorwort

Bäume zeichnen sich in vielerlei Hinsicht durch träge und nachhaltig wirkende Reaktionen aus. Lange Zeit waren sie nur für die Forst- und Holzwissenschaften, erst später auch für die Biologie, die Gartenbauwissenschaften u. a. Disziplinen interessante Forschungsobjekte. Dieses änderte sich mit der Entwicklung der „Neuartigen Waldschäden" zu Beginn der achtziger Jahre. Seitdem wurde die Forschung auf diesem Gebiet mit vielen neuen Erkenntnissen intensiviert, so daß Bäume im komplexen Zusammenhang eines natürlichen Ökosystems heute besser verstanden werden.

Nach wie vor wenig bekannt ist die Situation der Park- und Straßenbäume in Gemeinden und Städten. Vielfach handelt es sich hier um künstliche Systeme, so daß viele Pflanzen im urbanen Bereich – verglichen mit ihren natürlichen Standorten – völlig anderen Wachstumsbedingungen und Streßbelastungen ausgesetzt sind.

Die Erforschung urbaner Einflußfaktoren, die Entwicklung und Erprobung von Gegen- und Sanierungsmaßnahmen bei Beeinträchtigungen sowie die Optimierung des Pflanzenbaus bedürfen in der Regel langjähriger Untersuchungen. Sie sind daher zeit- und kostenintensiv und aufgrund der Komplexizität, insbesondere bei Altbäumen, schwierig. Vielen Fragestellungen kann nur am natürlichen Standort nachgegangen werden, so daß Laborversuche meist Praxisexperimente nicht ersetzen können. Viele Untersuchungen sind daher nur vor Ort und in enger Zusammenarbeit von Wissenschaft und Praxis möglich.

Die Wurzel ist in ihren vielfältigen Funktionen für das Baumwachstum erkannt. Sie lebt im Boden, dem menschlichen Blick entzogen, mehr im Verborgenen, so daß ihr aktuelles Wachstum und ihr tatsächlicher Gesundheitszustand nur schwer zu erfassen sind. Insbesondere der Straßenstandort hat seit den 60er Jahren durch die Industrialisierung und Motorisierung der Städte eine starke Wandlung erfahren, deren Folgen für die Wurzelentwicklung und damit für das Baumwachstum erst in den letzten Jahren sichtbar wurden. Die Erforschung der damit verbundenen Schadensabläufe war und ist Grundlage für die Entwicklung von wurzelfreundlichen Pflanztechniken, vorbeugenden Schutzmaßnahmen sowie Wurzelbehandlungen im Schadensfall.

Mit dem Erscheinen des Fachbuches „Die Wurzeln der Waldbäume" von J. N. KÖSTLER u. a. (1968) wurde für die Forstwirtschaft die Grundlage für einen modernen Waldbau geschaffen. Ein derartiges Werk fehlte für innerstädtische Standorte, die sich in vielerlei Hinsicht grundlegend von Forstflächen unterscheiden. Das vorliegende Buch widmet sich den komplexen Zusammenhängen der Wurzelentwicklung von Stadtbäumen und gibt einen umfassenden Überblick zum Wurzelwachstum sowie den beeinflussenden Faktoren. 350 Jahre nach den ersten gezielten Straßenbaumpflanzungen werden die bisherigen Erfahrungen zu verbesserten Vorgehensweisen in Planung, Pflanzung und Pflege zusammengefaßt, um den Bäumen im städtischen Raum künftig einen bedarfsgerechteren Standort zu ermöglichen.

Mein Dank gilt den Kolleginnen und Kollegen des Pflanzenschutzamtes Berlin für die vielen konstruktiven Anregungen bei der wissenschaftlichen Bearbeitung der Thematik, insbesondere Herrn B. Schaefer für die technische Unterstützung bei der Fotodokumentation. Dem Verlag danke ich für die erfolgreiche Zusammenarbeit und die gute Ausstattung des Buches.

Berlin, im Juni 1998 Hartmut Balder

Inhaltsverzeichnis

1 Einleitung

Das Stadtgrün hat im Lebensbereich des Menschen vielfältige positive Wirkungen. Zum einen handelt es sich um vielfältige Vegetationsgesellschaften, z. B. auf Friedhöfen, in Parkanlagen und im Wohn- und Siedlungsgrün, zum anderen um isolierte Baumstandorte auf Plätzen und entlang der innerstädtischen Verkehrswege. Straßenbäume sind für das Stadtgrün von besonderer Bedeutung. Je nach historischer Entwicklung, lokaler Struktur und Siedlungsgröße sind sie in Städten und Gemeinden in unterschiedlich hoher Anzahl vertreten (Tab. 1). Hier tragen sie zur Architektur bei, filtern Stäube und Schadstoffe aus der Luft, spenden Schatten, verbessern das Kleinklima und mindern den Lärm. Ihre ökologischen Funktionen sind darüber hinaus unbestritten. Bei zunehmendem Stellenwert der Bäume wird eine weitere Begrünung der Straßen angestrebt. Nach RUGE gelten 100 Bäume je Straßenkilometer als wünschenswert (MAHLER, 1993).

Zur Gesunderhaltung der Park- und Straßenbäume wenden Städte und Gemeinden erhebliche Finanzmittel auf. Sie betragen in der Bundesrepublik Deutschland allein für das Straßenbegleitgrün 1 bis 2% der kommunalen Ausgaben, z. B. in Berlin 1993 2,35 Millionen DM für die Pflege der 390 000 Straßenbäume und 5,57 Millionen DM für Nach-, Ergänzungs- und Verjüngungspflanzungen. Die zwischenzeitliche Finanznot vieler Kommunen engt jedoch zunehmend die Möglichkeiten ein. Die Aufwendungen sind u. a. deswegen notwendig, weil Bäume im innerstädtischen Bereich, verglichen mit ihrem natürlichen Standort, zahlreichen Belastungen ausgesetzt sind. Diese ergeben sich zum einen aus der charakteristischen Standortsituation, die an der Straße besonders ausgeprägt ist, zum anderen aus dem unmittelbaren Umgang des Menschen mit den Bäumen. Die Folgen sind Wachstumsbeeinträchtigungen und Schäden, die zumeist im Kronenbild sichtbar werden. Bei einer Bewertung des Gesundheitszustandes der Straßenbäume wurden z. B. in Hannover im Zeitraum von 1986–1988 lediglich 30% als vital, 58% als leicht geschädigt, 12,6% als schwer geschädigt und 0,4% als tot eingestuft. In Berlin wies jeder dritte Straßenbaum im Jahr 1990 deutliche Schäden auf.

Tabelle 1: Straßenbaumzahlen in Städten der Bundesrepublik Deutschland (aus: BALDER, 1994a)

Stadt	Anzahl insgesamt	Anzahl/km Straße
Berlin	390 000 Bäume	79,0 Bäume
Düsseldorf	45 000 Bäume	35,7 Bäume
Hamburg	200 000 Bäume	33,3 Bäume
Hannover	35 000 Bäume	28,5 Bäume
München	93 500 Bäume	–
Stuttgart	40 000 Bäume	–

Vielfach sterben Straßenbäume vor Erreichen ihres natürlichen Alters ab, sie haben z. B. in Berlin derzeit nur eine durchschnittliche Lebenserwartung von ca. 60 Jahren (KLAFFKE, 1990; MAHLER, 1993; WAWRIK, 1993; BALDER u. a., 1997a).

Eine Stadt stellt in Abhängigkeit von Größe und Struktur einen Verdichtungsraum dar. Als eines der Hauptkriterien einer Großstadt gilt zur Abgrenzung gegen andere Siedlungsformen die Konzentration der Bevölkerung auf engem Raum, die physiognomisch in der Anhäufung von Baumassen ihren Ausdruck findet. Hiermit gehen tiefgreifende Veränderungen der Ökosphäre einher (Abb. 1). Luftverunreinigungen, Lufterwärmung, Eingriffe in den Grundwasserstand und Bodenaufschüttungen sind von großer Reichweite. Hinzu kommen eine Eutrophierung vieler Standorte sowie eine Verdichtung und Versiegelung des Bodens innerhalb der Siedlungen. Für Flora und Fauna bleibt daher in der Regel wenig Raum.

Hieraus ergeben sich für das Stadtgrün vielfältige Belastungen, die auf Plätzen und am Straßenrand noch verstärkt werden. Am Naturstandort stehen Bäume in einer Vegetationsgesellschaft und damit in vielfältiger Wechselwirkung zur Umwelt. Auf Plätzen und an Straßen hingegen werden sie – vom Menschen geplant – isoliert als Einzelbaum, Baumgruppe oder Allee gepflanzt. Der Standortvergleich zeigt wesentliche Unterschiede auf, aus denen sich direkte Einflüsse auf das Wachstum der Bäume ergeben (Abb. 2). So werden Straßenbäume in der Praxis in ein Bodensubstrat gesetzt, welches keinen natürlichen Aufbau aufweist, sondern

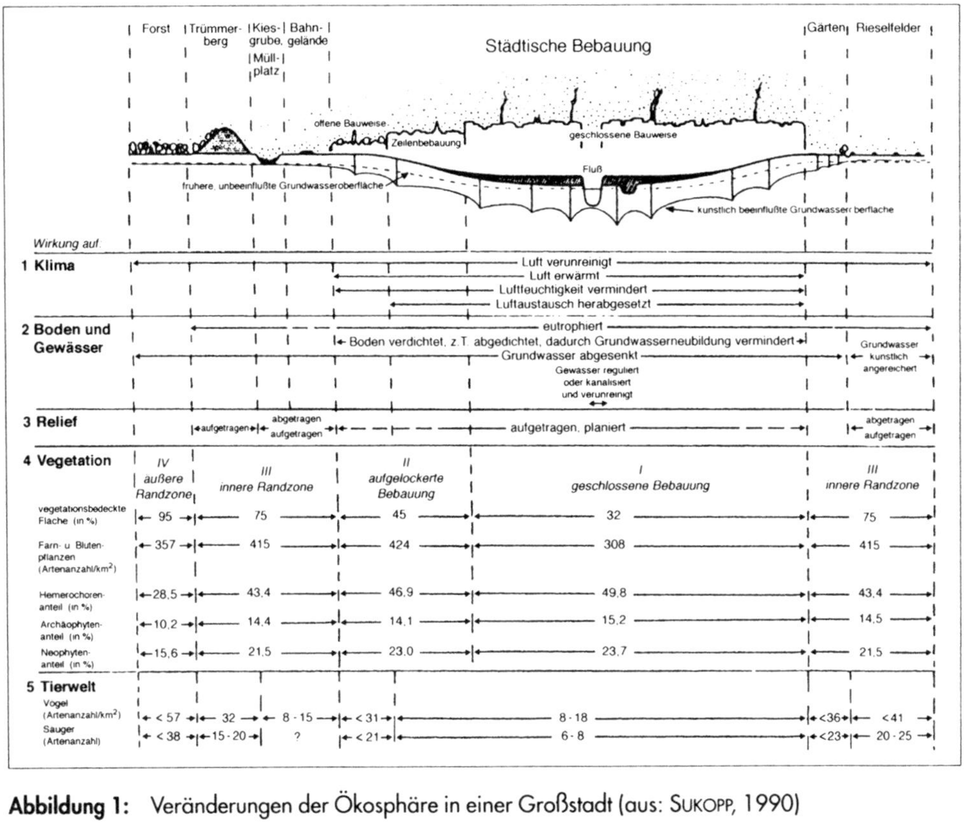

Abbildung 1: Veränderungen der Ökosphäre in einer Großstadt (aus: SUKOPP, 1990)

künstlich zusammengefügt wurde und häufig mit wachstumsbeeinträchtigenden Substanzen belastet ist. Das alljährlich abfallende Laub wird in der Regel aus dem Bereich der Bäume entfernt, so daß der natürliche Nährstoffkreislauf unterbrochen ist. Zusätzlich sind der Wasserhaushalt und der Gasaustausch des Bodens aufgrund einer großflächigen Bodenversiegelung durch Platz-, Straßen- und Gehwegbeläge erheblich beeinträchtigt. Eine Bodenverdichtung, bedingt durch die Bodenvibration des rollenden Verkehrs sowie den menschlichen Tritt und das Beparken des Wurzelraumes der Bäume, verstärkt noch die Situation. Letztlich bewirken die Rückstrahlung von Hauswänden und Straßenbelägen sowie die Staubbelastung der Luft, daß die Temperatur von Platz- und Straßenstandorten erhöht und die Luftfeuchtigkeit reduziert ist. Diese charakteristische Standortsituation beeinflußt unmittelbar die Wurzelentwicklung, bringt für viele Bäume grundsätzliche Belastungen mit sich und erhöht vielerorts die Prädisposition für weitere abiotische und biotische Streßfaktoren. In der Regel wirken jedoch nicht Einzelfaktoren auf ein Gehölz ein, sondern es handelt sich meist um komplexe Streß- und Krankheitsverläufe mit unterschiedlichen Wechselbeziehungen (HOFFMANN, 1954; MEYER, 1982; MEYER-SPASCHE, 1987; SUKOPP, 1990; LIESECKE, 1991; LEH, 1991; 1993; BALDER u. a., 1997a).

Dem Wurzelsystem eines Baumes fallen bei der Pflanzenentwicklung vielfältige Aufgaben zu. Hierzu zählen die Verankerung der Pflanze im Boden, die Aufnahme für Wasser und Nährstoffe, die Speicherung für Reservestoffe, die Synthese für Phytohormone und die Verbindung mit essentiellen

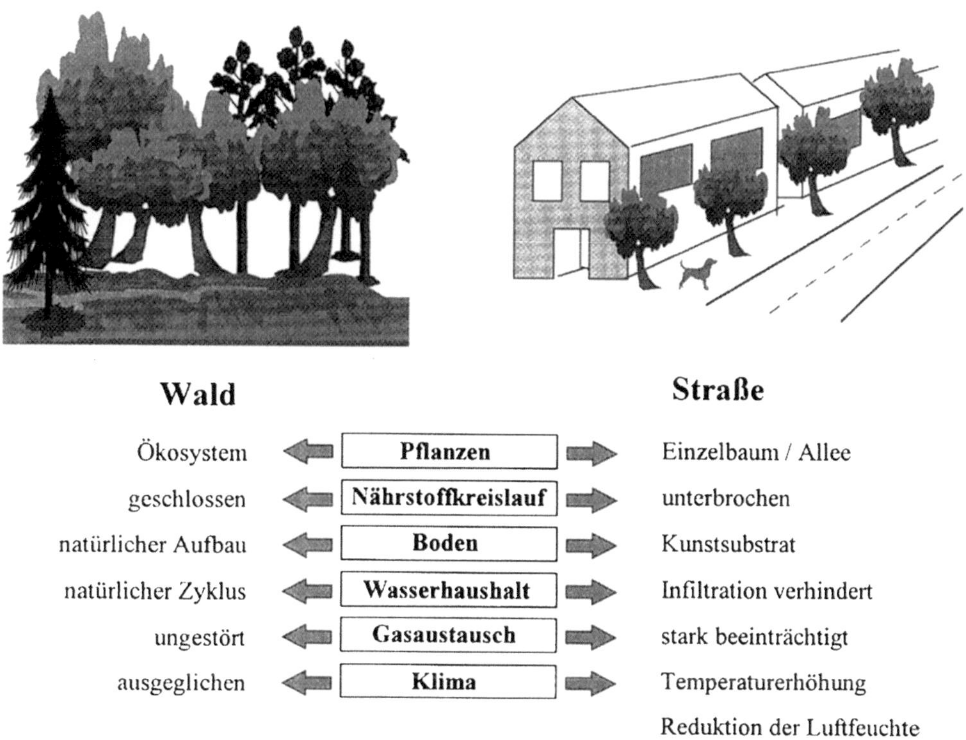

Abbildung 2: Standortvergleich Wald – Straße (aus: BALDER u. a., 1997a)

Symbionten. Aus diesen vielschichtigen Funktionen wird bereits deutlich, daß eine Störung im Wurzelsystem negative Folgen für das Baumwachstum, seine Standsicherheit oder seine Resistenz gegenüber parasitären und nichtparasitären Schadfaktoren haben muß. Die Wurzel kann daher als Achillesverse der Pflanze bezeichnet werden. Diese Erkenntnis hat im Waldbau sowie in der Gehölzanzucht zahlreiche Forschungsarbeiten initiiert und ihre Ergebnisse zu praktischen Empfehlungen geführt. Im Stadtgrün wurde der Wurzel in der Vergangenheit hingegen wenig Beachtung beigemessen. Die standortgerechte Baumartenwahl, die weitsichtige Standortvorbereitung in Planung und Ausführung, die Vermeidung von Belastungen, eine kontinuierliche Pflege sowie effektive Maßnahmen im Schadensfall sind jedoch Voraussetzungen für eine gute Wurzelentwicklung und damit für ein vitales innerstädtisches Grün.

2 Grundlagen der Wurzelentwicklung von Bäumen

Die Wurzel ist nach Blatt und Sproß das dritte Grundorgan der Pflanze. Sie unterscheidet sich vom Sproß vor allem dadurch, daß sie niemals Blätter trägt und keine Gliederung in Knoten und Internodien aufweist. Zur Wahrnehmung ihrer vielfältigen Funktionen für Vitalität, Wachstum und Standsicherheit des Baumes ist sie mit anatomischen, morphologischen und physiologischen Eigenschaften ausgestattet. Auch ist sie in der Lage, sich auf die jeweiligen Standortbedingungen einzustellen und sich Veränderungen in einem gewissen Rahmen anzupassen. Endogene und exogene Faktoren beeinflussen das Wachstum, so daß sich unterschiedliche Wurzelsysteme entwickeln.

Ein ausgebildetes Wurzelsystem enthält Wurzeln aller Altersstufen. Sie können zunächst nach ihren Funktionen differenziert werden. Zu den **Skelettwurzeln** werden alle sekundär verdickten, meist langlebigen Wurzeln ohne Sorptionsfähigkeit gezählt, **Faserwurzeln** sind die jüngsten Wurzelverzweigungen, die als Aufnahmeorgan zur Ernährung des Baumes dienen und sich zu Skelettwurzeln entwickeln. Sie werden dabei von kurzlebigen **Wurzelhaaren** unterstützt (Abb. 3). Weiterhin ist analog zur Verzweigung in der Krone eine Einteilung nach ihrem Durchmesser in Stark-, Derb-, Grob-, Schwach-, Fein- und Feinstwurzeln möglich (Tab. 2). Ihnen liegt eine gleiche Entwick-

Tabelle 2: Einteilung der Wurzeln nach ihrem Durchmesser (aus: KÖSTLER u. a., 1968)

Wurzeltyp	Durchmesser
Starkwurzel	größer 5 cm
Derbwurzel	2 bis 5 cm
Grobwurzel	0,5 bis 2 cm
Schwachwurzel	0,2 bis 0,5 cm
Feinwurzel	0,1 bis 0,2 cm
Feinstwurzel	unter 0,1 cm

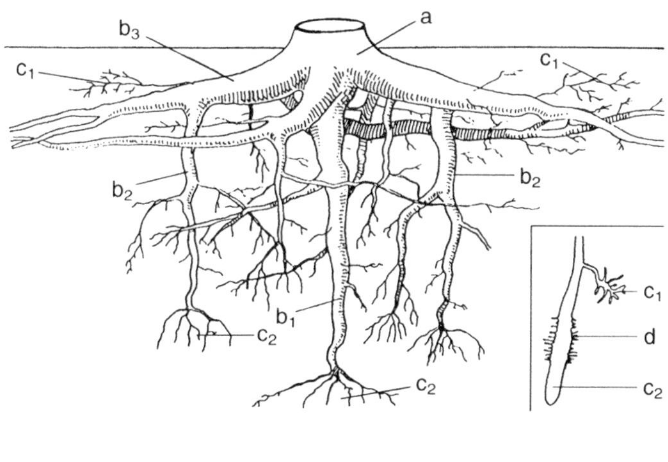

Abbildung 3: Schematische Darstellung des Wurzelwerks von Waldbäumen (nach JENIK, 1957; aus: KÖSTLER u. a. 1968) a) Wurzelanläufe, b_1) vertikale Skelettwurzel-Pfahlwurzel, b_2) vertikale Skelettwurzeln-Senkwurzeln, b_3) horizontale Skelettwurzeln, c_1) Endwürzelchen mit beschränktem Wachstum, c_2) verdickte Endwürzelchen, d) Wurzelhaare

lungsgeschichte zugrunde, die bei den Feinstwurzeln beginnt.

2.1 Wurzelanatomie und -morphologie

Gleich dem Sproß wächst die Wurzel durch ein charakteristisches Spitzenwachstum mit Hilfe eines stumpf-kegelförmigen Apikalmeristems. Als Besonderheit schützt eine Kappe aus parenchymatischen Dauerzellen, die sog. Wurzelhaube (**Kalyptra**), die empfindlichen embryonalen Zellen, so daß der Initialkomplex im Innern des Gewebes der Wurzelspitze liegt (Abb. 4). Die jeweils äußersten, ältesten Haubenzellen lösen sich unter Verschleimung ihrer Mittellamellen ab und erleichtern auf diese Weise das Vordringen der Wurzelspitze in das Erdreich. Die Wurzelhaube erneuert sich durch eigenes Bildungsgewebe (Kalytrogen) und gliedert rückwärtig Zellen ab, welche die Wurzel aufbauen. Die meristematische Zone geht ohne scharfe Grenze in die Zellstreckungszone über. Im Gegensatz zur Sproßachse ist das Streckungswachstum der Wurzel ausschließlich auf diesen, nur wenige Millimeter umfassenden Bereich beschränkt. Sie wiederum geht nahtlos in die Wurzelhaarzone über, in der die Differenzierungsprozesse ablaufen.

Die embryonalen teilungsfähigen Zellen an der Wurzelspitze gliedern sich in drei Zonen:

- Eine äußere Schicht (Dermatogen) bildet die Wurzelhaut (**Rhizodermis**). Diese stülpt die Wurzelhaare aus, die im Gegensatz zu den oberirdischen Epidermiszellen keine verdickten Zellwände und keine Kutikula aufweisen. Wurzelhaare leben nur wenige Tage und werden ständig neu gebildet. Sie lösen sich auf und verschleimen. Da mit ihnen auch die Rhizodermiszellen selbst absterben, muß die Wurzel ein neues Abschlußgewebe, die **Exodermis**, bilden.
- Unter der Rhizodermis liegt eine stärkere Lage von Zellen (Periblem), aus dem sich die primäre Rinde entwickelt. Sie baut sich aus abgerundeten, kugeligen Parenchymzellen auf, die große Interzellulare zwischen sich aussparen. Nach innen schließt die sog. **Endodermis** ab, die aus kleineren, eng geschlossenen Parenchymzellen besteht, deren radial gestellte Wände mit fettartigen Stoffen imprägniert sind (Caspary-Streifen).
- Nach innen folgt der **Zentralzylinder**, das Zentrum einer jungen wasseraufnehmenden Wurzel. Er enthält Gefäße und Siebröhren, die in Gestalt eines radialen Leitbündels angeordnet sind. Es besteht aus einem Holzteil, der in mehrere radial gerichtete Gruppen aus Tracheen und Tracheiden zerlegt ist (strahlenförmiges Xylem). Der Phloemteil des Leitbündels ist ebenfalls in einzelne Stränge aufgeteilt, die zwischen den Holzteilen liegen. Die äußerste, an die Endodermis grenzende Zellschicht wird als Perikambium oder Perizykel bezeichnet.

Mit dem fortlaufenden Wachstum setzt die Seitenwurzelbildung ein. Sie ist nicht am Wurzelvegetationspunkt, sondern ausschließlich an älteren Wurzelabschnitten möglich. Perikambiumzellen beginnen sich an fixierten Stellen vor den Holzteilen der Leitbündel zu teilen und sich zu kegelförmigen Höckern zu formieren (Abb. 4). Die Seitenwurzeln müssen zunächst die Rinde durchbrechen, bevor sie in den Boden vorstoßen können.

Wurzeln wachsen nicht nur in die Länge, sondern auch in die Dicke. Vor dem Dickenwachstum muß zunächst das Kambium angelegt werden. Da dies anfänglich nur außerhalb der gerichteten Holzteile und innerhalb der Siebteile möglich ist, ergibt sich im Querschnitt eine sternförmige Ausprägung (Abb. 4). Das Holz wird vom Kam-

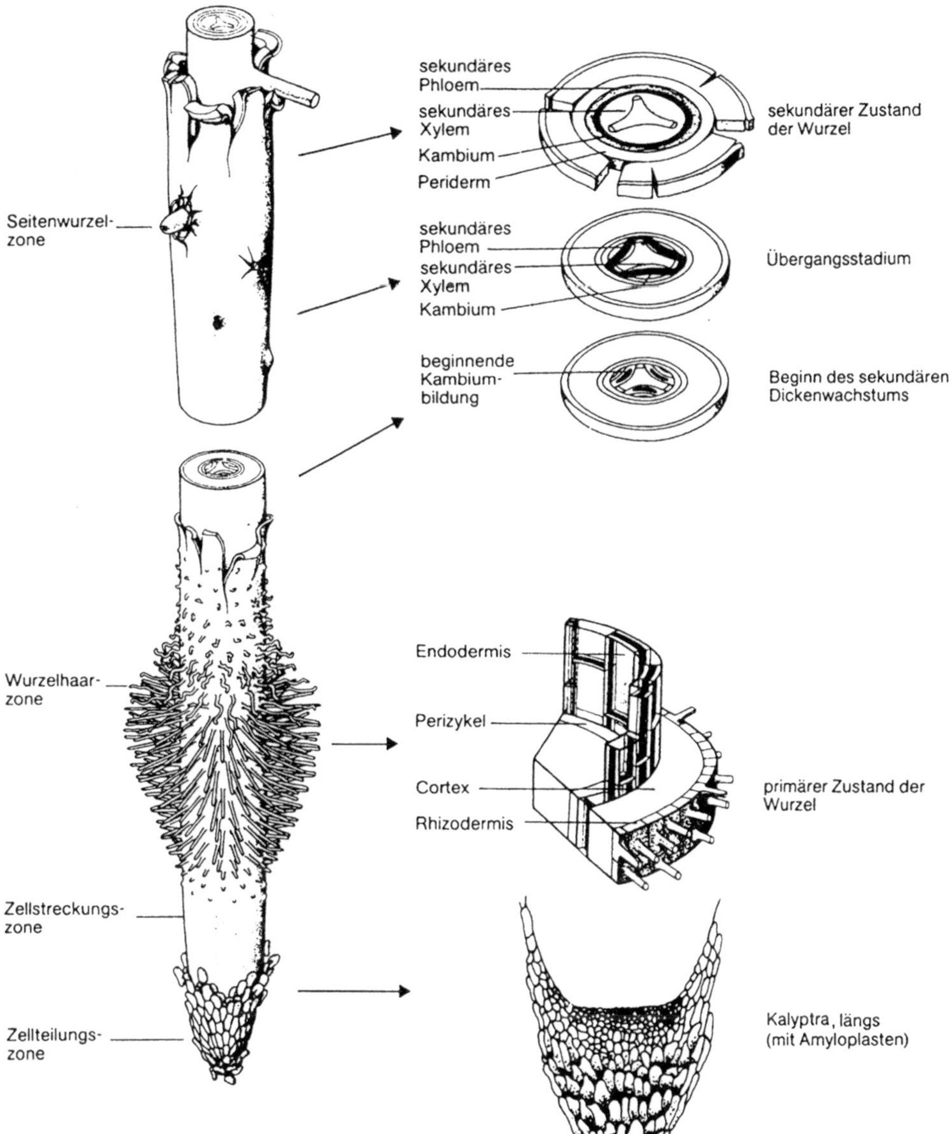

Abbildung 4: Organisation der Wurzel (nach: BRAUNE u. a., 1987; in: HOCK u. a., 1995)

bium nach innen, der Bast mit seinen Siebteilen (Phloem) nach außen gebildet. Durch diese Formierung des Kambiums wird der nahtlose Übergang zwischen den Holz- und Siebteilen des Leitbündels der jungen Saugwurzel zum Holz und Bast der älteren, in die Dicke wachsenden Wurzel erreicht. Später wächst sich der Stern zum Ring aus und gleicht dem Stammaufbau.

Infolge des Dickenwachstums werden die Gewebe außerhalb des Kambiummantels (Epidermis und primäre Rinde) gedehnt und zerrissen. Zum Schutz des Wurzelinneren entsteht aus dem Perikambium ein neues Abschlußgewebe, das **Periderm**. Diese Zellschicht entsteht durch Zellteilungen des Korkkambiums, das nach außen und innen Zellen abgibt wie das Kambium (primäres Meristem). Die meisten Zellen werden nach außen in radialen Reihen als Korkzellen (Phellem) abgegeben. Sie sind im Querschnitt rechteckig, relativ dünnwandig und im ausgewachsenen Zustand tot. Ihre Zellwand enthält Suberin (Korkstoff), bestehend aus hochpolymeren Estern langkettiger Fett- und Oxyfettsäuren. Diese Korkschicht ist wasserabweisend und schwefelsäurefest, der Gasaustausch geschieht durch eingeschlossene Lentizellen.

Die Wurzeln der Nadelbäume haben ein höher strukturiertes Periderm als Laubbäume. Es besteht aus drei Korkarten: Stein-, Phlobaphen- und Schwammkork. Wichtig für die Wurzel sind Stein- und Phlobaphenkork. Ersterer ist dickwandig und verholzt (lignifiziert), schützt gut gegen mechanische Schäden und ist quellfähig, dadurch aber anfällig für Pilze. Phlobaphenkork enthält Suberin sowie Gerbstoffe und ist damit pilzfeindlich. Während beide Korkarten sich im Stammbereich die Waage halten, wird die Wurzel fast nur von Steinkork umgeben. Steinkork quillt im Winter auf und versorgt durch Osmose Nadelbäume in dieser Jahreszeit mit Wasser.

Jahrringe sind im Wurzelholz weniger deutlich ausgeprägt als im Stammholz, das Alter des Baumes ist deshalb aus den Wurzeln mitunter nur schwer bestimmbar. Eine Kernholzbildung findet bei den obligatorischen Kernholzbildnern sehr verzögert statt. Die Wurzeln von Laubbäumen, die in die Tiefe wachsen, zeigen eine Vermehrung des Holzfaser-Festigungssystems und eine starke Ausbreitung des Speicher-Parenchyms (STRASBURGER u.a., 1991; BRAUN, 1988; HOCK u.a., 1995).

Aus der Keimwurzel entwickelt sich schrittweise das Wurzelsystem. Vom ersten Entwicklungsverlauf des Keimlings leitet sich das Pfahlwurzelsystem ab, das bei fast allen einheimischen Baumarten (Ahorn, Buche, Fichte, Linde, Eiche, Walnuß, Roßkastanie) in den ersten Lebensjahren als Frühstadium vorhanden ist. Ansonsten besteht die Tendenz zu drei genetisch bedingten Grundwurzelsystemen, die vor allem in der Jugend deutlich hervortritt: **Pfahlwurzel-, Herzwurzel**- und **Senkerwurzelsystem**. Diese Grundformen unterscheiden sich vorrangig in der Tiefendurchwurzelung, der Dichte der Feinwurzeln und im Wurzel-Sproß-Verhältnis (Tab. 3). Im weiteren Verlauf wirken sich von den Umweltfaktoren der Wasservorrat und die Bodenbeschaffenheit am stärksten auf die Wurzelausbildung aus (s. Kap. 2.3). Allgemein scheint aber zu gelten, daß auf günstigen Standorten (gute Wasser- und Nährstoffversorgung) unter sonst vergleichbaren Bedingungen die Gesamtwurzelmasse zwar absolut größer ist als auf armen Standorten. Vergleicht man jedoch die auf die Sproßmasse bezogenen relativen Werte der Wurzelmasse, so ist auf trockenen Böden ein höherer Wurzelanteil festzustellen.

Das zentrale Stockwurzelsystem aus Grobwurzeln ist in seinen Zwischenräumen von feinen und feinsten Wurzeln durchdrungen. Laubbäume bilden allgemein eine intensivere Stockbewurzelung aus als Nadelbäume. Die Baumgattungen, -arten und -sorten sind unterschiedlich in der Lage, sowohl weitreichende Wurzelsysteme zu entwickeln als auch große Bodentiefen zu erschließen. Die Wurzelsysteme der häufigsten Baumarten sind in der Anlage I aufgeführt.

Auf natürlichen Standorten kommt es bei vielen Baumarten zu starken Wurzelverwachsungen, auf Plätzen und am Straßenrand sind sie weniger häufig (s. Tafel 10.5). Sie führen in Gehölzbeständen nach Auslichtungen und Durchforstungen durch Auxin- und Nährstoffzufuhr über weite Strekken teilweise zur besseren Versorgung des verbleibenden Bestandes. Vermutet werden auch korrelative Beziehungen, durch welche den schwächeren Bäumen Wasser- und

Tabelle 3: Grundtypen von Wurzelsystemen (aus: KÖSTLER u. a., 1968, verändert)

Pfahlwurzel	Herzwurzel	Senkerwurzel
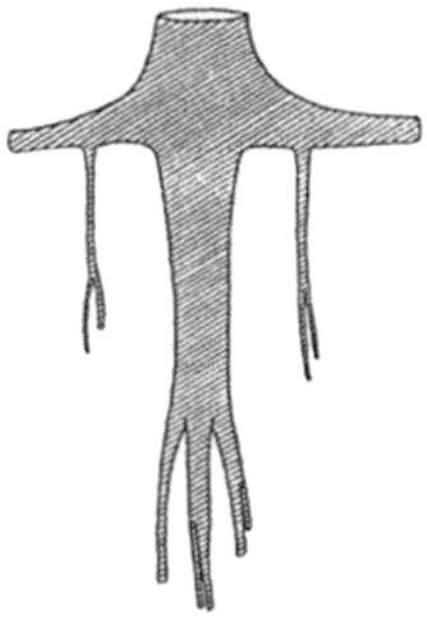	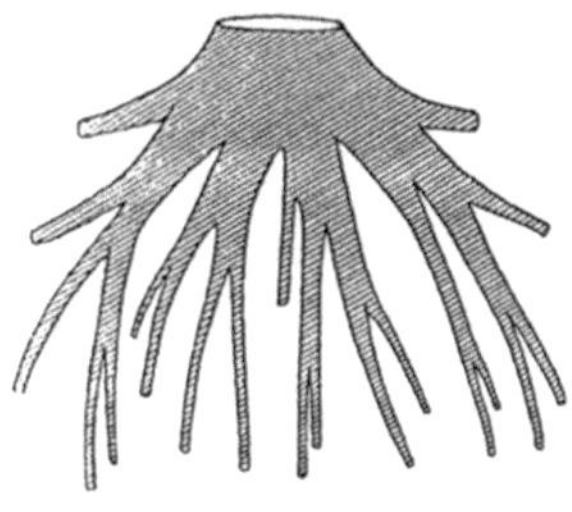	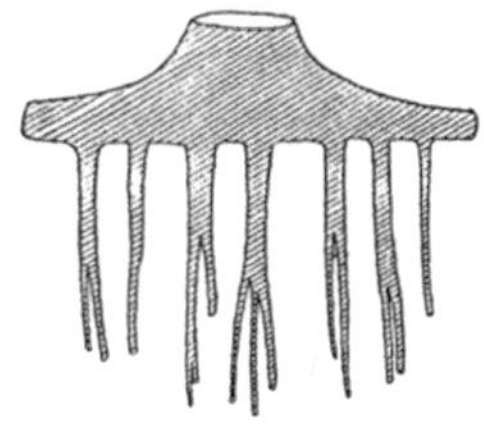
• vertikale Hauptwurzel	• kräftige schräg abwärts gehende Wurzeln • dichte Durchwurzelung des Stockbereiches	• kräftige horizontale flache Hauptseitenwurzeln • hiervon abzweigend senkrechte Wurzeln
Tanne (*Abies alba*) Kiefer (*Pinus sylvestris*) Eiche (*Quercus robur*) Ulme (*Ulmus* spp.)	Lärche (*Larix europaea*) Douglasie (*Pseudotsuga men.*) Birke (*Betula* spp.) Linde (*Tilia* spp.) Hainbuche (*Carpinus* betulus) Ahorn (*Acer* spp.)	Fichte (*Picea abies*) Strobe (*Pinus strobus*) Esche (*Fraxinus excelsior*) Aspe (*Populus tremula*) Schwarzerle (*Alnus glutinosa*) Eberesche (*Sorbus aucuparia*)

Nährstoffe entzogen werden können. Darüber hinaus ist es Schaderregern möglich, sich auf diesem Wege im Bestand zu verbreiten.

Zahlreiche innerstädtische Baumstandorte sind durch Bauwerke, Ver- und Entsorgungsleitungen räumlich begrenzt (s. Kap. 3). Eine ungehinderte Wurzelausbreitung ist daher häufig nicht möglich. Bei seitlichen Einschränkungen entwickeln sich halbseitige und auf geringen Aufschüttungen wie Tiefgaragen, Tunneln und Dachterrassen flache Wurzelteller. Dies hat sowohl Auswirkungen für die Nährstoff- und Wasserversorgung als auch für die Standsicherheit der Bäume.

Bei Störungen und Schwächungen des Wurzelsystems, insbesondere nach Bodenaufträgen oder zu tiefer Pflanzung, bilden sich bei einigen Baumarten außerhalb des eigentlichen Wurzelsystems **Adventivwurzeln** (Abb. 5). Sie entstehen aus adventiven Knospen am Stamm, meist stirbt gleichzeitig ein Teil des ursprünglichen Wurzelsystems ab. Bei Linde und Roßkastanie kann diese Wurzelform auch im Innern alter und vermorschter Stämme auftreten. In diesem Fall wachsen sie im Stamminnern nach unten

Abbildung 5: Adventivwurzelbildung bei zu tiefer Pflanzung

Abbildung 6: Wurzelanläufe bei geringer Tiefenwurzelung

und verankern sich im Boden. Adventivwurzeln übernehmen anteilmäßig die Wasser- und Nährstoffversorgung eines Baumes (HÖSTER, 1993).

Auf schwer durchwurzelbaren Böden (flach anstehendes Gestein, extreme Dichtlagerung, Luftmangel, hoher Grundwasserstand), in denen die Verankerung der Bäume durch Tiefenwurzeln erschwert ist, werden über dem Boden mitunter mächtige **Stützwurzeln** ausgebildet. Sie können am Stammfuß als Wurzelanläufe zu einer erhöhten Produktion an Schaftmasse führen (Abb. 6). Der Wurzelstock ist aus dem Boden hervorgehoben, von ihm abgehende oft mächtige Seitenwurzeln laufen mitunter viele Meter auf der Bodenoberfläche dahin und bilden zahlreiche Senkerwurzeln aus (KÖSTLER u. a., 1968).

2.2 Wurzelwachstum

Mit dem Ausschieben der Keimwurzel aus dem Samen und der senkrechten Orientierung nach unten in den Boden beginnt das Baumwachstum. Der Samen wird im Boden verankert, die Wasseraufnahme über die Wurzel beginnt. Die Ausrichtung der Wurzel geschieht zielgerichet, da Bäume im Sproß- und Wurzelwachstum einem geotropischen Reiz unterliegen. Dieser wird wahrscheinlich über die sich im Zellplasma der Wurzelspitzen befindenden Stärkekörner aufgenommen (s. Abb. 4) und auf den Wuchsstoffstrom in Richtung der dem Erdmittelpunkt zugekehrten Unterseite übertragen. Da bei der Wurzel die Zunahme der Wuchsstoffe hemmend wirkt, wächst die Wurzelunterseite schwächer als die mit Wuchsstoffen normal versorgte Oberseite. Folglich biegt sich die Wurzel positiv geotrop nach unten (Abb. 7).

Positiv geotrop verhalten sich in der Regel die Hauptwurzeln und die Seitenwurzeln 1. Ordnung. Letztere streben von der Hauptwurzel horizontal bis schräg abwärts (Plagiotropismus) in die Bodentiefe. Die Seitenwurzeln 2. Ordnung und höherer Ordnung hingegen sind geotrop unempfindlich und können daher den Boden in allen Richtungen nach Wasser und Nährsalzen durchdringen. Die Wurzeln der Bäume reagieren in ihren Bewegungen nicht wie der Sproß auf Licht, sie sind phototrop unempfindlich.

In Regionen mit einer winterbedingten Vegetationsruhe unterliegt das Wurzelwachstum vieler Baumarten im Jahresverlauf einer deutlichen Rhythmik. In Abhängigkeit von ihren individuellen Wachstumsansprüchen beginnen die Wurzeln zu verschiedenen Frühjahrszeitpunkten mit ihrem Wachstum, das Sproßwachstum setzt meist verzögert ein (Abb. 8). Im Frühsommer und im Herbst zeigen sich vielfach deutliche Wachstumsspitzen. Zum Winter hin beenden viele Baumarten ihr Wurzelwachstum wesentlich nach dem Sproßwachstum, eine Weiterentwicklung findet nur bei milden

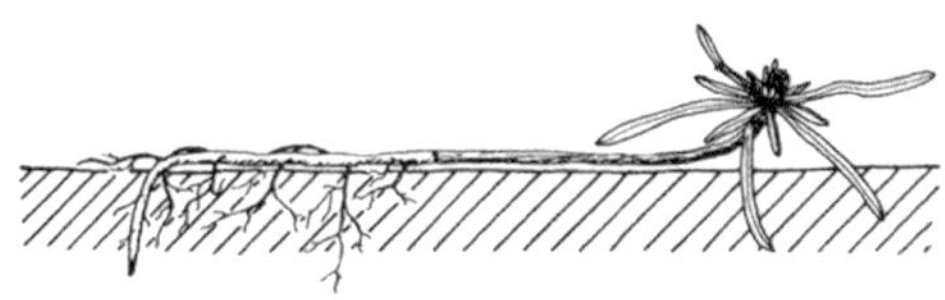

Abbildung 7: Wachstumsverhalten eines quergelegten Keimlings eines Nadelbaumes: positiver Geotropismus der Wurzel (Keimwurzel und Wurzeln 1. Ordnung), negativer Geotropismus der Sproßachse (aus: BRAUN, 1988)

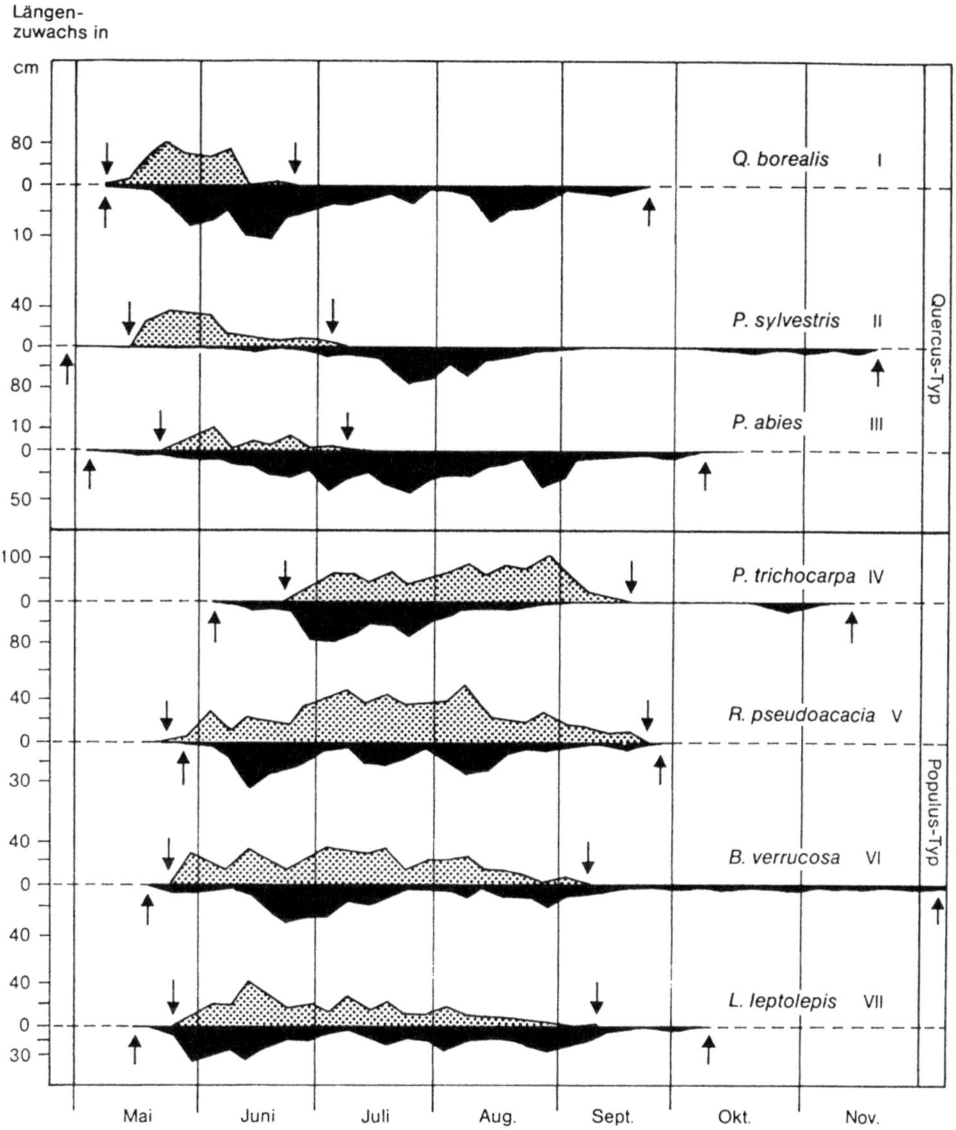

Abbildung 8: Schematisierte Darstellung des jahreszeitlichen Verlaufes von Wurzel- und Sproßwachstum (Pfeile geben Beginn und Abschluß des Wachstums an) (aus: LYR u. a., 1992)

Wetterbedingungen statt, vorrangig bei Nadelgehölzen und Immergrünen. Im jahreszeitlichen Verlauf des Höhenwachstums lassen sich zwei Typen unterscheiden: Vertreter des sog. *Quercus*-Typs (z. B. *Quercus, Fagus, Pinus, Picea, Abies*) stellen ihr Höhenwachstum trotz günstiger Wachstumsbedingungen bereits sehr frühzeitig im Jahr ein, während bei Vertretern des sog. *Populus*-Typs (z. B. *Populus, Betula, Robinia, Ailanthus, Larix*) dies vorwiegend photo- und thermoperiodisch gesteuert wird.

Der tägliche Zuwachs der Wurzeln ist sehr unterschiedlich, er reicht von 1 mm bei

Tabelle 4: Maximaler täglicher Zuwachs von Einzelwurzeln von Jungbäumen (aus: LYR u. a., 1992; verändert)

Baumart	Zuwachs (in mm)
Robinie (*Robinia pseudoacacia*)	56
Schwarzpappel (*Populus euramericana cv. Sacrau*)	50
Roteiche (*Quercus rubra*)	18
Sandbirke (*Betula pendula*)	15
Douglasie (*Pseudotsuga taxifolia*)	16
Japanische Lärche (*Larix leptolepis*)	10
Fichte (*Picea abies*)	8
Kiefer (*Pinus sylvestris*)	12
Apfel (*Malus*)	3
Zuckerahorn (*Acer saccharum*)	1

Zuckerahorn bis zu 56 mm bei der Robinie (Tab. 4). Die Angaben hierzu weichen sehr von einander ab. Junge, frisch gepflanzte Gehölze haben zunächst einen beträchtlichen Zuwachs, der später mit der Ausbildung eines ausreichenden Wurzelsystems zurückgeht. Im allgemeinen haben raschwüchsige (kurzlebige) Baumarten einen höheren Zuwachs als solche mit langsamer Entwicklung. Die Wachstumsgeschwindigkeit der Wurzeln ist nachts größer als am Tag (LYR u. a., 1992; WITT, 1997).

2.3 Beeinflussende Faktoren der Wurzelentwicklung

Zahlreiche Faktoren beeinflussen Aktivität und Ausprägung eines Wurzelsystems. Die Wurzeltracht kann durch die Standortverhältnisse bis zur Unkenntlichkeit der Grundform modifiziert werden. Bezüglich der Umweltfaktoren wird der **Bodentemperatur** eine bedeutende Rolle beigemessen. Ein Wurzelwachstum findet lediglich im frostfreien Boden statt, es kommt daher in normalen Wintern zum Stillstand (s. Abb. 8). Nur bei wenigen Baumarten wurde bei 0 °C ein Wurzelwachstum beobachtet, z. B. bei Eiche und Buche. Meist werden Bodentemperaturen von 4 °C und mehr benötigt. Das Zuwachsoptimum befindet sich häufig über 20 °C (Tab. 5). Grundsätzlich können Arten mit einer engen und mit einer weiten Temperaturamplitude für das Wurzelwachstum unterschieden werden. In Mitteleuropa sind letztere weit verbreitet, während enge Amplituden mehr bei den Bäumen der Tropen und Subtropen vorkommen. Die Bodentemperaturen ergeben sich aus der jeweiligen Witterung und der Höhenlage des Standortes. Innerhalb der Bebauung von Städten bewirken Beschattung, Bodenfeuchte, Luftbewegung und Versiegelung auf kleinstem Raum unterschiedliche Bodentemperaturen, so daß sich hieraus abweichende Wurzelaktivitäten ergeben. Dies drückt sich u. a. deutlich sichtbar im zeitlich verschobenen Austrieb von Bäumen aus, z. B. ergrünt die schattige Straßenseite einer Baumallee verzögert.

Im Wurzelraum der Gehölze muß stets ausreichend **Bodenfeuchtigkeit** vorhanden sein, damit die Feinwurzelspitzen nicht ihr Wachstum einstellen. Auch Staunässe beeinträchtigt infolge der anaeroben Bedingungen die Wurzelentwicklung (s. Kap. 3.3). Auf trockenen Standorten werden die Wurzeln von geringen Wassermengen regelrecht angezogen, wie sie unter Versiegelungsbelägen oder an der Oberfläche von unterirdischen Leitungen als Kondenswasser regel-

Tabelle 5: Bodentemperatur und Wurzelwachstum (aus: LYR u. a., 1992; 1996, verändert)

Baumart	Minimum °C	Optimum °C
Birke (*Betula verrucosa*)	5–6	>15
Eiche (*Quercus robur*)	0	>25
Esche (*Fraxinus excelsior*)	4–6	
Fichte (*Picea abies*)	5–6	>15
Kiefer (*Pinus sylvestris*)	5–6	
Rotbuche (*Fagus sylvatica*)	0	24
Tanne (*Abies alba*)	2–4	32

mäßig angetroffen werden können. Hieraus resultieren einerseits Schäden an technischen Einrichtungen, andererseits entwickeln sich Wurzelsysteme mit völlig anderen Verzweigungsmustern (s. Kap. 5). Die räumliche Ausbreitung wird maßgeblich durch den Grundwasserpegel bestimmt: auf grundwasserfernen Standorten reichen die Wurzeln in große Bodentiefen, mit zunehmender Grundwasserbeeinflussung verflachen die Wurzelteller (s. Abb. 18).

Mit dem Wasserhaushalt eng korreliert ist häufig die Zusammensetzung der **Bodenluft**. Bei zu geringen Sauerstoff- und zu hohen Kohlendioxidgehalten, wie sie u. a. bei zu hoher Bodenfeuchte oder bei Gasleckagen anzutreffen sind, stellen die Wurzelspitzen alsbald ihr Wachstum ein (s. Kap. 3.2). Bei anhaltendem Sauerstoffmangel sterben die Wurzeln ab. In Bodenprofilen mit schlecht durchlüftetem Unterboden zeigen die Wurzeln empfindlicher Baumarten oft einen negativen Geotropismus, indem sie aus den tieferen Bodenbereichen wieder in den sauerstoffreichen, humoseren und wärmeren Oberboden aufsteigen.

Die **Nährstoffverhältnisse** des Bodens beeinflussen quantitativ und qualitativ die Wurzelentwicklung, dem Stickstoffangebot fällt hierbei die größte Bedeutung zu. Mit zunehmender Stickstoffversorgung nimmt die Verzweigung bzw. die Wurzeldichte zu, bei Überversorgung bleiben die Wurzeln 1. Grades kurz, die Wurzeln 2. Grades zeigen teilweise Sukkulenz (Witt; 1997). Auch wird die Mykorrhiza in ihrer Funktion und Ausprägung geschädigt. Der Einfluß der übrigen Nährstoffe ist geringer, bei Mangel folgern je nach Nährelement und seiner Funktion u. a. eine geringe Seitenwurzelausbildung, Absterben der Wurzelspitzen und ein vermindertes Wachstum (s. Tab. 9).

Schadstoffeinträge in den unmittelbaren Wurzelbereich und Bodenkontaminationen beeinträchtigen mitunter großflächig die Wurzelentwicklung. Je nach individueller Phytotoxizität hemmen die Stoffe das Feinwurzelwachstum, verhindern die Ausbildung von essentiellen Symbiosen oder bewirken ein Absterben. Bei heterogener Kontamination meiden die sich ausbreitenden Wurzeln diese Bereiche, so daß sich abweichende Wurzelsysteme ausbilden. Bei Aufnahme der Stoffe und Verteilung im Baum können Effekte und Schäden auch an oberirdischen Organen hervorgerufen werden (s. Kap. 3.5).

Das Vordringen der wachsenden Wurzelspitze in den Bodenkörper ist abhängig von der Zusammensetzung der **Poren-** und **Skelettanteile** des Bodens. Auf leichten Böden überwiegen die Grob- und Mittelporen, so daß nur wenig Scherkräfte auftreten und der

Abbildung 9: Feinwurzelwachstum in Abhängigkeit von der Bodenkörnung
a) lange Suchwurzeln auf Sandböden
b) kurze Wurzeln auf Lehmböden

Aufschluß des Bodens leicht möglich ist. Daher bilden sich lange Feinwurzeln (Abb. 9a). Mit zunehmendem Feinporenanteil wird das Vordringen erschwert, so daß das Längenwachstum und die Geradlinigkeit des Wachstums abnehmen (Abb. 9b). Ferner ist die Wurzelhaarzone verkürzt. Ähnlich wirken auch Bodenverdichtungen: im verdichteten Bodenbereich findet ein verzögertes und erschwertes Einwurzeln statt, wobei die Feinwurzeln häufig verdickt sind. Auf skelettreichem Boden versuchen sich die Wurzeln aller Baumarten, den besonderen Verhältnissen anzupassen. Dies geschieht durch Richtungsänderung, Aufzweigung, Deformation und Wurzelverwachsung. Gesteinsspalten und -klüften werden bis in große Tiefen durchwurzelt.

Die wachsende Wurzelspitze ist Reaktionsort für **Symbionten** und der wechelseitige Einfluß sehr komplexer Natur. Auch ist ein Wurzelsystem häufig mit mehreren Symbiosepartnern vergesellschaftet, so daß sich je nach Standortbedingungen und möglicherweise Alter des Baumes abweichende Populationen ergeben. Insbesondere die ektotrophe Mykorrhiza bewirkt äußerlich sichtbare morphologische Reaktionen der Wurzel in Form verdickter Feinwurzeln, eines veränderten Verzweigungsmusters sowie einer individuellen Farbgebung. Weitere Symbionten wie die Actinomyceten induzieren eine sichtbare Knöllchenbildung (s. Kap. 2.4.6).

Durch **Windeinwirkungen** werden die Wurzeln statischen Reizen ausgesetzt, sie nehmen mit dem Alter, der Angriffsfläche der Bäume, der Auflichtung der Gehölzbestände, der abnehmenden Bebauungsdichte bzw. der baubedingten Kanaleffekte zu. Die Reaktion der Bäume ist nach Art und Bodenverhältnissen verschieden. Ist bereits auf tiefgründigem, skelettreichem, gut durchlüftetem Boden die Ausbildung von Pfahl- und Senkerwurzeln möglich gewesen, werden diese leichter und wirkungsvoller verstärkt bzw. versteift werden als in skelettarmen Feinlehmböden, die bei starker Durchfeuchtung ihre Stabilität verlieren. Die Bewurzelung ist auf der windzugewandten Seite stärker ausgebildet und vielfach mit brettartigem Querschnitt als Stützapparate entwickelt.

Alle Baumarten haben eine genetisch bedingte Tendenz, eine artspezifische **Wurzel-Sproß-Relation** bei normaler Entwicklung einzuhalten. Sie wird jedoch unter der Einwirkung zahlreicher Umweltfaktoren in gewissen Grenzen verschoben. Die unterschiedliche Nährstoffverfügbarkeit der Standorte hat zur Folge, daß sich das Verhältnis mit abnehmender Bodengüte zu Gunsten der Wurzelmasse verschiebt: in Lehmboden von 2 : 1 bis in Sandboden mit 1 : 1. Eine schlechte Wasserversorgung fördert ebenfalls das Wurzelwachstum. Bei eingeschränkter Photosynthese (Beschattung) wird hingegen der Anteil des Wurzelsystems bei allen Baumarten stark reduziert und infolge ungenügender Wurzelaktivität das Existenzminimum oft unterschritten. Durch verminderte Wurzelkonkurrenz beschatteter Bäume steigt ihre Dürregefährdung.

In geschlossenen Baumbeständen bestehen im Kronen- und Wurzelbereich enge Wechselbeziehungen. Energetische, physiologische und informative Verbindungen mit den oberirdischen Organen des Baumes beeinflussen offensichtlich physiologische Prozesse in den Wurzeln wie Wachstum, Resistenz, Streß- und Abwehrreaktionen. Eine gute Assimilatversorgung der Wurzel infolge hohem Lichtgenuß begünstigt ihre Konkurrenzfähigkeit. Bei normaler Nährstoffversorgung hängt die Konkurrenzfähigkeit der Wurzeln von der Zwischenflächen-Durchwurzelung ab. Die physiologische Effektivität der Wurzeln dürfte entscheidender sein, als die Menge der Feinwurzeln. Belichtung und Feinwurzellänge stehen in engem Zusammenhang miteinander. Nach künstlichen Eingriffen, pathologischen Veränderungen und anderen Störungen bemühen sich die Bäume, ein ausgeglichenes Wurzel-Sproß-Verhältnis wieder herzustellen (KÖSTLER u. a., 1968; LYR u. a., 1997).

2.4 Bedeutung der Wurzel für das Pflanzenwachstum

Die Wurzeln der Bäume haben physiologisch die Funktion zu atmen, Wasser- und Nährsalze aus dem Boden aufzunehmen, organische Reservestoffe zu speichern sowie Phytohormone zu bilden. Mechanisch fällt ihnen die Aufgabe zu, den Baum im Boden zu verankern. Diese Aufgaben werden von unterschiedlichen Teilen des Wurzelsystems schwerpunktmäßig wahrgenommen. Die Fein- und Faserwurzeln nehmen mit Unterstützung der Mykorrhiza Wasser und darin gelöste Nährsalze und Sauerstoff auf. Die älteren Schwach- und Grobwurzeln, die in die Tiefe wachsen, dienen als Speicherorgane für organische und anorganische Stoffe, u. a. Stärke, Fette, Mineralsalze und Wasser. Die Derb- und Starkwurzeln bewirken die Standfestigkeit der Bäume.

2.4.1 Wasseraufnahme

Die Aufnahme von Wasser ist Bäumen nur über die Rhizodermis des unverholzten Bereiches der Feinstwurzeln möglich. Nur hier liegen dünne Zellwände vor, die darüber hinaus keine Kutikula besitzen (s. Kap. 2.1). Zur Vergrößerung der Oberfläche stülpt sich ein Großteil der Rhizodermiszellen zu mehr oder weniger langen Wurzelhaaren aus, die Hyphen der Mykorrhizapilze verbessern zusätzlich die Aufnahmekapazitäten. Die Wurzelhaare leben nur wenige Tage und werden von der Wurzelspitze immer wieder neu gebildet. Die Leistungsfähigkeit der wasseraufnehmenden Wurzel ist daher eng mit ihrem Wachstum gekoppelt, denn ein schwaches oder sogar stagnierendes Wurzelwachstum reduziert direkt den unmittelbaren Aufnahmebereich.

Das Wasser dringt im sogenannten apoplastischen Transport durch die Wurzelhaut und durch die Zellwände der kugeligen Parenchymzellen der primären Rinde bis zur Endodermis (Abb. 10). Der Wassertransport erfolgt osmotisch von Protoplast zu Protoplast, was eine steigende Saugkraft von außen nach innen voraussetzt. An der Endodermis wird das in den Zellwänden fließende Wasser durch den blockierenden Caspary-Streifen in das Innere der Endodermiszellen gelenkt, so daß nun der ganze Einstrom im symplastischen Transport durch das Protoplasma der Endodermiszellen geschleust wird. An dieser Stelle werden die im Wasser gelösten Nährsalze ausgewählt und gegen ein Konzentrationsgefälle angereichert (s. Kap. 2.4.2). Das Wasser gelangt so in den Zentralzylinder, wo es im Leitbündel – vom Transpirationsstrom geleitet – in der Pflanze weiter verteilt wird.

Die Wasseraufnahme ist abhängig von der Bodentemperatur und nur möglich, wenn das Bodenwasser nicht gefroren ist. Den Wurzeln ist es leicht möglich, das in den Hohlräumen des Bodens vorhandene Kapillarwasser aufzunehmen, es kann sogar über weite Strecken durch Kapillarwirkung im Boden nachgezogen werden. Ein weiterer Teil des Bodenwassers ist an Bodenteilchen adsorbiert (Adsorptionswasser) und somit nur schwer verfügbar. Letztlich enthalten gequollene Ton- und Humuspartikel sog. Quellungswasser so fest, daß es für die Pflanzen nicht verfügbar ist. Das pflanzenverfügbare Wasser ist mit weniger als pF 4,2 im Boden (pF 3 = 1 000 cm Wassersäule) gebunden.

Das Bodenwasser ist ökologisch der wichtigste Standortfaktor, der entscheidende pflanzenverfügbare Teil wird dabei durch die Saugspannung des Bodens bestimmt. Sie liegt zwischen 0 und 10 bar. Damit die Wurzelhaarzellen Wasser aufnehmen können, muß ihr osmotisches Saugvermögen zwangsläufig stets höher sein. Baumwurzeln haben in Abhängigkeit von ihrer geographischen Herkunft und ihrer Jugendentwicklung eine stark variierende Saugspannung entwickelt. Im humiden Gebiet beträgt sie um 16 bar (= pF 4,2), bei Herkünften aus aridem Gebiet bis zu 300 bar. Dies erklärt, weshalb sich solche Pflanzenherkünfte in Stadtböden

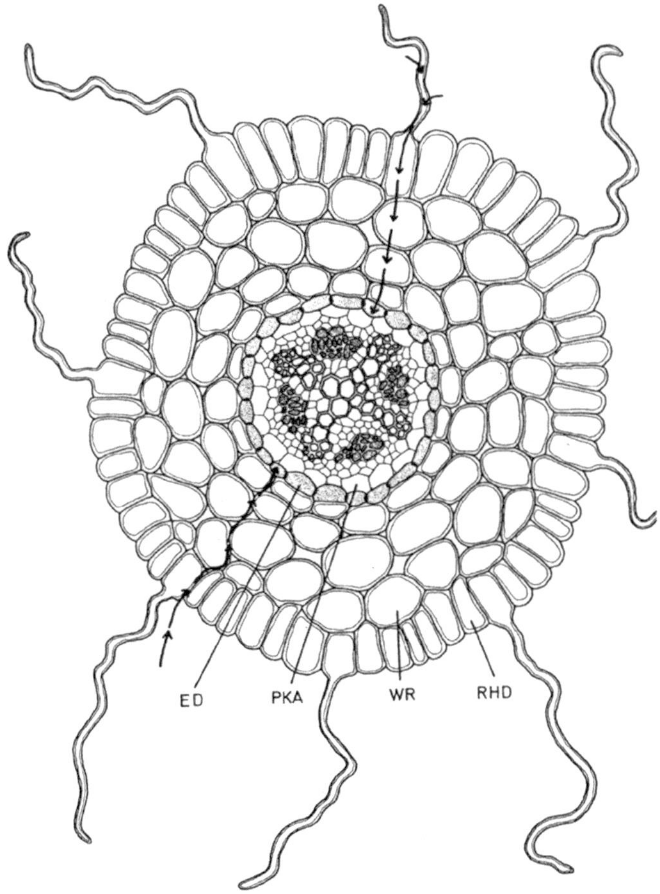

Abbildung 10:
Querschnitt durch eine junge Wurzel – Wassertransport (aus: BRAUN, 1988)
ED = Endodermis
PKA = Perikambium
WR = Wurzelrinde
RHD = Rhizodermis

besser behaupten können. Ferner entwickeln Bäume, denen im Jugendalter wenig Wasser zur Verfügung stand, ein höheres Wasseraneignungsvermögen (BRAUN, 1988; STRASBURGER u. a., 1991; LYR u. a., 1992).

2.4.2 Nährstoffaufnahme

Die überwiegende Zahl und Menge der Nährelemente wird von der Wurzel aus der Bodenlösung in Form von Anionen und Kationen aufgenommen. An der Mobilisierung der Nährstoffe wirken die von den Wurzelspitzen und -haaren ausgeschiedenen anorganischen und organischen Säuren sowie Bodenbakterien mit. Diese gelangen durch Diffusion oder Bewegung der Bodenlösung (Massenfluß) an die Wurzeloberfläche, teils wachsen die Wurzeln auch zur Bodenlösung bzw. zum Nährstoff hin. Die weit in den Boden ausstrahlenden Hyphen der Mykorrhiza verbessern die Aufnahmekapazität vorrangig von Stickstoff und Phosphor. Die Rhizosphäre und der Pilzmantel der Mykorrhiza stellen eine erste Barriere dar, so daß insbesondere Schadstoffe nicht bis zur Wurzel vordringen können.

Die Nährelemente gelangen durch Diffusion und mit dem Transpirationsstrom des Wassers in den Apoplasten und den Symplasten der Wurzelrinde, d. h. die Elemente wandern mit Hilfe der Plasmodesmen unter

Umgehung der Vakuolen von Zelle zu Zelle (Abb. 11). An den undurchlässigen Casparyschen Streifen der intakten Endodermiszellen tritt der Stoffstrom nahezu vollständig in den Symplasten über. Hier erfolgt die Selektion der in der wässerigen Lösung mit geführten Stoffe. Wurzelschäden können das Selektionsvermögen stören und ein passives Eindringen von Stoffen verursachen. Nach der Abscheidung der Ionen in das Xylem werden diese, z. T. schon in verarbeiteter Form, mit dem Transpirationsstrom in die oberirdischen Pflanzenorgane befördert.

Alle Stoffe passieren die Plasmamembranen entweder passiv durch einfache Diffusion, durch katalysierte Diffusion mittels Trägerstoffen oder durch aktiven Transport. Der an Trägerstoffe gebundene Transport ermöglicht eine Beschleunigung des Transports, die selektive Behandlung der Elemente und – im Falle des aktiven Transportes – auch die Aufnahme und Beförderung gegen ein Konzentrationsgefälle. So werden die Hauptnährelemente Stickstoff, Phosphor und Kalium häufig selektiv aufgenommen, d. h. ihre Aufnahmerate ist höher als es dem Massenfluß entspricht. Barrieren bestehen hingegen u. a. für Blei, Kupfer und Aluminium. Ionenaustauschprozesse spielen bei der Stoffaufnahme eine große Rolle. Die Wurzel gibt H^+-Ionen für Kationen, OH^--Ionen für Anionen ab (MENGEL, 1972; LYR u. a., 1992).

2.4.3 Wurzelatmung

Analog zu Ast und Stamm atmet die Wurzel eines Baumes, d. h. auch an diesem Organ erfolgt ein Energiegewinn durch Abbau organischer Substanzen, insbesondere von Kohlenhydraten zu Wasser und Kohlendioxid. Die Wurzelatmung ist direkt schwer zu messen, eher über die Kohlendioxidabgabe an den Boden. Wurzeln atmen ganzjährig Tag und Nacht, ihr Atmungsvermögen ist jedoch temperaturabhängig, so daß sich ein deutlicher Jahresgang ergibt.

Fichte und Kiefer erreichen im Juni den Maximalwert der Atmung und beginnen ab Juli abzufallen, im Herbst/Winter erreichen sie den Tiefststand. Die Atmungsintensität

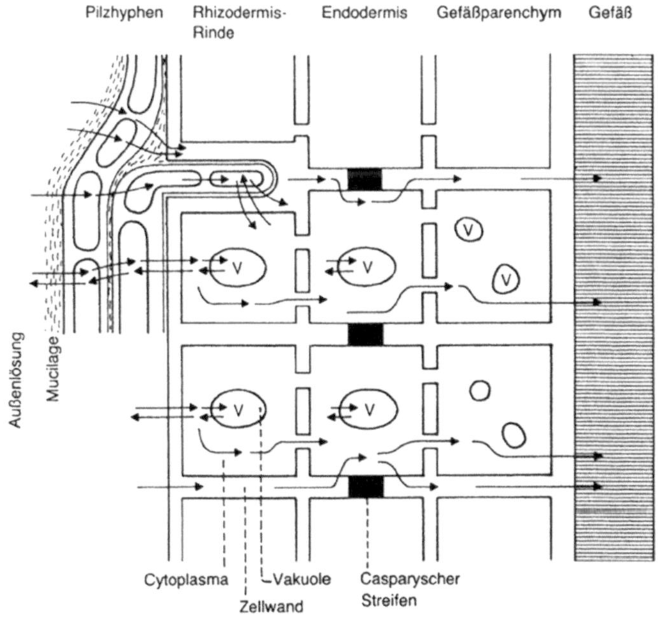

Abbildung 11: Schema der Stofftransportwege in der Wurzel mit und ohne ektotrophe Mykorrhiza (aus: LYR u. a., 1992)

steigt mit der Photosyntheserate an und sinkt, wenn die Dunkelatmung der Blätter zunimmt. Auch verläuft sie identisch mit der Zahl der wachsenden Wurzelspitzen, junge Wurzelspitzen atmen stärker als verholzte. Die Atmung nimmt bei zunehmender Trokkenmasse ab und erreicht den Wert der Achsenatmung der Äste. Laubhölzer atmen stärker als Nadelhölzer, von diesen erreichen Pappel und Birke maximale, Buche und Eiche minimale Werte.

Die Wurzelatmung beeinflußt maßgeblich die Intensität der Wasser- und Nährstoffaufnahme einer Pflanze. Der belebte Boden enthält (ohne Wasserdampf) in den oberen Bodenschichten normalerweise mehr als 20,6 Vol.-% O_2, ca. 78 % N_2 und weniger als 0,2 CO_2 (s. Kap. 3.2). Viele Baumarten benötigen eine Bodenluftsituation von mehr als 16 Vol.-% O_2 und weniger als 3 Vol.-% CO_2, ansonsten ist die Wurzelaktivität beeinträchtigt. Schon ein kurzfristiger O_2-Mangel kann zum Absterben der Wurzelspitzen führen, während CO_2-Gehalte bis zu 2 Vol.-% bei bestimmten Baumarten sogar wachstumsstimulierend wirken können. Bodenverdichtung, Überflutung, Staunässe, Versieglung, Gas und anaerobe Verhältnisse wirken der Wurzelatmung entgegen (s. Kap. 3). Die Sauerstoffversorgung der Wurzeln ist ein dynamischer Prozeß. Auf anthropogen belasteten Stadtböden liegen häufig auf kleinstem Raum heterogene Verhältnisse vor, so daß Zonen mit unterschiedlicher Belüftung nebeneinander vorhanden sein können.

Der Sauerstoff muß, um in die Pflanzenzelle zu gelangen, einen Wasserfilm überwinden, der einen 10 000 mal größeren Widerstand hat als luftgefüllte Bodenporen (Sauerstoffdiffusionsrate). Diese Rate steigt mit zunehmender Lagerungsdichte und mit zunehmender Trockenheit. Im Boden kann noch ausreichend Sauerstoff vorhanden sein; er ist jedoch von den Faserwurzeln nicht aufnehmbar, wenn ein kritischer Wert der Diffusionsrate bzw. des Diffusionsquotienten von 0,5–0,02 $\mu g/cm^2$ nicht überschritten wird. In begrenztem Maße kann Sauerstoff auch aus dem Boden- und Grundwasser aufgenommen werden (LYR u. a., 1992).

2.4.4 Produktion von Phytohormonen

Alle Entwicklungs- und Differenzierungsvorgänge einer Pflanze werden durch Phytohormone gesteuert, sie wirken in sehr geringen Konzentrationen im Mikro- und Nanogrammbereich (Millionstel- bzw. Millardstelgramm pro Liter; µg, ng/l). Es handelt sich hierbei um chemische Botenstoffe, die als neutrale Kaliumsalze in den Leitungsbahnen transportiert werden. Produktion und Wirkung der Phytohormone sind durch intensive Forschung erkannt, die Zusammenhänge werden in der modernen Pflanzenproduktion gezielt genutzt.

Zu den wichtigsten Phytohormonen, die im Wurzelbereich wirken, zählen **Auxine** und Auxin-Phenol-Verbindungen (Tab. 6). Sie steuern Keimung und Wurzelbildung des Keimlings. Das wichtigste Auxin ist die ß-Indolyl-Essigsäure (IAA). Sie wird in den Knospen und jungen Laubblättern erzeugt und von da über das Phloem zu den Wurzeln transportiert (Abb. 12). Es fördert die Bildung von Wurzeln, Seitenwurzeln an älteren Wurzeln sowie Adventivwurzeln am Sproß. In entsprechender Konzentration hemmt sie das Streckungswachstum der Wurzeln, während sie die Sproßbildung fördert. Die ß-Indolyl-Essigsäure wird durch Licht zersetzt bzw. reichert sich in beschatteten Bereichen an.

Die Gruppe der **Cytokinine** wird primär in den Wurzelspitzen gebildet und im Phloem in die oberirdischen Baumteile transportiert (Abb. 12). Cytokinine hemmen das Wurzelwachstum und fördern die Zellteilung im Kambiumgewebe, das Zellwachstum und die Differenzierung der Zellen. Ferner stimulieren sie die Lignifizierung und hemmen die Alterungsprozesse. Cytokinine und Auxine wirken teils synergistisch, teils antagonistisch, letzteres bei Sproß- und Wurzelbildung. Sie steuern auch die Stoffströme zu den Organen und in die Gewebe.

Gibberelline werden gleichermaßen in Sproß- und Wurzelmeristemen gebildet. Sie fördern Keimung, Entwicklung des Keimlings und das Längenwachstum.

Im Gegensatz zu den genannten Phytohormonen, die als Wuchsstoff einzuordnen sind, wirkt **Abscisinsäure** als Hemmstoff. Unter normalen Umständen wird Abscisinsäure in den Wurzelspitzen und in alten Blättern produziert. Sie induziert die Bildung von Trenngewebe und leitet die Knospen- und Samenruhe ein (s. Abb. 12).

Ethylen ist ebenfalls an der Regulierung des Stoffwechsels beteiligt und wird besonders unter Streßbedingungen gebildet. Es bewirkt in Verbindung mit der Abscisinsäure die Bildung von Trenngewebe, die Einleitung der Reife- und Ruhephase sowie die Abschottung verletzter Wurzel- oder Sproßgewebe.

Alle Phytohormone stehen in enger Verbindung zueinander und steuern im Jahresgang das Wurzel- und Sproßwachstum. Das besondere ist, daß Produktions- und Wirkungsort oft in verschiedenen Bereichen des Baumes liegen. So beginnt das Gehölzwachstum im Frühjahr im Wurzelbereich (s. Abb. 8), hiermit verbunden ist die Produktion der Cytokinine. Diese werden zu den ruhenden Sproßknospen transportiert und induzieren den Austrieb. Im Gegenzug werden in den Knospen Auxine gebildet, die ein verstärktes Wurzelwachstum bewirken. Bei Ausreife des ersten Triebes geht im Frühsommer die Auxinproduktion unter dem Einfluß von Abscisinsäure zurück, so daß das Wurzelwachstum wieder nachläßt. Im Spätsommer wiederholt sich dieser Vorgang beim zweiten Trieb, bis schließlich die endgültige Ruhephase (Blattfall, Knospenruhe) erreicht ist.

Alle ober- und unterirdischen Störungen und Eingriffe am Baum wirken sich zwangsläufig im Phytohormonhaushalt aus, so daß das polare Synthese-Wirkungs-Verhältnis

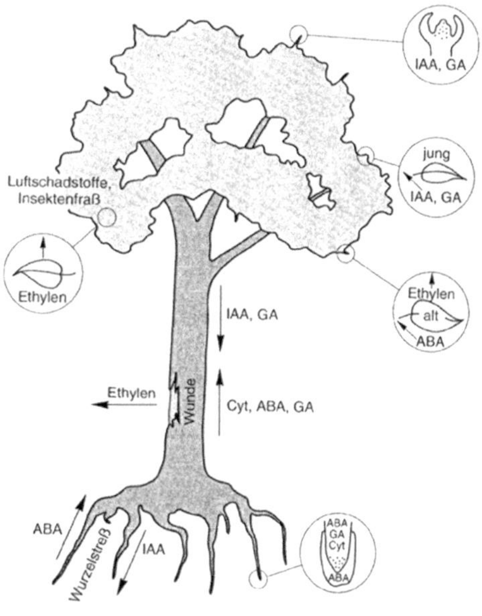

Abbildung 12: Synthese- und Wirkungsorte von Phytohormonen (aus: FINK, 1993)
IAA = Indol-3-Essigsäure;
GA = Gibberellinsäure;
ABA = Abscisinsäure;
Cyt = Cytokinin

Tabelle 6: Beteiligung von Phytohormonen an der Entwicklung und Morphogenese der Wurzel (aus: WITT, 1997, verändert)

Entwicklungszustand	Auxine	Cytokinine	Gibberelline	Abscisine	Ethylen
Wachstum	+	–	+	–	–
Verzweigung	+	–	–	?	–
Ruhe	–	–	–	+	+

+ = Förderung; – = Hemmung; ? = unbekannt

verschoben wird. So haben Wachstumsbeeinträchtigungen stets eine Reduktion der lokalen Stoffsynthese zur Folge. Mit dem Kronen- und Wurzelschnitt ist der unmittelbare Verlust der Produktionsorte verbunden, z. B. werden beim Kronenschnitt die Syntheseorte für Auxin (Triebspitzen, junge Blätter) entfernt, so daß an den korrenspondierenden Wurzeln kein Wachstum mehr stattfindet. Mit dem Austrieb ruhender Sproßknospen setzt die Auxinproduktion und nachfolgend auch das Wurzelwachstum wieder ein. Beim Wurzelschnitt werden die Syntheseorte von Cytokininen an den Wurzelspitzen beseitigt (Lyr, u. a., 1992; Witt, 1997). Aus diesen Zusammenhängen müssen sich auch verbesserte Empfehlungen für gezielte Kronen- und Wurzeleingriffe ableiten lassen, sie sind Gegenstand aktueller Forschung (s. Kap. 6.2).

2.4.5 Verankerung

Mit der Keimung des Samen dringt die Wurzel in den Boden ein, um den jungen Keimling zu verankern. Ziel muß sein, die ober- und unterdischen Pflanzenteile gleichermaßen am Standort zu stabilisieren, um eine ungestörte Entwicklung zu ermöglichen. Bei oberirdischer Belastung dürfen daher im Boden keine Wurzelabrisse erfolgen, da hiermit Einschränkungen der Wasser- und Nährstoffversorgung einhergehen. Hieraus resultieren Einbußen der Vitalität, der Pflanzengesundheit und der Standsicherheit.

Die Wurzelausbildung wird neben den genetischen Eigenschaften in starkem Maße durch das Bodengefüge und die Abfolge im Bodenprofil bestimmt (s. Kap. 2.2). Je nach Bodenaufbau müssen die Pflanzenwurzeln unterschiedlich intensive Verdrängungsarbeit leisten, die je nach Scherwiderstand und dem vorhandenen Porenquerschnitt von wenigen hPa bis zu mehreren MPa ausmachen kann. Aus experimentellen Untersuchungen geht hervor, daß es z. B. Linden nicht möglich ist, eine Bodenverdichtung von mehr als 1,6 g/m^3 zu durchwachsen, Eichen noch 1,8 g/m^3, Fichten weniger als 1,5 g/m^3 und Lärchen bis 1,8 g/m^3 Bodendichte überwinden. Starkwurzeln wachsen vorrangig in Grobporen > 50 µm Durchmesser, Fein- und Faserwurzeln auch in Mittelporen < 10 µm. Die physikalischen Eigenschaften des Bodens scheinen für die Durchwurzelung und die Wasser- und Nährstoffversorgung entscheidender zu sein als die bodenchemischen.

Auf innerstädtischen Standorten beeinflussen anthropogene Belastungen und räumliche Begrenzungen wesentlich die Ausbildung der Wurzelsysteme (s. Kap. 3). Trotz häufig unnatürlicher Wurzelsysteme ist dennoch davon auszugehen, daß dies einher geht mit einer guten Verankerung. Die Standsicherheit ist daher im Normalfall gegeben. Unterstützend wirken sogar Bodenversiegelungen, Fundamente und unterirdische Leitungen als Gegengewicht bzw. als Gegenlager. Erst bei stärkeren abiotischen und biotischen Wurzelschäden sind Verankerung und Standsicherheit gefährdet.

2.4.6 Symbionten

Als Symbiose bezeichnet man das Zusammenleben zweier artverschiedener Organismen, die beide wenigstens zeitweise einen Nutzen aus dieser Verbindung ziehen. Sie ist damit abgegrenzt gegenüber dem Kommensalismus (Nutzen eines Partners ohne erkennbare Beeinflussung des anderen) und dem Parasitismus (Nutzen des einen zu Lasten des anderen).

Das symbiontische Zusammenleben läßt mitunter erkennen, daß es aus einem wechselseitigen Parasitismus (Alleloparasitismus) entstanden ist, bei dem sich in Angriff und Abwehr ein Gleichgewicht hergestellt hat und bei dem sich die Partner wechselseitig Nährstoffe und Wirkstoffe entziehen. Dieses Gleichgewicht kann bei Dominanz eines Partners wieder in einseitigen Parasitismus umschlagen, z. B. die Verdauung von Knöllchenbakterien durch Wirtszellen.

Die Wurzel ist Reaktionsort für eine Reihe bedeutender Symbionten (Tab. 7). Die Symbiosen sichern den Bäumen nicht nur die Wasser- und Nährstoffversorgung, sondern sie schützen sie gleichzeitig vor Schädigung (Tab. 8). Dies wird ermöglicht durch komplexe physiologische und morpholgische Veränderungen, deren Zusammenhänge nach wie vor Gegenstand aktueller Forschung sind.

Bei vielen Bäumen ist eine Symbiose zwischen Wurzeln und Pilzen anzutreffen, sie wird als **Mykorrhiza** bezeichnet (griech. Mykos = Pilz, rhiza = Wurzel). Sie ersetzt oder erweitert bei einem großen Teil der Laub- und Nadelbäume an den Feinwurzeln die Funktion der Wurzelhaare besonders in den oberen Bodenhorizonten. Von der Lebensweise her lassen sich zwei Grundtypen unterscheiden: die Ektomykorrhiza umgibt die Rhizodermis mit einem dichten Pilzmantel (Hartig'sches Netz), während die Endomykorrhiza bzw. die Vesikulär-arbuskuläre (VA)-Mykorrhiza auch in die Zellen der Wurzelrinde eindringen und letztere dort zu Vesikeln anschwillt oder sich büschelartig verzweigt (Abb. 13). Die Hyphen durchdringen intensiv den Boden und verbessern die Aufnahme mit Wasser, Stickstoff, Phosphor und Spurenelementen. Die nährstoff- und wasserresorbierende Oberfläche eines Mykorrhizasystems ist um das 100- bis 1 000fache größer als die eines mykorrhizafreien Wurzelwerkes. Darüber hinaus schützen sie die Feinwurzeln vor biotischen und abiotischen Schäden. Der Baum liefert dem Pilz Kohlenhydrate und andere organische Verbindungen, die dieser zur Fruchkörperbildung benötigt. Nur wenige Baumgattungen gehen keine Symbiose mit Pilzen ein. Da Platz- und Straßenstandorte aufgrund der Verdichtungen und Versiegelungen häufig unter Sauerstoffmangel leiden, ist die Mykorrhizafrequenz niedrig und von Arten geprägt, die unter diesen Bedingungen gedeihen können. Dies geht einher mit einem Rückgang in der Leistungsfähigkeit der Mykorrhiza. Zur Belastung mit Stickoxiden analog zur Waldsituation ist für urbane Standorte wenig bekannt. Am Straßenrand wachsen daher Baumgattungen besser, die nicht auf Symbiosen angewiesen sind.

Tabelle 7: Verbreitung von Symbionten an bedeutenden Baumgattungen (aus: LYR u. a., 1992; SCHMITZ-ZEITZ, 1996)

überwiegend Ekto-mykorrhiza	überwiegend Endo-mykorrhiza	vereinzelt Endo-mykorrhiza	*Rhizobium leguminosarium*	Actinomyceten (Strahlenpilze)	sonstige Ekt-Endomyk. (1) Endomykorrh. u. Frankia (2) Blaualgen (3)
Betula	*Acer*	*Aesculus*	*Alnus*	*Alnus*	*Ericaceen* (1)
Carpinus	*Alnus*	*Fraxinus*	*Robinia*	*Hippophae*	
Castanea	*Corylus*	*Metasquoia*	*Acacia*	*Eleagnus*	*Alnus* (2)
Fagus	*Crataegus*	*Platanus*	*Laburnum*		
Juglans	*Malus*	*Robinia*			mit Flechten in Tropen (3)
Larix	*Populus*	*Taxus*			
Picea	*Salix*	*Thuja*			
Pinus	*Prunus*	*Gingko*			
Quercus	*Ulmus*	*Liriodendron*			
Tilia	*Sequoia*	*Sophora*			
	Sorbus				

Tabelle 8: Effekte von Wurzelsymbiosen auf die Gehölzentwicklung

Wirkungsbereich	Effekt
Verbesserung der Wasser- u. Nährstoffaufnahme	Verzweigung des Wurzelsystems Erschließen des Erdreiches Optimierung des Stofftransportes direkte Bindung von Elementen
Erhöhung der Resistenz gegen abiotischen Streß	Selektivität der Stoffaufnahme Erhöhung der Trockenresistenz Erhöhung der Frostresistenz
Erhöhung der Resistenz gegen Schaderreger	chemische oder mechanische Barriere Förderung von Abwehrmechanismen Beeinflussung der oberirdischen Resistenz

Als makroskopisch sichtbare Reaktion bewirkt die Ektomykorrhiza, daß die sonst fadenförmigen Saugwurzeln in dichotom verzweigte oder korallenförmige, dickwalzige Kurzwurzeln verformt werden. Darüber hinaus erhält die Wurzel je nach äußerem Pilzmantel eine unterschiedliche Farbe (u. a. weiß, silbrig, schwarz, braun) und ein flauschiges oder glattes Erscheinungsbild. Die Endomykorrhiza hat ein keulenartiges Anschwellen der Wurzelspitze zur Folge (s. Tafel 1.1–1.3).

Hülsenfrüchtler (Leguminosen) gehen eine Symbiose mit sog. **Knöllchenbakterien** (*Rhizobium leguminosarum, Bradyrhizobium)* ein, die in der Lage sind, den Luftstickstoff (N_2) zu binden und für die Wirtspflanze als Ammonium (NH_4) verfügbar zu machen. *Rhizobium leguminosarum* bildet viele Rassen mit verschieden starker wirtsspezifischer Ausprägung. An den Wurzeln entstehen hierbei perlenartige Verdickungen (Wurzelknöllchen) (s. Tafel 1.4). Neben krautigen und tropischen Kulturen gehen auch einige Baumgattungen wie Robinie derartige Symbiosen ein, in diesem Fall entstehen große, mehrjährige Knöllchen. Die Bakterien können wahrscheinlich über Lectine den geeigneten Wirt erkennen. Der Angriff beginnt mit dem Eindringen von Bakterien durch Wurzelhaare in das Rindengewebe und Abkapselung durch Cellulose seitens des Wirtes. Es folgt die Kräuselung der Wurzelhaare und die Teilung der Wurzelrindenzellen. Die Wirtszellen vermehren und vergrößern sich unter Wirkung von ß-Indolylessigsäure. Ihre Kerne werden tetraploid, Wurzelknöllchen entstehen. Die Wirtspflanze umgibt die Knöllchen mit pflanzeneigener Membran und nimmt überwiegend NH_4^+ von dem Eindringling auf, allmählich zerstört die Wirtspflanze über Phytoallexine den Bakteroiden

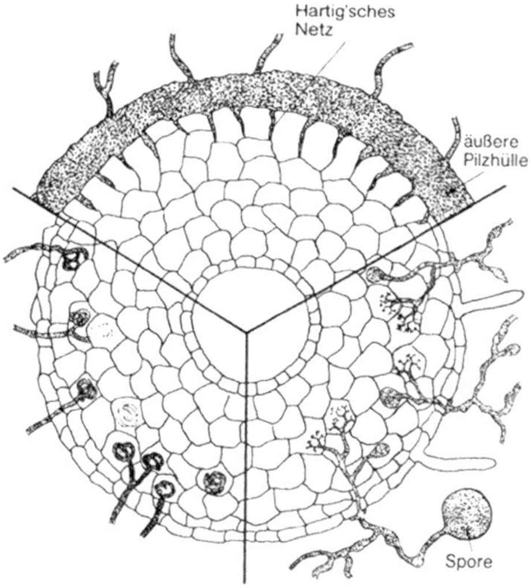

Abbildung 13: Formen der Mykorrhiza (aus: HOCK u. a., 1995)

und „verdaut" ihn, während ein Teil der Bakterien dabei in den Boden zurückgelangt und wiederum Wurzelhaare infiziert.

Ebenfalls zur Bindung des Luftstickstoffs befähigt sind die Bakterien der Gattung *Frankia (Actinomycetaceae)*, die auch unter dem Namen „**Strahlenpilze**" bekannt sind. Sie sind im Boden weit verbreitet. Sie dringen über Wurzelhaare in die Pflanze ein und lösen in der Wurzelrinde zunächst eine Zellteilung aus. Aus anfänglichen kleinen Knöllchen entwickeln sich verholzende, langlebige „Rhizothamnien", die wie Seitenwurzeln aussehen und ähnlich reagieren. Das Eindringen ähnelt einer endogenen Mykorrhiza. Der Luftstickstoff (N_2) wird in Knöllchen eingelagert und schon nach wenigen Stunden bis zu 90% an die Wirtspflanze weitergeleitet. Die Pflanze liefert den Bakterien Kohlenhydrate (Zucker) und organische Säuren, was in starkem Maße von der Photosynthese als Energielieferant abhängt. Die Masse und Größe der Knöllchen nimmt mit der Bodentiefe ab und reagiert auf Luft- und Bodentemperaturen sowie auf den Wasser- und Nährstoffvorrat im Boden, besonders positiv auf Kaligaben.

Eine ungenügende Ausbildung von Symbionten infolge unzureichender Standortbedingungen oder eines zu geringen Infektionspotentials bewirkt eine Unterversorgung der Bäume an Wasser und essentiellen Nährstoffen. Hieraus resultieren Wuchsbeeinträchtigungen und Mangelsymptome (WERNER, 1987; STRASBURGER, 1991; LYR, u.a., 1992; HÖSTER, 1993).

3 Beeinträchtigungen der Wurzelentwicklung am städtischen Standort

Die Wurzeln urbaner Gehölze sind in Stadtböden zahlreichen Beeinträchtigungen ausgesetzt. In Parkanlagen liegen in der Regel noch naturnahe Bedingungen vor, auf Plätzen und an Straßen verschlechtert sich jedoch für viele Baumarten die Standortsituation. Meist steht ihnen hier nur ein begrenzter durchwurzelbarer Raum zur Verfügung. Die Wurzeln müssen sich in Konkurrenz mit Ver- und Entsorgungsleitungen sowie unterirdischen Baukörpern behaupten und ihren Standort individuell erschließen (s. Tafel 2.1). Bei der Pflanzung von Bäumen wird in der Regel nur die unmittelbare Baumgrube verbessert, so daß die Wurzeln schon nach wenigen Jahren auf benachbarte, ursprünglich belassene Bodenareale stoßen. Vielfach verbleiben die Wurzeln aufgrund der umgebenden widrigen Nährstoff- und Sauerstoffarmut im Bereich der Pflanzgrube und ballen sich nesterartig zusammen, wie schon HOFFMANN (1954; 1956) durch Ausgrabung alter Straßenbäume zeigen konnte. Dieser sog. Blumentopfeffekt verschlechtert mit der Zeit die Wachstumsbedingungen. Ferner lassen Aufgrabungen immer wieder eine große Heterogenität von Baumstandorten in der Substratzusammensetzung und im Skelettanteil auf kleinstem Raum erkennen. Dringen Wurzeln dennoch in den umgebenden Boden ein, so reagieren die Wurzeln hier auf die jeweiligen biologischen, chemischen und physikalischen Verhältnisse (s. Kap. 2.3). Häufig findet daher keine gleichmäßige und artgerechte Wurzelentwicklung mehr statt, sondern die Wurzeln durchdringen einerseits nur bestimmte Horizonte, andererseits werden lange Wurzeln mit geringer Verzweigung gebildet (s. Tafel 2.2 und 2.3) (KRIETER u. a., 1989; BALDER u. a., 1997a).

Zusätzlich erfordern häufige Eingriffe in das Baumumfeld, z. B. durch den ständigen Wandel der Stadtarchitektur, die technischen Belange der Ver- und Entsorgungsleitungen sowie die Zunahme des Straßenverkehrs stete Reaktionen der Bäume, um sich auf Veränderungen und Belastungen einzustellen. Hinzu kommen Schadstoffe, die entweder aus vielfältigen Quellen auf die Gehölze treffen oder auch direkt an ihrem Standort im Wurzelbereich freigesetzt werden. Die Folge sind u. a. individuelle und charakteristische, meist nachhaltige Schäden der Feinst-, Fein-, Grob- und Starkwurzeln der Park- und Straßenbäume. Hieran sind in der Regel primäre Faktoren (Auslösemechanismen) und in der Folge sekundäre Faktoren (Verstärkermechanismen) beteiligt (Abb. 14). Die Ausbildung des Wurzelsystems stellt jeweils die individuelle Summenreaktion aller beeinflussender Faktoren dar.

Die schadbedingten Symptome sind jedoch von den normalen Auffälligkeiten des Baumwachstums zu trennen. So neigen Wurzelhalsveredlungen mitunter zu starken Wucherungen, insbesondere die Linde zu auffälliger Schößlingbildung. Würgewurzeln umschlingen vereinzelt den Wurzelhals (s. Tafel 3).

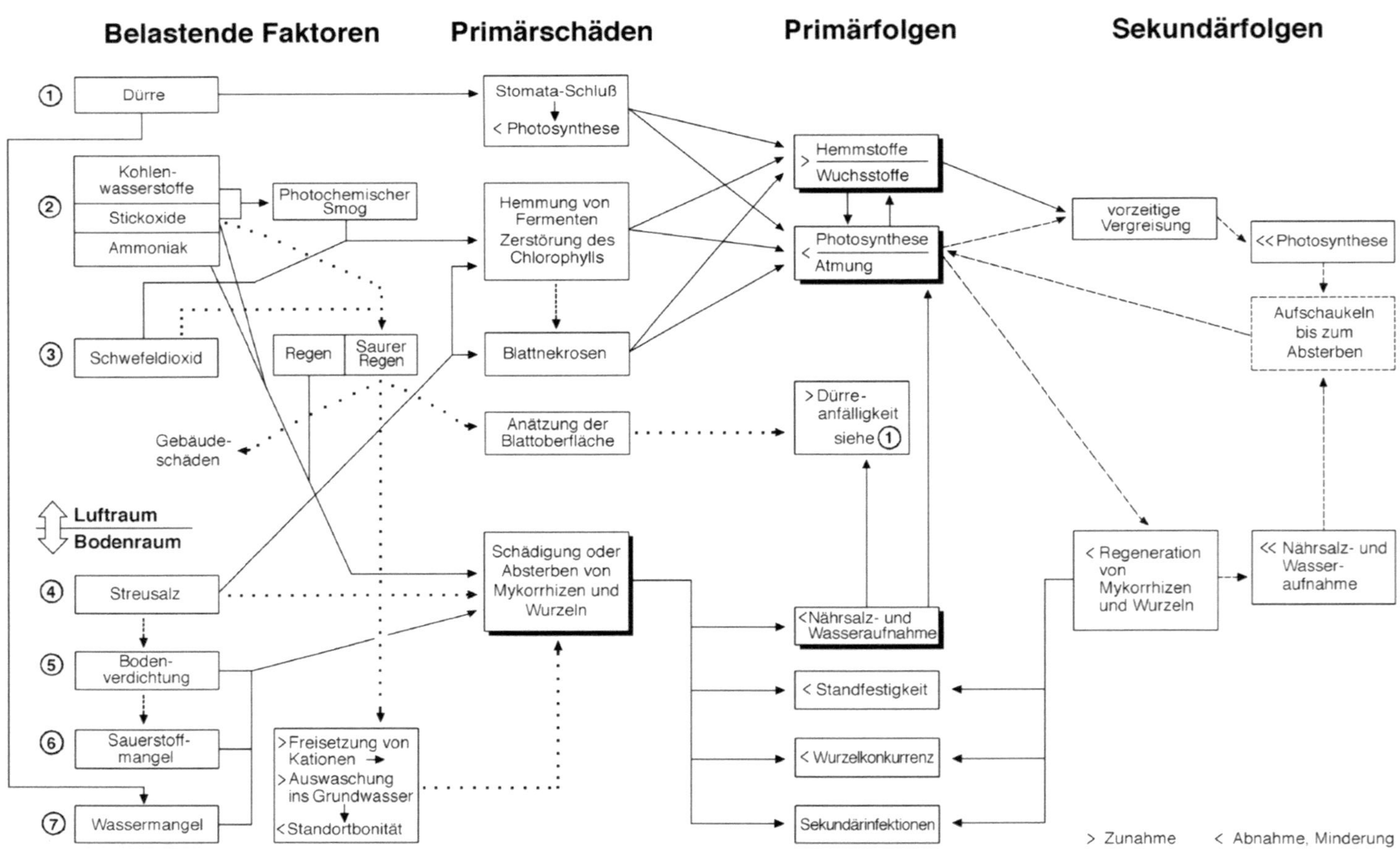

Abbildung 14: Schema möglicher Kausalketten beim Baumsterben (aus: MEYER, 1985, verändert)

3.1 Nährstoffsituation

Eine gesunde Pflanzenentwicklung mit ausgeglichener Resistenz gegenüber biotischem und abiotischem Streß ist nur bei bedarfsgerechter Nährstoffversorgung möglich. Wie alle Pflanzen benötigen auch Bäume für ein vitales Wachstum entsprechend Makro- und Mikronährstoffe, die über die Wurzel aufgenommen werden (s. Kap. 2.4.2). Der Bedarf an Stickstoff und Phosphat ist eher mäßig, an Kalium hoch, für Spurenelemente insgesamt geringer. Nahezu jedem Nährelement kommt bei der Pflanzenentwicklung eine besondere Bedeutung zu, speziell zur Wurzel liegen jedoch nur geringe Erkenntnisse vor (Tab. 9).

Auf natürlichen, intakten Baumstandorten wie dem Wald liegen geschlossene Nährstoffkreisläufe vor. Mit dem Laub- bzw. Nadelfall gelangen hier nach MEYER (1982) 2–6 t Trockensubstanz je Hektar organisches Material auf den Boden, das durch Bodentiere und Mikroorganismen aufgearbeitet und teils mit dem Mineralboden vermengt wird. Hierdurch entsteht einerseits ein optimales Wurzelsubstrat, andererseits werden durch die Streuzersetzung die Nährstoffe schrittweise wieder zur Verfügung gestellt. Nur 0,2 % der im Boden vorhandenen Nährstoffe liegen allerdings in gelöster, pflanzenverfügbarer Form vor, die übrigen müssen durch Ionenaustausch verfügbar gemacht werden. Die adsorptive Bindung der Kationen im Boden an Tonmineralien ist abnehmend von Al^{3+}, Ca^{2+}, Mg^{2+}, NH_4^+, K^+, Na^+, bei Anionen von PO_4^{3-}, SO_4^{2-}, NO^{3-} zu Cl^-. Als Austausch-Ionen gibt die Wurzel hauptsächlich H^+- und HCO_3-Ionen an den Boden ab. Darüber hinaus scheidet die Wurzel organische Exsudate ab, die das Wachstum von Mikroorganismen anregen. Diese wiederum setzen Bodenmineralien und organische Substanz um, so daß weitere Nährstoffe pflanzenverfügbar werden.

In Städten finden viele Baumarten Standortbedingungen vor, die ihre Nährstoffversorgung grundsätzlich erschweren. Auf Plätzen und an Straßen beeinträchtigen zunächst großflächige Bodenverdichtungen und -versiegelungen den Wasser- und Sauerstoffhaushalt; hieraus resultieren eine verminderte Verfügbarkeit der Nährsalze und Störungen der Wurzelentwicklung. Eingriffe in das Wurzelsystem verursachen direkte Wurzelverluste und schränken zusätzlich die Aufnahmefähigkeit der vorhandenen Nährstoffe ein (s. Kap. 3.6). Hinzu kommt die Unterbrechung des natürlichen Nährstoffkreislaufes durch die alljährliche Laubabfuhr, die jedoch durch anthropogene Einträge je nach örtlicher Situation z. T. kompensiert wird. In der gärtnerischen Pflege werden Nährstoffe nur im Einzelfall und unregelmäßig durch Düngung zugeführt.

Chemische Bodenanalysen von innerstädtischen Baumstandorten belegen die unzureichenden Nährstoffvorräte. Viele Straßenrandböden sind durch Mangel an Stickstoff, Kalium und Magnesium gekennzeichnet, während Phosphor häufig im Überschuß vorhanden ist (Abb. 15). Letzteres gilt auch für Calcium. Hinzu kommen ein für viele Baumgattungen zu hoher pH-Wert und zu geringe Humusgehalte. Ursache hierfür sind hohe Schuttanteile im Unterboden vieler Straßenbaumstandorte sowie der kontinuierliche Calcium-Eintrag durch Stäube, u. a. durch Abrieb von Gebäuden und Fahrbahndecken. In der Bodenlösung herrscht ein Überangebot an Calcium-Ionen, wodurch die bedarfsgerechte Aufnahme der übrigen Kationen erschwert wird. Bezüglich der Versorgung mit Mikronährstoffen ist wenig bekannt, lediglich von einem Mangel an Bor wird berichtet. Die Verfügbarkeit der Mikronährelemente ist durch die hohen pH-Werte häufig eingeschränkt, insbesondere bei Eisen, Mangan, Kupfer und Zink; auch in auftausalzgeschädigten Böden liegen viele Mikronährstoffe in wasserunlöslicher Form vor. Andererseits sind unter diesen Bedingungen pflanzenrelevante Schwermetalle wie Aluminium im Boden gebunden, so daß, vergli-

Tabelle 9: Bodenverhalten, Funktion und Mangelsymptom von Pflanzennährstoffen (zusammengestellt aus: LYR u. a., 1992; MENGEL, 1972; BERGMANN, 1988)

Nähr-element	Boden-verhalten	Funktion in Pflanzen allgemein	Wurzel	Mangelsymptom allgemein	Wurzel
Stickstoff	sehr mobil	Wachstumsmotor Baustein von Proteinen	Förderung des Wurzelaustriebes	Chlorose älterer Blätter, Spitze Starrtracht Wuchsminderung	sehr lang wenig Seitenwurzeln
Phosphor	wenig mobil	Speicherung u. Übertragung chem. Energie	Förderung der Wurzelmasse	Blaugrünfärbung älterer Blätter rote Stengel	lang wenig Seitenwurzeln rötlich-braun
Kalium	mobil Fixierung bei Ton	Aktivierung v. Enzymen Beeinflussung des Wasserhaushaltes		Randnekrose älterer Blätter	lang gelblich schleimig wenig Seitenwurzeln
Calcium	mobil	Aktivierung v. Enzymen Baustein v. Phytin, Pektin Stabilisierung v. Zellwand u. Membranen	Regulation der Quellung im Cytoplasma	Chlorose jüngerer Blätter Absterben d. Terminalknospen	kurz struppig schleimig dunkelbraun/schwarz tote Wurzelspitzen
Magnesium	mobil Fixierung bei Ton	Phosphorylierung (Chlorophyll b. Fotosynthese)		Interkostalnekrose älterer Blätter grüne Blattnerven	lang wenig Seitenwurzeln
Schwefel	mobil	Baustein v. Proteinen u. Enzymen		Chlorose jüngerer Blätter Starrtracht	reich verzweigt weiß
Eisen	Fixierung pH >7	Bestandteil v. Redox-Enzymen (Fotosynthese, Atmung)		starke Chlorose jüngerer Blätter grüne Hauptader	kurz braun viele Seitenwurzeln
Mangan	Fixierung pH >7	Aktivierung von Enzymen Bestandteil v. Redox-Enzymen (Fotosynthese, Atmung)	Beeinflussung des Phytohormonstatus	Fleckigkeit älterer Blätter	Wurzelbildung gering bräunlich

Tabelle 9: Fortsetzung

Nähr-element	Boden-verhalten	Funktion in Pflanzen allgemein	Wurzel	Mangelsymptom allgemein	Wurzel
Zink	Fixierung pH >7	Aktivierung v. Enzymen Beeinflussung des Wuchsstoffhaushaltes		Chlorose jüngerer Blätter Kleinblättrigkeit Rosettenbildung Zwergwuchs	Entwicklung schwach gehemmt
Kupfer	Fixierung pH >7	Bestandteil v. Oxidasen		weiße interkostale Spitzendürre	Entwicklung mäßig gehemmt lange, weiße, dünne Seitenwurzeln
Chlorid	sehr mobil	kolloidchemische Wirkung (Hydratur)	Regulation des Quellungszustandes des Cytoplasmas	Chlorose	
Bor	mobil	Wuchsstoffaktivierung Kohlenhydrattransport	fördert durch Erhöhung der Auxinkonzentration das Wurzelwachstum	dicke Endknospe Blattverformung	dürftig struppig viele kurze Seitenwurzeln braun verdickte Spitze
Molybdän	wenig mobil	Bestandteil v. Reduktasen		Chlorose u. Verformung jüngerer Blätter	

chen mit der Situation der mitteleuropäischen Wälder, am Straßenstandort keine vergleichbaren Gefährdungen zu erwarten sind (s. Kap. 3.5.4).

Die Nährstoffgehalte in den Bäumen selbst unterliegen großen Schwankungen, da offensichtlich nicht nur die Bodengehalte von Bedeutung sind, sondern auch die Verfügbarkeit der Nährelemente in Abhängigkeit von Bodenazidität und Wasserhaushalt sowie ihre potentielle Aufnahmemöglichkeit durch das individuelle Wurzelsystem. Letzteres ist in der Regel durch geringe Feinwurzelanteile sowie mechanische Schäden geprägt, so daß auch hierdurch Ernährungsstörungen entstehen. Blattanalysen belegen – gemessen an Laborexperimenten – einen Mangel an Stickstoff, Kalium und Magnesium, z. T. auch an Phosphor (Tab. 10). Als Ursache gelten die standortspezifischen Beeinträchtigungen des Straßenrandbereiches, aber auch die Folgen eines jahrelangen Einsatzes von Auftausalzen (NaCl, MgCl) im Winterdienst. Demnach hat vor allem der hohe Eintrag an Natriumionen neben der Verschlämmung und Gefügeverschlechterung des Bodens eine Verdrängung essentieller Kationen, vorrangig Kalium und Magnesium, am Ionenaustauscher bewirkt, so daß viele Böden an diesen Elementen inzwi-

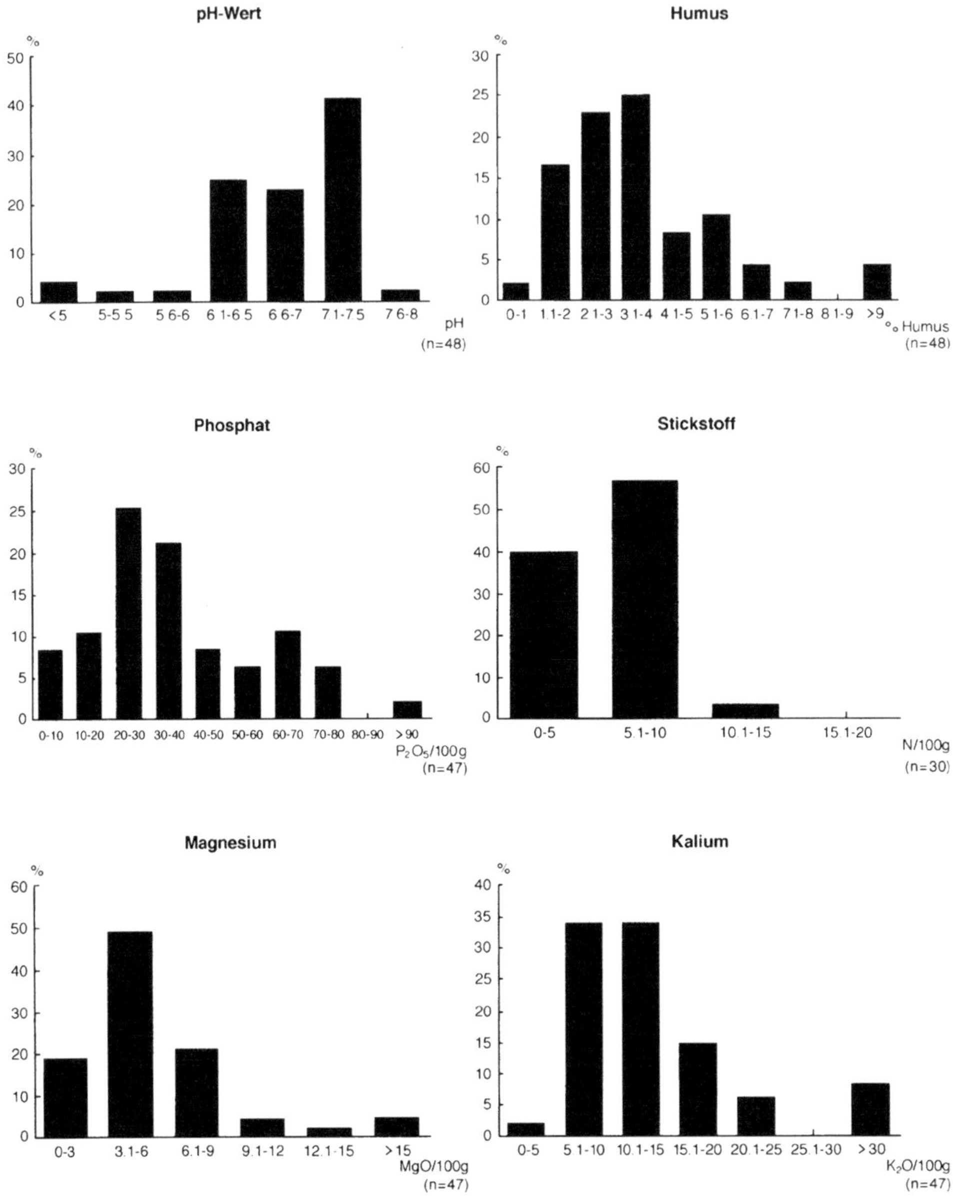

Abbildung 15: Häufigkeitsverteilung von pH-Wert, Humusgehalt und Konzentration essentieller Nährstoffe in Straßenrandböden in Berlin (aus: BALDER, 1994a, verändert)

schen unterversorgt sind (BROD, 1993). Darüber hinaus ist die Aufnahme von Calcium erhöht, was sich insbesondere in den Blättern an schutthaltigen Standorten deutlich widerspiegelt (Tab. 10). Die ermittelten Werte liegen hier häufig weit über dem für Bäume angenommenen Grenzwert von 0,8 %. Aufgrund der hohen Calcium-Gehalte ergeben sich in den Blättern unharmonische Relationen zwischen Kalium und Calcium wie auch zwischen Magnesium und Calcium, deren stoffwechselphysiologische Auswirkungen bei Bäumen derzeit noch nicht abschließend geklärt sind (HOFFMANN, 1954; KÜHN, 1961; STACH, 1969; GLATZEL u. a., 1975; MEYER, 1982; MEYER-SPASCHE, 1987; HABERMANN, 1989; KRIETER et al., 1989; BROD, 1991; LEH, 1991, 1993; EHSEN, 1995; BALDER u. a., 1997a; WITT, 1997).

Insgesamt wird deutlich, daß die Nährstoffversorgung der Straßenbäume häufig unzureichend ist. Der Zustand der Wurzelsysteme ist mitverantwortlich für diese Situation. Andererseits fehlen bei Altbäumen umfassende Dosis-Wirkungs-Experimente unter Straßenrandbedingungen, aus denen, wie für viele Kulturen in Gartenbau und Landwirtschaft gebräuchlich, Blattspiegelwerte zur ausreichenden Versorgung abgeleitet werden könnten. Forschungsarbeiten mit

Tabelle 10: Blatt- und Bodengehalte von Straßenbäumen in Berlin im Literaturvergleich (A = sandiger Standort, B = Trümmerschutt) (aus: BALDER, 1994a)

	Bodengehalte (mg/100 g Boden)		Blattspiegelwerte (%) gemessen		Literaturangaben	
Linde (A)	N	4,5	N	2,25	2,30–2,80[1]	–2,56[2,3]
	P_2O_5	5,6	P	0,20	0,15–0,30[1]	–
	K_2O	4,3	K	1,25	1,0–1,50[1]	–1,55[2,3]
	Mg	1,3	Mg	0,25	0,15–0,30[1]	–0,57[2,3]
	Ca	–	Ca	2,20	0,20–1,20[1]	–2,72[2,3]
	Na	–	Na	0,04	–	–0,21[2,3]
	Cl	–	Cl	0,58	–	–1,72[2,3]
Platane (A)	N	4,4	N	1,60	2,13–2,39[2,3]	
	P_2O_5	6,3	P	0,12	0,12–0,23[2,3]	
	K_2O	4,1	K	1,50	1,69–1,91[2,3]	
	Mg	2,3	Mg	0,20	0,49–0,50[2,3]	
	Ca	–	Ca	1,40	1,54–2,22[2,3]	
	Na	–	Na	0,04	0,01[2,3]	
	Cl	–	Cl	0,20	0,75–1,41[2,3]	
Roßkastanie (A)	N	5,0	N	2,10	2,41–2,48[2,3]	
	P_2O_5	13,7	P	0,14	0,7–0,21[2,3]	
	K_2O	5,4	K	0,92	1,13–1,26[2,3]	
	Mg	1,6	Mg	0,12	0,39–0,40[2,3]	
	Ca	–	Ca	1,30	1,43–2,43[2,3]	
	Na	–	Na	0,04	0,28–0,54[2,3]	
	Cl	–	Cl	0,44	1,84–1,85[2,3]	
Roßkastanie (B)	N	4,8	N	1,98		
	P_2O_5	28,2	P	0,39		
	K_2O	13,3	K	0,77		
	Mg	4,6	Mg	0,23		
	Ca	–	Ca	2,43		

[1] aus BERGMANN (1988)
[2] aus BRAUN (1990)
[3] aus GLATZEL u. a. (1975)

interdisziplinärem Ansatz sind hierzu notwendig.

3.2 Bodenluft

Menge und Größe der Hohlräume eines Bodens sind für die Wurzelentwicklung auf einem Pflanzenstandort von entscheidender Bedeutung. Neben den Kapillaren sind die Grobporen (∅ 10 bis 50 μm) eines Bodens für die Durchlüftung sowie Versickerung des Oberflächenwassers ausschlaggebend. Sie sind in der Regel mit Luft gefüllt, während die Mittelporen (∅ 0,2 bis 10 μm) und Feinporen (∅ < 0,2 μm) zu Lasten der Luftanteile Bodenwasser kapillar festhalten bzw. sogar vollständig binden (s. Kap. 3.3). Zwangsläufig bestehen je nach Standort bezüglich der Luft- und Wasseranteile große Unterschiede. So sind die Hohlräume eines Grundwasserbodens oder die Bereiche von Stauhorizonten überwiegend mit Wasser gefüllt, während auf trockenen Standorten die Luft vorherrscht. Tonige und damit feinporige Böden enthalten mehr Wasser, sandige und grobporige hingegen mehr Luft. Natürlich handelt es sich hierbei nicht um einen statischen Zustand, sondern die Anteile schwanken in Abhängigkeit von Niederschlag, Verdunstung und Versickerung. Mit dem Wassergehalt ändert sich auch der belüftete Raum im Jahresverlauf (BLUME, 1992).

Die Zusammensetzung der Bodenluft ist abhängig von den individuellen Standortbedingungen, insbesondere auf anthropogen belasteten Stadtstandorten. Grundsätzlich enthält sie weniger Sauerstoff (O_2) und mehr Kohlendioxid (CO_2) als die Atmosphäre (Tab. 11), bedingt durch die Atmung der Pflanzenwurzeln und der Bodenorganismen (= Bodenatmung). Bei geringem Luftvolumen sinkt der Sauerstoff- und steigt der Kohlendioxidgehalt, da durch die biologischen Vorgänge im Porenraum Sauerstoff verbraucht und durch Kohlendioxid ersetzt wird. Ferner sind Porenaufbau und -kontinuität durch die unterschiedliche Luftpermeabilität und Gasdiffusion für die Zusammensetzung der Luft entscheidend (HORN, 1992).

Für viele Pflanzenarten ist eine ausreichende Sauerstoffversorgung im Boden für die Wurzelatmung lebensnotwendig, lediglich Sumpfpflanzen sind in der Lage, Sauerstoff vom Sproß in die Wurzel zu transportieren und dabei den Rhizosphärenbereich selbst zu oxidieren (HORN, 1992). Die Angaben für die anzustrebenden Sauerstoffwerte schwanken: BLUME (1992) gibt als untere Grenze für ein optimales Pflanzenwachstum einen Gehalt von 10 % Sauerstoff an, andere Autoren halten ein Absinken auf 13 Vol.-% (KRETZSCHMAR, 1992) oder lediglich auf 15 Vol.-% (LEH u. a., 1989) bereits für kritisch. Ferner sollte wegen der phytotoxischen Wirkung der Kohlendioxidgehalt 3 Vol.-% (LEH u. a., 1989), maximal 5 % (HORN, 1992), nicht überschreiten. Die individuellen Ansprüche der jeweiligen Baumart sind sehr unterschiedlich. Auch ist die Sauerstoffversorgung der Wurzeln ein dynamischer Prozeß, weshalb die Konzentrationsangabe nur wenig Informationen über die tatsächlich an der Wurzeloberfläche vorhandene Sauerstoffmenge gibt. So kann eine unzureichende Diffusion des Sauerstoffes durch den die Wurzeln umgebenden Wasserfilm

Tabelle 11: Zusammensetzung von atmosphärischer Luft und Bodenluft (in Vol.-%, ohne Wasserdampf) (aus: BLUME, 1992)

	Sauerstoff	Stickstoff	Kohlendioxid
Atmosphäre (Mittelwert)	20,95	78,05	0,03
Boden (belebt)	< 20,6	ca. 78	> 0,2

einen Mangel bewirken, auch wenn ansonsten im Gesamtboden noch ausreichende Sauerstoffkonzentrationen gemessen werden (HORN, 1992).

Ein Teil der Bodengase (Sauerstoff, Stickstoff, Kohlendioxid) liegt gelöst im Bodenwasser vor, wobei sich ihre Löslichkeit mit zunehmender Temperatur und abnehmendem Druck vermindert. Da die unter natürlichen Bedingungen im Wasser enthaltenen Mengen an Gasen ihren Partialdrücken in der Atmosphäre proportional sind und vorrangig durch die Bodenatmung geprägt werden, enthält die Bodenlösung in der Regel weniger Sauerstoff und mehr Kohlendioxid (HORN, 1992).

Unter natürlichen Bedingungen entwickeln sich die Wurzelsysteme eines Baumes derart, wie es u. a. die individuellen Sauerstoffansprüche erfordern. Ein Großteil der Wurzeln befindet sich daher in oberflächennahen Bodenschichten. Ein ständiger Gasaustausch zwischen der Atmosphäre und der Bodenluft führt zu annähernd stabilen Verhältnissen, d. h. wurzelschädigendes Kohlendioxid wird abgegeben und Sauerstoff dem Boden zugeführt. Dies ist lebensnotwendig für die Entwicklung von Symbionten an den Wurzeln, wie z. B. den Mykorrhizapilzen, auf die viele Baumarten angewiesen sind (s. Kap. 2.4.6).

Zahlreiche Faktoren verschlechtern die Bodenluftsituation urbaner Baumstandorte. Hierbei ist jedoch zu unterscheiden zwischen denen, die die Bodenstruktur und damit die Anteile von Grob-, Mittel- und Feinporen verändern und denen, die direkte Auswirkungen auf die Luftzusammensetzung haben (Tab. 12). Mangelnde Baumschutzmaßnahmen erlauben das Betreten und Befahren der unmittelbaren Wurzelbereiche, gestaltungsbedingte Bodenversiegelungen sowie technische Maßnahmen des Tief- und Straßenbaus verändern gravierend das Baumumfeld (s. Tafel 4 und 5). Vorübergehende Ablagerungen und dauerhafte Aufschüttungen kommen hinzu, z. B. anläßlich von straßenbaulichen und landschaftsgärtnerischen Geländeveränderungen (Abb. 16). Die Folge sind insbesondere Bodenversiegelungen und

Tabelle 12: Ursachen von Bodenbeeinträchtigungen mit Folgen für Bodenstruktur und Bodenluft

Ursachen	Wirkungsbereich	Folgen
• Betreten und Beparken des Wurzelbereiches • Überfahren des Wurzelbereiches • Vibration des rollenden Verkehrs • Lagern von Material • kurz- und langfristige Aufschüttungen • gezieltes Verdichten bei Versiegelungen	Bodenstruktur	• Verlust an Grob- u. Mittelporen • verminderte Infiltration • gestörte Bodenfauna • gehemmter Gasaustausch • reduzierte mikrobielle Aktivität • reduzierter Abbau org. Substanz • verzögerte Bodenerwärmung • gestörte Nährstoffversorgung
• Verdichtungen • Versiegelungen • Abbau organischer Substanz im Unterboden • Leckagen von Ver- u. Entsorgungsleitungen (Gas, Abwasser, Fernwärme, Frischwasser) • anaerobe Bodenbedingungen (Staunässe)	Bodenluft	• unterbrochener Gasaustausch • verlängerte Diffusionswege • Anreicherung von Methan • Verdrängung von Sauerstoff • Verbrauch von Sauerstoff • Bildung von Kohlendioxid • Reduktion von Metallionen

Abbildung 16:
Aufschüttung durch den Straßenbau im Wurzelbereich

Bodenverdichtungen, die gleichermaßen den Gasaustausch und die Bodenstruktur beeinträchtigen (s. Kap. 3.4). Hinzu kommen die Verdrängung von Bodensauerstoff durch Methanbildung aus Abbauprozessen organischer Substanzen bzw. Methanfreisetzung bei Gasleckagen und die Auswirkungen anaerober biologischer Prozesse (s. Kap. 3.5.1). Folglich ist die Wurzelentwicklung der Bäume und ihrer Symbionten an vielen innerstädtischen Standorten erschwert, behindert oder kommt sogar völlig zum Erliegen. Hieraus resultieren eine eingeschränkte Wasser- und Nährstoffversorgung des Baumes, die Entwicklung von Wurzelpathogenen und die Verminderung der Standsicherheit.

3.3 Wasserhaushalt

Wasser ist für viele Gehölze sowohl an natürlichen als auch an anthropogen beeinflußten Standorten häufig ein begrenzender Wachstumsfaktor. Es beeinflußt unmittelbar in allen lebenden Zellen des Baumes sämtliche Lebensvorgänge und ist im Boden das Transportmedium für Nähr- und Schadstoffe; Wasser- und Nährstoffversorgung einer Pflanze sowie ihre Schadstoffbelastung sind daher eng miteinander verbunden (s. Kap. 2.4). Den Wurzeln steht je nach Standort in unterschiedlicher Menge Grund-, Schicht-, Kapillar- und/oder Haftwasser zur Verfügung, wobei z. T. starke Bindungseigenschaften an den Bodenkörper vorliegen. Der Wassergehalt des Bodens ändert sich örtlich und zeitlich; Infiltration und kapillarer Aufstieg bestimmen den Zufluß, Tiefensickerung und Evapotranspiration den Abfluß (WIDMOSER, 1992). Der durchwurzelbare Raum und das Speichervermögen des Bodens für Wasser entscheiden über die Standortqualität. Das für die Baumwurzeln verfügbare Wasser kann aus dem Grundwasser direkt, aus dem Kapillarsaum oder nur aus dem Niederschlags- und Sickerwasser entnommen werden. Die unterschiedlichen Ansprüche der jeweiligen Baumarten an die Wasserkapazität sowie ihre Fähigkeiten, dieses zu erschließen, haben zur gezielten Verwendung von Bäumen im urbanen Bereich geführt.

In den Zentren der Städte wirken zahlreiche Einflußfaktoren auf den Wasserhaushalt. Grundsätzlich haben die besonderen Klimabedingungen der Stadt (s. Abb. 1) zur Folge, daß bei höherer Temperatur auch mehr Wasserdampf aufgenommen werden kann, so daß die Transpiration der Bäume angeregt wird. Je weniger verdunstende oder transpirierende Oberflächen in der Umgebung existieren (Brunnen, Wasserläufe, Teiche) und je weniger Wasserdampf durch Luftbewegung herangeführt wird, desto mehr wird der Wasserhaushalt der Bäume belastet. Die Staubbelastung der Luft beeinträchtigt zusätzlich den Schließmechanismus der Spaltöffnungen (MEYER, 1982). Von besonderer Bedeutung sind jedoch die zahlreichen Eingriffe des Menschen in das Baumumfeld.

3.3.1 Störung der Infiltration

Auf natürlichen Standorten bewirken Niederschläge in Form von Regen, Schnee und Eis eine individuelle Wasserzufuhr und Grundwasserneubildung, so daß sich standortspezifische Wasserverhältnisse einstellen. Sie sind in einem gewissen Schwankungsrahmen stabil und ermöglichen der standortgerechten Vegetation ein vitales Wachstum. In Parkanlagen, Großsiedlungen sowie Haus- und Kleingärten ist die Versickerungsmöglichkeit der Niederschläge wenig eingeschränkt, dagegen fließt in den Innenstädten als Folge der nach wie vor zunehmenden großflächigen Überbauung und Versiegelung ein beachtlicher Teil des Regenwassers oberflächlich ab und wird gezielt in die Regensiele geleitet (Tab. 13) (KÜHN, 1961; MEYER, 1982; CORDSEN, 1992). Insbesondere auf Plätzen und am Straßenrand stehen Bäume meist in offenen Baumscheiben von lediglich 2 bis 4 m² Größe, das Baumumfeld – bestehend aus Fahrbahn, Parkstreifen, Fahrradweg und Bürgersteig – ist großflächig für die jeweilige menschliche Nutzung nach bautechnischen Aspekten gestaltet und versiegelt, offene Pflanzstreifen sind eher selten (Abb. 17). Der erhöhte oberflächliche Abfluß wird zwar teilweise durch eine stadtklimatisch bedingte Niederschlagserhöhung um etwa 5–10 % kompensiert, dennoch steht den Bäumen insgesamt nur ein geringer Teil des regionalen Niederschlagswassers zur Verfügung (MEYER, 1982). Die Situation wird noch dadurch verschärft, daß die erhöhten Temperaturen der Versiegelungsmaterialien eine erhebliche Verdunstung der Niederschläge bewirken.

Die Auswirkung einer Versiegelung ist zunächst abhängig von der Durchlässigkeit der Oberfläche für Wasser und Luft. Je weniger Unterbodensubstrate durch Kompression verdichtet und je mehr Fugen und Poren in den verwendeten Baumaterialien vorhanden sind, desto schneller und umfassender können Niederschläge in den Untergrund versikkern und am Oberflächenabfluß gehindert werden (Tab. 14). Pflasterbeläge besitzen je nach Beschaffenheit unterschiedliche Porenanteile, Spezialprodukte haben heute ein Porenvolumen von bis zu 30 % (CORDSEN, 1992). Doch bewirken Feinstäube, insbesondere am Straßenstandort, mit der Zeit eine Verschlämmung, so daß die erhoffte Versikkerfähigkeit rapide abnimmt (SIEWNIAK u. a., 1994; HÖSTER, 1993). Mit zunehmendem Umweltbewußsein werden vermehrt versicke-

Tabelle 13: Ablaufende Regenwassermengen in Abhängigkeit von der Oberflächenbeschaffenheit (aus: MEYER, 1982; ergänzt)

Oberflächenbeschaffenheit	Ablauf in %
Dachflächen	100
Mulchfolien	100
Pflaster mit Fugenverguß, Schwarzdecken oder Beton	90
Pflaster ohne Fugenverguß	85
Fußwege mit Platten oder Schlacke	60
ungepflasterte Straßen, Höfe und Promenaden	50
Spiel- und Sportplätze	25
Vorgärten	15
größere Vorstadtgärten	10
Parks	0–5
Mulch	0
Kompost	0
Kies, Schotter	0

Abbildung 17: Charakteristischer Straßenbaumstandort mit hohem Versiegelungsgrad

rungsfreundliche Baumaterialien verwendet und die Unterböden von Versiegelungsflächen, wenn sie als Wurzelraum für Pflanzen dienen sollen, bezüglich Kornzusammensetzung, Lagerungsdichte und Wasserdurchlässigkeit an die Vegetationstragschicht angepaßt (DIN 18915).

Darüber hinaus wirken sich die Verdichtungen vieler Stadtböden ungünstig auf den Wasserhaushalt aus, z. B. bei der künstlichen Verdichtung von Tragschichten im Straßenbau oder bei Belastungen ungeschützter Wurzelbereiche durch menschlichen Tritt, Beparken und Befahren (s. Tafel 4 und 5). Sie hat besonders einen Rückgang des Grob- und Mittelporenanteils zur Folge, so daß der Boden weniger pflanzenverfügbares Wasser speichern kann und oberflächlich Wasser abführt (MEYER, 1982). Ferner binden eine Vegetations- oder eine Mulchschicht einen Teil der Niederschläge; vorrangig in den trockenen Sommermonaten werden daher geringe Wassermengen im Oberboden abgefangen und erreichen erst gar nicht den Wurzelbereich der Bäume (BALDER u. a., 1997a). Die vielerorts zunehmende Wildkrautentwicklung auf Baumstandorten als Folge sowohl stadtökologischer Forderungen als auch mangelnde Pflege wirkt sich in der Konkurrenz um die Feuchtigkeit zusätzlich nachteilig aus.

Die Versickerung hängt zwangsläufig auch von der Intensität des Niederschlages ab. Bei Starkregen steigt der Oberflächen-

Tabelle 14: Porosität und Durchlässigkeit typischer Belagsarten; Relativwerte im Vergleich zu natürlichem Boden mittlerer Lagerungsdichte (n. SCHULZE u. a., 1984, verändert; in: BLUME, 1992)

1.0	Natürlicher Boden mittlerer Lagerungsdichte
0.6	Wassergebundene Decke (Schotterrasen, Kiesflächen, Grand- und Tennenflächen) und Rasengittersteine auf natürlichem Boden
0.4	Mosaik- und Kleinpflaster mit großen offenen Fugen
0.3	Mittel- und Großpflaster mit offenen Fugen und einem Sand-/Kiesunterbau
0.2	Verbundpflaster, Kunststein- und Plattenbeläge (Kantenlänge der Einzelkomponenten über 16 cm)
0.1	Asphaltdecken, Pflaster und Plattenbeläge mit Fugenverguß oder gebundenem Unterbau
0.0	Dachflächen von Gebäudeteilen unter oder über Geländeoberkante

abfluß, lediglich Niederschläge mit geringer Intensität sind ausschlaggebend. In Berlin machen Regenspenden mit 80 l/Sekunde und Hektar ca. 93 % des gesamten Jahresniederschlages aus, Schwachregen mit 0,1 mm Regenmenge lediglich 12–18 %. Für die Versickerung ist die zuletzt genannte Regenmenge unbedeutend, da sie verdunstet (ATV, 1990). Trifft Regen auf trockene Oberflächen, so nimmt der Boden nur verzögert Wasser auf, ein erheblicher Teil geht zuvor durch Abfluß verloren.

Unter Pflasterbelägen, Baukörpern und Ver- bzw. Entsorgungsleitungen bildet sich regelmäßig Kondenswasser, so daß Wurzeln auf der Suche nach Feuchtigkeit gezielt in diese Bereiche hinein wachsen (HOFFMANN, 1956; KÜHN, 1961; KOPINGA, 1992). In den oberen Bodenschichten unter Belägen können daher regelmäßig Wurzeln angetroffen werden, was zu Anhebungen und zu Schäden an Belägen führen kann (s. Kap. 5.2). Die Folge ist ein oberflächennahes Wurzelsystem mit einer Gefährdung der Standsicherheit und Vitalitiät der Bäume, wenn diese bei der Ausbesserung der Straßen- und Wegedecke aus Gründen der Verkehrssicherheit durch den Tiefbau entfernt werden.

Geschlossene Bodenversiegelungen bewirken eine weitreichende Trockenheit und lösen unterschiedliche Reaktionen der Bäume aus. Jungbäume meiden in der Regel diese Bereiche, denn ihre Wurzeln ändern unmittelbar ihre Wuchsrichtung. Altbäumen ist nur eine Reaktion des betroffenen Wurzelbereiches möglich. Nach LYR u. a. (1992) wirkt sich kurzzeitige, mäßige Trockenheit (Eustreß) resistenzfördernd aus, langzeitige, starke Trockenheit (Distreß) hingegen lebensbedrohend. Die Wurzeln der Bäume sind je nach Art in der Lage, sich innerhalb gewisser Grenzen auf trockene Phasen einzustellen. Hierzu zählen zur Austrocknungsverzögerung die Aufrechterhaltung der Wasseraufnahme durch ein erhöhtes Wurzelwachstum und die Ausbildung von Endodermis und Exodermis an den Wurzeln (s. Kap. 2.3). Der Wurzel wird die Fähigkeit zugeschrieben, bei einsetzender Trockenheit das Wasser im Boden aufzusuchen, in feuchte Schichten hineinzuwachsen und diese regelrecht nach Wasser „abzuweiden". Mykorrhizapilze unterstützen die Trockenresistenz (s. Kap. 2.4.6). Folgt weitergehende Trockenheit, stellen die Wurzeln ihr Wachstum ein und Trockenschäden sind unvermeidbar. Hierzu gehören eine gestörte Photosynthese, ein abnehmendes Wachstum und eine zunehmende Anfälligkeit für Schwächeparasiten. Die Folgen dieser Schädigungen werden oft erst zeitverzögert sichtbar, so bewirkt ein verminderter Zuwachs eine geringere Ausbildung der Wasserleitgefäße im Splintholz und folglich eine Unterversorgung des Baumes in den Folgejahren.

3.3.2 Grundwasserabsenkung

Die Wurzelausbreitung der Bäume wird neben der genetischen Veranlagung und Anpassungsfähigkeit der Art und dem Alter auch beeinflußt durch die Dichte, die Durchlüftung und den Wasserhaushalt des Bodens. Der Grundwasserflurabstand bestimmt bei vielen Baumarten den durchwurzelbaren Raum, bei einem hohen Grundwasserstand bilden Bäume daher aufgrund der Sauerstoffarmut des Wassers nur ein flaches Wurzelsystem aus. Für Waldbestände wird eine Durchwurzelungstiefe von 0,4–1,2 m angenommen, zuzüglich des kapillaren Aufstiegs beträgt der Grenzflurabstand etwa 1,5 m. Auf Böden des Lockersedimentbereiches des Flachlandes können Bäume noch bis zu 3–4 m den Boden durchwurzeln und tiefer anstehendes Grundwasser nutzen (BRECHTEL u. a., 1982; zit. bei BMRS, 1986). Im allgemeinen gelten Flurabstände über 4 m als grundwasserfern, hier erreichen die Wurzeln weder den Kapillarsaum noch das Grundwasser (Abb. 18). Nach FIEDLER u. a. (1964) wirkt ein Grundwasserstand von 1,20 m bei grobsandigen Böden auf das

Baumwachstum stark fördernd. In feintexturierten Böden mit ihrem großen Vorrat an Kapillarwasser ist der Wachstumseffekt des Grundwassers dagegen weniger betont.

Auch unter innerstädtischen Bedingungen wirkt der Grundwasserstand vielerorts nicht mehr auf den Wasserhaushalt der Bäume ein, da die Bäume häufig nur eine effektive Wurzeltiefe von 1,50 m und eine maximale Wurzeltiefe von 3 m erreichen (SUKOPP u. a., 1990; RIECKE, 1981). Erschwerend kommt hinzu, daß die großflächige Überbauung, Bodenversiegelung und -verdichtung sowie Eingriffe in den Grundwasserhaushalt bewirken, daß die Grundwasserstände in den Stadtzentren niedriger liegen als im Umland (s. Abb. 1).

Ein Grundwasserspiegel schwankt natürlicherweise im jahreszeitlichen Rhythmus um 40–50 cm, an den die Vegetation angepaßt ist (NEUMANN u. a., 1995). Jede weitere Grundwasserentnahme bewirkt jedoch eine lokale Absenkung des Grundwasserspiegels und stellt einen Eingriff in den komplexen Wirkungszusammenhang des Wasserkreislaufes dar. Die Empfindlichkeit der Bäume gegen Veränderungen des Grundwasserstandes wird bestimmt durch die Intensität des Kontaktes ihrer Wurzeln mit dem Grundwasser, durch das Baumalter, die Jahreszeit und die Dauer des Eingriffes. Nach der Intensität des Kontaktes können 4 Baumstandorte klassifiziert werden (Tab. 15). Die Wurzelversorgung ist bei einer Absenkung um so mehr gefährdet, je höher das Grundwasser vorher anstand. Bäume in höherem Alter sind sowohl gegen akute als auch gegen andauernde Grundwasserabsenkungen empfindlich. Eine kurzfristige Grundwasserabsenkung während der Vegetationsruhe ist in der Regel ohne nachteilige Folgen für die Baumwurzeln, während Absenkungen in der Vegetationszeit sich in Abhängigkeit von der nutzbaren Feldkapazität verzögert auf den

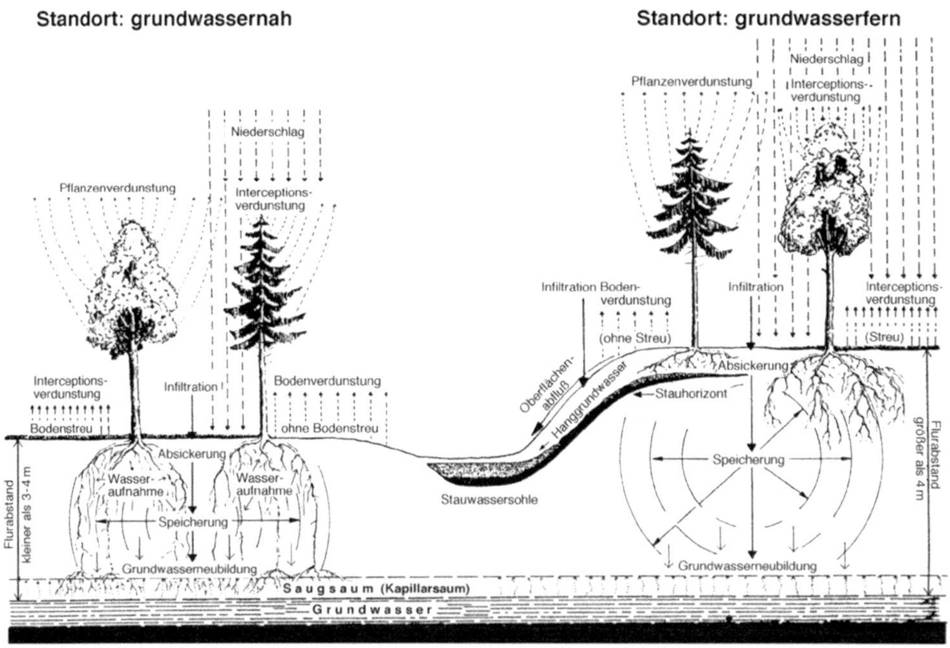

Abbildung 18: Schema der hydrologischen Vorgänge innerhalb des Wasserkreislaufes in Waldbeständen (aus: LEHNARDT u. a., 1980)

Tabelle 15: Abhängigkeit von Baumstandorten von der Grundwasserhöhe (Fl = Flurabstand; W_{eff} = Tiefe des eff. Wurzelraumes; W_{max} = maximale Wurzeltiefe; K_b = Höhe des kapillaren Aufstiegs in Abhängigkeit von der Bodenart bei einer Aufstiegsrate von 0,5 mm/d = 0,5 l/m²d) (RENGER 1992, zit. bei NEUMANN u. a. 1995, verändert).

Einstufung	Wurzelausdehnung	Gefährdung
grundwassernah	effektiver Wurzelraum reicht ins Grundwasser $Fl < W_{eff}$	sensible Reaktion schon auf geringfügige Schwankungen
grundwasserabhängig	effektiver Wurzelraum reicht in den Kapillarsaum $Fl < W_{eff} + K_b$	bodenartabhängiger Kapillarsaum
grundwasserbeeinflußt	maximaler Wurzelraum reicht an den Kapillarsaum $Fl =< W_{max} + K_b$	bodenartabhängiger Kapillarsaum
grundwasserunabhängig	maximale Wurzeltiefe erreicht nicht mehr den Kapillarsaum $Fl > W_{max} + K_b$	geringe Empfindlichkeit auf Grundwasserschwankungen

Tabelle 16: Gefährdungsabschätzung bei akutem Grundwassermangel (aus: NEUMANN u. a., 1995)

Empfindlichkeit	Absenkbeträge		
	> 50 cm	20 ... 50 cm	< 20 cm
hoch	Gefährdung der ges. Vegetation	Gefährdung des Baumbestandes	Belastung des Baumbestandes
mittel	Gefährdung des Baumbestandes	Belastung des Baumbestandes	geringe Belastung des Baumbestandes
gering	Belastung des Baumbestandes	geringe Belastung des Baumbestandes	unerhebliche Belastung
keine (> 4 m)	keine Auswirkung	keine Auswirkung	keine Auswirkung

Bodenwassergehalt auswirken. Nach MEYER (1982) können etwa 2 Monate und 50 cm als Maximum ohne nachfolgende Schäden gelten.

Längerfristige Absenkungen über 2 Monate oder bleibende Grundwasserabsenkungen sind für Bäume auf sandigen, wenig wasserspeichernden Böden besonders gefährdend, vor allem, wenn diese über bisher hoch anstehendem Grundwasser nur ein flaches Wurzelsystem ausgebildet haben. Jungbäume sind wegen ihres mangelnden Kontaktes zum Grundwasser sowie der geringen verdunstungsaktiven Blattmasse und des noch gering entwickelten Wurzelsystems unempfindlicher gegen Schwankungen. Da sie noch ein ausreichendes Regenerationsvermögen besitzen, können sie sich unter sonst günstigen Bodenbedingungen durch Bildung von Adventivwurzeln auf die neuen Verhältnisse einstellen. Für größere Absenkungen sollte daher bei gesteuerten Eingriffen über einen längeren Zeitraum schrittweise etwa je 30–50 cm/Jahr abgesenkt werden, um den Wurzeln die Möglichkeit des Nachwachsens zu geben. Eine Gefährdungsabschätzung,

z. B. im Vorfeld von Baumaßnahmen, ist unabdingbar, um nachhaltige Schäden zu vermeiden (Tab. 16) (MEYER, 1982; NEUMANN u. a., 1995).

Sind die Wasserreserven des Bodens bei Absenkungen erschöpft, stellen die Wurzeln zunächst ihr Wachstum ein. Die oberirdischen Pflanzenteile werden daher zunehmend in ihrer Wasser- und Nährstoffversorgung beeinträchtigt. Je nach Jahreszeit und individueller Reaktion folgen eine Abnahme der Blattmasse, Welke, vorzeitiger Blattfall und Zopftrockenheit in den Folgejahren (s. Tafel 5.1). Die Vitalität ist insgesamt gemindert, und die Bäume werden anfälliger für pilzliche und tierische Schaderreger. Bei dauerhafter Absenkung sind Veränderungen von der Pflanzensoziologie bis zu Bodeneigenschaften möglich. Falls sich Starkwurzeln im zeitweise grundwasserfreien Raum entwickeln, ist bei Wiedervernässung ein Absterben der Wurzeln infolge Staunässe wahrscheinlich. Auch in diesem Stadium parasitieren zahlreiche Schaderreger die geschwächten Bäume (s. Kap. 3.7).

3.3.3 Staunässe

Auch ein Wasserüberschuß kann zu weitreichenden Baumschäden führen. Ein Überfluten von Böden bei natürlichem Hochwasser oder nach Rohrbrüchen, der Anstieg von Grundwasser und Staunässe infolge von Bodenverdichtungen oder Kapillarbrüchen bewirken gleichermaßen anaerobe Verhältnisse. In Abhängigkeit von Dauer und Ausdehnung der Vernässung verdrängt das Wasser die Bodengase mit der Folge von Sauerstoffmangel und einem Anstieg der Kohlendioxidkonzentration. Stehendes Wasser ist dabei von größerem Nachteil als fließendes, da es keinen Sauerstoff enthält, nährstoffarm ist und anaerobe Eigenschaften hat. Staunässe wirkt in der Vegetationsperiode schädigender als eine solche im Verlauf von Ruheperioden (LYR u. a., 1992).

Ähnlich der Schädigung bei Gasleckagen (s. Kap. 3.5.1) stellen die Wurzeln bei Wasserüberschuß je nach Überflutungsempfindlichkeit ihr Wachstum ein und sterben ab, mit allen Konsequenzen für die Wasser- und Nährstoffaufnahme des Baumes. Oberirdisch wird dies durch Wachstumsdepressionen und eine Blatt- bzw. Nadelvergilbung infolge eines Cytokininmangels und eines Abscisinsäureüberschusses sichtbar (s. Tafel 5.2).

Bäume aktivieren je nach Möglichkeit unterschiedliche Resistenzmechanismen, um die Sauerstoffversorgung der Wurzel zu sichern, z. B. Neubildung von Lentizellen, Adventivwurzelbildung, Sauerstofftransport von oberirdischen Organen zu den Wurzeln. Je nach Fähigkeit lassen sie sich im Hinblick auf ihre Resistenz gegenüber Wasserüberschuß

Tabelle 17: Resistenz verschiedener Baumarten gegenüber Wasserüberschuß (aus: LYR u. a., 1992, verändert)

Tolerant	Mäßig tolerant	Intolerant
Nyssa aquatica	*Quercus palustris*	*Ulmus americana*
Fraxinus profunda	*Populus deltoides*	*Celtis occidentalis*
Fraxinus pennsylvanica	*Platanus occidentalis*	*Celtis laevigata*
Salix nigra	*Acer negundo*	*Liquidambar styraciflua*
Salix fragilis	*Acer rubrum*	*Robinia pseudoacacia*
Salix purpurea	*Acer saccharinum*	*Tilia americana*
Alnus glutinosa	*Fraxinus exelsior*	*Prunus serotina*
Taxodium distichum	*Ulmus glabra*	*Liriodendron tulipifera*
Sequoia sempervirens	*Populus nigra*	viele Koniferen-Arten
	Populus-Hybriden	

drei Gruppen zuordnen (Tab. 17). Dabei sind Baumgattungen trockener Vegetationsgesellschaften grundsätzlich empfindlicher.

3.4 Standortveränderungen

Bäume bilden an ihrem Standort in Abhängigkeit von ihrem genetischen Erbmaterial und den Standorteigenschaften ein individuelles Wurzelsystem aus, mit dem sie den Boden horizontal und vertikal erschließen. Dies hat zum einen die Verankerung des Baumes, zum anderen die Wasser- und Nährstoffaufnahme zum Ziel (s. Kap. 2.4). Veränderungen des Standortes nach der Pflanzung, z. B. durch einen Wandel in der Stadtarchitektur, wechselnde technische Ansprüche sowie die Auswirkungen nutzungsbedingter Belastungen, können Beeinträchtigungen des Wurzelsystems verursachen, die sich nachfolgend auf die Vitalitiät des Baumes auswirken.

3.4.1 Bodenverdichtung

Grundlage für ein ungestörtes Pflanzenwachstum ist eine stete Wurzelentwicklung. Sie bedingt eine Bodenstruktur, die als räumliche Anordnung der Bodenpartikel einen baumgerechten Luft- und Wasserhaushalt garantiert. Voraussetzung dafür ist ein gleichbleibender Porenhaushalt, in dem Grobporen (10–50 µm) die Durchlüftung des Bodens und die Versickerung der Niederschläge übernehmen, Mittelporen (0,2–10 µm) das Wasser kapillar halten und Feinporen (< 2 µm) das Wasser binden. Eine Abnahme des Anteils von Grob- und Mittelporen verschlechtert die Bodendurchlüftung und den Gasaustausch zwischen Boden und Atmosphäre. Die biologische Aktivität des Bodens wird bei Gehalten unter 12% Sauerstoff und über 6% Kohlendioxid erheblich erschwert. Ferner wird das Eindringen von Niederschlägen vermindert, die Wasserspeicherfähigkeit infolge des ebenfalls abnehmenden Mittelporenanteils reduziert. Nach Niederschlägen ist der Oberboden schnell wassergesättigt, so daß besonders nach Starkregen ein großer Teil des Wassers oberflächlich abfließt. Diese Vorgänge sind von der Bodenart abhängig: sand- und kieshaltige Substrate weisen eine höhere Verdichtungsstabilität auf als lehmige Schichten.

Durch die Verschlechterung der Bodenstruktur nehmen Wurzelwachstum und mikrobielle Bodenaktivität ab. Die Feinwurzeln sind weniger verzweigt und stellen ihr

Abbildung 19:
Deformiertes Wurzelwachstum in verdichtetem Boden
oben = normales Wachstum
unten = wenig Verzweigung

Wachstum bei zunehmender Verdichtung ein, essentielle Symbionten sterben infolge Sauerstoffmangels ab (Abb. 19). Besonders gefährdet sind Baumarten mit einem hohen Sauerstoffbedarf sowie solche, die auf eine Symbiose mit Mykorrhizapilzen angewiesen sind (s. Kap. 2.4.6). Hierdurch wird auch die Wasser- und Nährstoffversorgung des Baumes beeinträchtigt, da immer weniger aktive Wurzeln zur Wasser- bzw. Salzaufnahme zur Verfügung stehen. Jungbäume verlagern häufig ihr Wurzelwachstum an die Bodenoberfläche, so daß sie verstärkt der Witterung und mechanischen Verletzungen ausgesetzt sind (s. Tafel 5.4). Letztlich nehmen Standsicherheit und Vitalitiät der Bäume ab, der Befall mit Schwächeparasiten gleichzeitig zu (MEYER, 1982; HÖSTER, 1993; BALDER u. a., 1997a).

Verdichtungen haben an Baumstandorten unterschiedliche Ursachen. Bei unversiegelten Wurzelbereichen läßt ein mangelnder Baumschutz Belastungen durch menschlichen Tritt und ein Überfahren mit Fahrzeugen vielerorts zu. Das Parken auf Seitenstreifen und eine unzureichende Planung von Verkehrsströmen verschärfen die Situation insbesondere am Straßenstandort (s. Tafel 5.2). Auf Plätzen und in Parkanlagen verursachen Großveranstaltungen und die konzentrierte Freizeitnutzung flächige Bodenverdichtungen. In der Hochbauphase und beim Erstellen von Grünanlagen werden Böden häufig durch Baufahrzeuge verdichtet, bestehende Verdichtungen bei Baumpflanzungen nicht ausreichend beseitigt (BALDER u. a., 1997a).

Bei der Erstellung von Versiegelungen, z. B. Geh- und Straßenbelägen durch den Straßen- und Tiefbau, werden Böden aufgrund technischer Vorgaben künstlich verdichtet. Der rollende Schienen- und Schwerlastverkehr bewirkt je nach Unterbau über die Bodenvibration eine Entmischung der Korngrößen und eine zusätzliche Verdichtung, ähnlich wie Kompressionen durch Maschinen mit Auflagedruck (BEIER, 1986). Der Druck bereitet sich in Form einer Druckzwiebel nicht nur in der Tiefe, sondern auch seitlich aus. KULER (1996) sieht dadurch eine starke Schädigung von alten Straßenbaumalleen bei zunehmender Verkehrsdichte. Detaillierte Untersuchungen hierzu liegen nicht vor.

3.4.2 Bodenversiegelung

Bei Neupflanzungen und Altbäumen stellen Bodenversiegelungen durch Beläge gleichermaßnen ein Grundproblem an vielen Baumstandorten dar (s. Abb. 17). Eine meist viel zu kleine Baumscheibe verhindert das Versickern natürlicher Niederschläge im Wurzelbereich (s. Kap. 3.3.1) sowie den notwendigen Bodenluftaustausch (s. Kap. 3.2). Als völlig oder weitgehend undurchlässig gelten Abdeckungen aus Asphalt und Beton, Pflasterflächen mit Fugenverguß, Plattenbeläge, Verbundsteinpflaster und Klinker, als geringer versiegelt Mosaik- und Kleinpflaster mit großen Fugen sowie wassergebundene Wegedecken (s. Tab. 14).

Die Wasserleitfähigkeit von Pflasterfugen nimmt jedoch schon nach wenigen Jahren durch den Eintrag feinstrukturierter organischer Substanzen sowie den Abrieb des mineralischen Anteils deutlich ab (BORGWARDT, 1992).

Hieraus resultieren ein schlechtes Wachstum, abnehmende Aktivität der Bodenorganismen sowie eine verminderte Wasser- und Nährstoffaufnahme. Die Beläge selbst bewirken je nach Materialeigenschaft eine Veränderung des Mikroklimas, da sich durch die Rückstrahlung die Temperatur erhöht und die Luftfeuchtigkeit gleichzeitig abnimmt. Wärmeliebende Schaderreger wie z. B. Spinnmilben werden auf diese Weise gefördert. Viele Beläge erfordern zusätzlich einen Unterbau von mindestens 25 cm Dicke, bei dessen Einbau mechanische Wurzelverletzungen verursacht werden können. Hinzu kommt eine künstliche Verdichtung (MEYER, 1982; HÖSTER, 1993; BALDER u. a., 1997).

3.4.3 Bodenaufschüttungen

Veränderungen des Baumumfeldes bringen mitunter kurzfristige oder auch dauerhafte Aufschüttungen mit sich. Erkennbar ist dies durch einen fehlenden Wurzelanlauf (s. Abb. 16). Hierdurch wird das bereits ausgebildete Wurzelsystem einer anderen Situation ausgesetzt, da durch das Gewicht des aufgeschütteten oder eingebauten Materials die Poren im Oberboden zusammengedrückt werden. Gleichzeitg wird der Diffusionsweg für Sauerstoff zwischen Atmosphäre und Wurzelsystem verlängert, so daß die Wurzeln absterben können. Besonders empfindlich reagieren die Baumarten, die auf sauerstoffreichen Boden angewiesen sind und z. B. Symbiosen mit Mykorrhizapilzen eingehen (Tab. 18). Nur wenige Baumarten wie Pappel oder Weide bilden Adventivwurzeln (Höster, 1993). Diese können zwar die Versorgung der Pflanze übernehmen, aber es muß befürchtet werden, daß sich von den absterbenden Wurzeln eine Wurzelfäule bis in den Stamm hinein entwickelt. Aufgrund von Störungen in der Wasser- und Nährstoffversorgung der Bäume werden die Laubkronen häufig schütter und Äste sterben ab.

3.4.4 Bodenabgrabungen

Bei Entfernung von Oberböden im Rahmen von Altbaumsanierungen, dem Abfräsen von Banketten und Geländemodellierungen oder seitlichen Eingriffen, z. B. beim Ausheben von Baugruben im Bereich des Wurzelsystems, werden wesentliche Teile des Feinwurzelsystems entfernt und damit dem Baum ein Teil seiner Wasser- und Nährstoffversorgung genommen. Bei stärkeren Eingriffen

Tabelle 18: Baumarten mit unterschiedlicher Empfindlichkeit gegen Überfüllungen (v. Ehren, 1997)

Gut möglich	Empfindlich	Unverträglich
Acer pseudoplatanus	*Acer negundo*	*Acer japonicum* ,Aconitifolium'
Acer saccharinum	*Acer rubrum*	*Acer palmatum*
Platanus × acerifolia	*Acer rufinerve*	*Betula pendula*
Populus alba ,Nivea'	*Aesculus × carnea* ,Briotii'	*Fagus sylvatica*
Populus balsamifera	*Aesculus hippocastanum*	*Magnolia*
Salix alba	*Ailanthus altissima*	*Sequoiadendron giganteum*
	Betula nigra	
	Betula papyrifera	
	Betula utilis	
	Crataegus laevigata ,Paul's Scarlet'	
	Crataegus monogyna	
	Gingko biloba	
	Liriodendron tulipifera	
	Malus	
	Metasequoia glyptostroboides	
	Parrotia persica	
	Picea	
	Prunus	
	Quercus coccinea	
	Quercus palustris	
	Quercus rubra	
	Sorbus	
	Ulmus laevis	

erfolgen auch Rindenverletzungen oder Abrisse von Grob- und Starkwurzeln (s. Kap. 3.6). Hinzu kommen Bodenverdichtungen bei Überfahren der Wurzelsysteme, Austrocknung des Bodens, Bodenfrost und lokale Grundwasserabsenkungen. Die unmittelbare Folge sind Einbrüche in der Wasser- und Nährstoffversorgung des betroffenen Baumes, sekundär Absterbeerscheinungen, Befall mit Schwächeparasiten und eine verminderte Standfestigkeit (MEIER, 1982; BALDER, 1988; 1990a; HÖSTER, 1993).

3.4.5 Bodenerwärmung

Der natürliche Wärmehaushalt des Bodens wird auf vielfältige Weise durch menschliche Aktivitäten gestört, z. B. durch schlechte Isolierungen beim Fernwärmetransport oder Abwasserleitungen, Wärmeentzug durch Wärmepumpen, Heizungen von Fußwegen oder Sportplätzen, Entsorgung oder Nutzung der Überschußwärme von Energieerzeugern. Im Sommer ist häufig ein besseres Pflanzenwachstum, im Winter Schneefreiheit sichtbar. Jede zusätzliche Wärmemenge zur Sonneneinstrahlung beeinflußt u. a. den Wasser- und Lufthaushalt des Bodens. Allein eine gesteigerte Verdunstung vermindert die Sickerwasserrate, das Wasserangebot für Pflanzenwurzeln und Bodenorganismen und damit die Basenauswaschung sowie den Abtransport der Verwitterungsprodukte.

Durch die Temperaturerhöhung wird grundsätzlich das Wachstum der Wurzeln und der Wurzelhaare gefördert, gleichzeitig verholzen und verkorken die Wurzelzellwände schneller. Ständig überhitzte Wurzeln entwickeln sich zurück, sie werden dünn und verfärben sich bräunlich. Der Wurzelparasitismus kann gefördert werden. Bei stärkerer Schädigung sind oberirdisch Welkeerscheinungen obligatorisch (KRETZSCHMAR, 1992).

3.5 Schadstoffe

Die Wurzel ist nicht nur Aufnahmeort für Wasser und Nährsalze, sondern auch für im Boden vorhandene Schadstoffe. Diese können bereits vor Pflanzung der Bäume natürlich oder anthropogen am Standort vorhanden sein, so daß die Wurzel bereits bei der Pflanzung oder erst mit sich ausbreitendem Wurzelsystem kontaminiert wird. Im Laufe der Standzeit kommen auf unterschiedliche Weise aus Nah- und Fernquellen zusätzlich Stoffe mit phytotoxischer Wirkung auf die Wurzel hinzu. Schadstoffe können direkt die Wurzel schädigen oder von ihr lediglich aufgenommen und nach Transport in oberirdische Baumbereiche dort Schäden hervorrufen.

3.5.1 Gas

Bäume benötigen für ein gesundes Wurzelwachstum in der Bodenluft einen Anteil von möglichst 15 Vol.-%, mindest jedoch 10–13 Vol.-% Sauerstoff. Ferner darf der Kohlendioxidgehalt aufgrund seiner phytotoxischen Wirkung 3 Vol.-% auf Dauer nicht überschreiten (s. Kap. 3.2). Die Bildung von Gasen oder ihre Freisetzung führt im Boden zu anaeroben Prozessen und zur Verschlechterung der Bodenluft mit meist folgenschweren Beeinträchtigungen des Wurzelwachstums. Eine Gasbildung im Boden ist häufig die Folge der Zersetzung organischer Substanz durch Mikroorganismen u. a. zu Methan, Ammoniak, Schwefelkohlenstoff und Schwefelwasserstoff, z. B. nach der Einbringung in tiefere Bodenschichten bei Baumpflanzungen oder ihrer Überdeckung durch Versiegelungen, Aufschüttungen und Abdeckungen auf Deponien. Es wird angenommen, daß gerade unter versiegelten Flächen mehr Gase gebildet werden als bislang bekannt; hierzu liegen z. Zt. nur empirische Erfahrungen vor. Gravierender wirken sich Leckagen von Gasversorgungsleitungen aus, insbesondere dann, wenn bei Nutzung ungeeigneter Gasrohrnetze von feuchtem Stadtgas auf trockenes Erdgas umgestellt wird.

Die Schadwirkung von Stadtgas auf Bäume ist seit der Einführung der Gaslaternen an Straßen im 19. Jahrhundert bekannt: bereits 1860 starben auf dem Boulevard „Unter den Linden" in Berlin viele Alleebäume aufgrund von Leuchtgasleckagen ab (LÖSCHBURG, 1980). Das Problem wurde deutlich beschrieben:

„Die Verwaltungen in den Städten haben ungeachtet ihrer sorgfältigen Abwartung und Pflege der Bäume und ungeachtet der großen Aufwendungen mit einem Feinde zu kämpfen, der ihnen oft binnen weniger Tage einzelne Bäume, ja ganze Baumstraßen zu nichte macht und dieser Feind ist das Gas. Wie mancher hat schon durch diesen Feind seine besten Erfahrungen betrogen gefunden, denn ist er erst einmal eingekehrt, macht es viel Mühe und verursacht große Kosten, ihn wieder los zu werden." (HAMPEL, 1893).

Baumschäden als Folge von Gasleckagen nahmen offensichtlich gegen Ausgang des 19. Jahrhunderts lokal größere Ausmaße an, bedingt auch durch die Zunahme der Straßenbefestigungen und der damit verbundenen schlechteren Durchlüftung des Wurzelraumes. Die Umstellung der Versorgung von Stadtgas auf Erdgas bewirkte in vielen europäischen Städten Ende der 60er Jahre des 20. Jahrhunderts ein verstärktes Baumsterben, z. B. in Amsterdam, Berlin, Den Haag, Hamburg, Lübeck, Trier und Wiesbaden. Ursache war, daß die Umstellung häufig ohne vorherige Leitungssanierung geschah. Erdgas ist neben den chemischen Bestandteilen im Vergleich zum Stadtgas durch einen geringeren Feuchtegehalt gekennzeichnet (Tab. 19), so daß es bei Nutzung von alten Graugußrohrleitungen zu einer Austrocknung der durch Teer- oder Hanfstricke abgedichteten Muffen kommt. Die gleichzeitige Druckerhöhung führte zur Verschärfung des Problems. Zusätzlich bewirken Korrosion, Beschädigungen durch Erdarbeiten, Rohrbruch durch Verkehrslasten, Bodenbewegungen (Frost, Bodenquellung, Bodenschrumpfung), Baumängel und Bergschäden weitere Undichtigkeiten. Die zwischenzeitliche Erneuerung der Leitungssysteme und eine verbesserte Technik zur Gasleckaufspürung hat in den westeuropäischen Ländern in den letzten Jahren zu einem Rückgang der Problematik geführt. Seit Mitte der achtziger Jahre wurde in Berlin (Ost), und seit 1990 wird in den neuen Bundesländern der Bundesrepublik Deutschland die Energieversorgung von Stadt- auf Erdgas umgestellt. Leider wurde auch hier auf

Tabelle 19: Zusammensetzung von Stadt- und Erdgas (aus: KRETZSCHMAR, 1992, verändert)

	Stadtgas (%)	Erdgas (%)
Methan	20–30	80–95
Ethan	–	6–7
Propan	–	1–2
Wasserstoff	40–67	–
Stickstoff	5–10	1
Kohlenmonoxid	<6	
Kohlendioxid	2	weite Spanne
Sonstiges	höhere Kohlenwasserstoffe Mercaptane Senföle als Geruchsbestandteile	Spuren von höheren Kohlenwasserstoffen weite Spanne an Schwefelwasserstoff

die alten gußeisernen Rohrnetze zurückgegriffen, so daß z. T. seit Jahren vielerorts Gas austrat mit großflächigen Bodenbeeinträchtigungen und Baumschäden (PUCKNAT, 1980; MEYER, 1982; RUGE, 1982; HOLST u. a., 1991; BALDER u. a., 1992; KRETZSCHMAR, 1992; BALDER, 1993b, c; LEH, 1993; NOÉ u. a., 1995).

Die Erdgasausbreitung im Boden ist sehr von den standörtlichen Gegebenheiten abhängig. Das Erdgas breitet sich von der Leckage ausgehend in alle Richtungen, dem geringsten Widerstand folgend, aus. Von einer punktförmigen Leckstelle erfolgt, idealerweise bei sandig-kiesigen Böden, eine trichterförmige Ausbreitung in Richtung der Bodenoberfläche (Abb. 20). Unterstützt durch Wurzeln, Fremdleitungen und Bodenhohlräume können auch größere Entfernungen überbrückt werden. Feuchte Böden, Bodenverdichtungen und -versiegelungen, dichter Bewuchs (Rasen), Schneedecken und gefrorene Erdoberflächen erschweren die Diffusion in die Atmosphäre, so daß Gasschäden unter Umständen an den Bäumen auf der gegenüberliegenden Straßenseite sichtbar werden. In nassen Tonböden und bei Bodenfrost können Gasflüsse ganz unterbunden sein (BRÖTZENBERGER u. a., 1987; KRETZSCHMAR, 1992).

Erdgas enthält im Gegensatz zu Leuchtgas (Stadtgas) zwar mehr Methan (CH_4), aber nur geringfügig giftige Bestandteile (Tab. 19); dennoch werden bei Leckagen durch beide Gase weitreichende bodenbiologische, -chemische und -physikalische Veränderungen ausgelöst, die zunächst zu Schäden am Feinwurzelsystem, später zu einem Absterben von Grob- und Starkwurzeln sowie letztlich der Bäume selbst führen. Stadt- oder Erdgas verdrängen gleichermaßen die Bodenluft und mit ihr den Bodensauerstoff. Unter diesen anaeroben Bedingungen können nur bestimmte, zur Chemosynthese befähigte Mikroorganismen (*Bacillus methanicus, Methanomonas methanooxidans, Methylococcus capsulatus, Methylosinus trichosporium, Pseudomonas methanica*) überleben. Diese setzen zur Deckung ihres Energiebedarfes große Mengen chemischer Verbin-

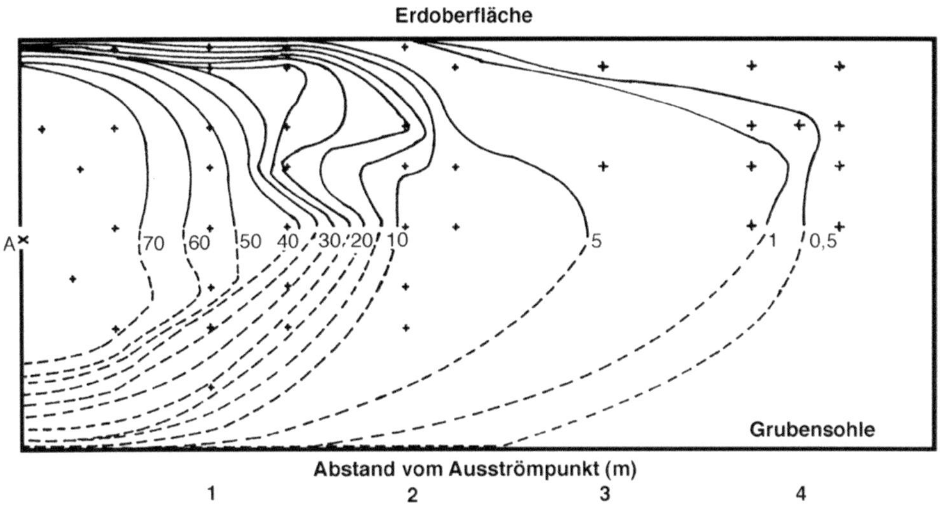

Abbildung 20: Isolinien der Erdgaskonzentration in einer stationären Gaszone bei einer konstanten Ausströmrate von 4,8 l Erdgas pro Minute
A = Gasausströmpunkt
(aus: BRÖTZENBERGER u. a., 1987)

dungen um, u. a. Methan, und nutzen dabei die Sauerstoffanteile chemischer Verbindungen. Allerdings werden lediglich 10% des Methans bis zu Kohlendioxid und Wasser unter Energiefreisetzung oxidiert, 90% assimilieren zur Neubildung organischer Masse bei starker Vermehrung der Methanbakterien. Solange sich die Methanbakterien stark vermehren, nimmt der Sauerstoffentzug aus dem Boden langsamer ab. Nach HOEKS (1972) oxidieren die Methanbakterien mit steigender Temperatur von 13,5 auf 20,5 °C die 4- bis 5fache Menge Sauerstoff. Aus dem Zusammentreffen der Winterruhe bei Bäumen und der geringeren Oxidation des Methans bei niedrigen Temperaturen wirken sich Leckagen im Winter nicht so schnell aus wie im Sommer.

Als Folge der anaeroben mikrobiellen Umsetzungsprozesse wird u. a. Sulfat zu Sulfid reduziert, gleiches geschieht mit Metalloxiden, die mit dem Sulfid schwer lösliche, den Boden schwarz färbende Sulfide bilden (s. Tafel 6.1). Bodenorganismen und Pflanzen, die nur unter aeroben Bedingungen leben können, sterben ab. Das Bodenleben verarmt, der Boden wird strukturlos und schmierig. Er kann an den gasbeeinträchtigten Stellen infolge mikrobieller Vorgänge spürbar erwärmt sein und ist durch einen penetranten Geruch gekennzeichnet.

Bei zeitlich begrenzten Gasaustritten haben die oben genannten Mikroorganismen nur so lange Nahrung, bis die Gasbestandteile im Boden abgebaut sind. Bei einer kurzfristigen Leckschließung und nach Abschluß der chemischen Ab- und Umbauvorgänge im Boden kann wieder Sauerstoff in den Boden hinein diffundieren. Bei längeren Gasaustritten besteht dagegen die Gefahr, daß in Abhängigkeit von den lokalen Bedingungen die gesamte Bodenluft in der Umgebung der Leckage verdrängt wird. Je länger Gas in den Boden hinein strömt, desto weitreichender und stabiler sind auch die chemischen und biologischen Veränderungen (Tab. 20).

Die Auswirkungen der Gasleckagen sind weiterhin von der Bodenart abhängig. In lockeren, trockenen und sandigen Böden sind die biologischen Schadwirkungen weniger gravierend, da der Luftleitwert und die hiermit gekoppelte Gasaustauschkapazität höher sind. In schweren Böden kommt es hingegen häufig zu langsam verlaufenden Gasdiffusionen. Schäden treten hier ver-

Tabelle 20: Charakteristika von Kurzzeit- und Langzeitgasschäden (aus: NOÉ u. a., 1995, verändert)

	Kurzzeitgasschäden	Langzeitgasschäden
Dauer	einige Wochen	mehrere Monate bis Jahre
Flächenausdehnung im Boden	geringe horizontale und vertikale Ausdehnung	großflächige Schädigung • Blauverfärung • fauliger Geruch
Veränderungen der Bodenluft	in Lecknähe • Sauerstoffverbrauch • Sauerstoffverdrängung • Methanabbau u. -umbau • Anstieg der Kohlendioxidkonzentration	großflächig • Sauerstoffverbrauch • Sauerstoffverdrängung durch ständig ausströmendes Methan • Sauerstoffmangel im Bodenwasser • hohe Kohlendioxidkonzentration
Leckschließung	kurzfristig	nach Monaten bis Jahren
Nachpflanzung	Wartezeit von 3 Monaten bis zu 3 Jahren	Wartezeit bis zu 10 Jahren

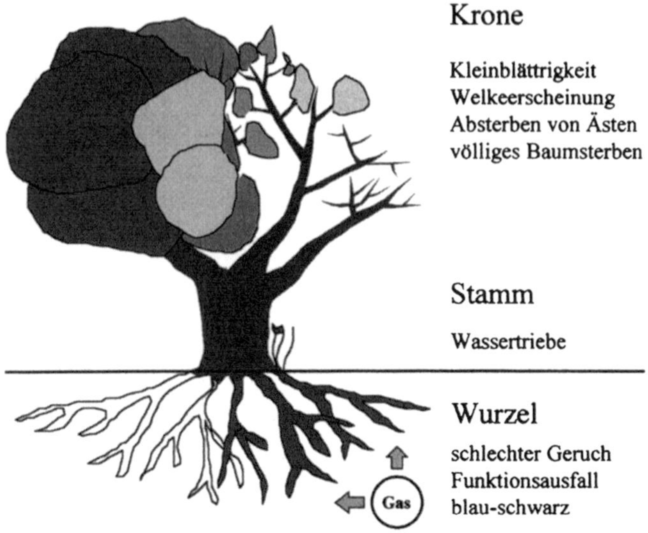

Abbildung 21: Auswirkungen von Gas auf Bäume (aus: BALDER u. a., 1997a)

deckter auf, sind aber nachhaltiger. Je nach Dauer dieser physikalischen, chemischen und mikrobiologischen Prozesse und durch die zusätzliche toxische Wirkung von Gasverunreinigungen kann der Boden seine Fähigkeit, wichtige Abbau- und Filterleistungen für Stoffwechselprodukte zu erbringen, vollkommen verlieren (KRETZSCHMAR, 1992; NOÉ u. a., 1995).

In der Praxis werden Schadsymptome bei Gasbelastung zunächst an oberirdischen Pflanzenteilen (s. Abb. 21) festgestellt, die je nach Baumgattung und Jahreszeit unterschiedlich sein können. Nach langjährigen Beobachtungen von FINTELMANN (1877) gelten Linden- und Ahornarten, insbesondere der Bergahorn (*Acer pseudoplatanus*), als sehr empfindlich, gefolgt von Robinie und Ulme. Als relativ resistent werden Pappeln, vorrangig die Balsampappel (*Populus balsamifera*) eingeschätzt. Tritt die Gasbelastung innerhalb der Vegetationsperiode auf, so ist das Welken der normal ausgebildeten Blätter charakteristisch. Nach Leckagen im Spätherbst oder Winter kommt es hingegen noch zum Frühjahrsaustrieb, die Blätter bleiben jedoch klein und verfärben sich alsbald. Bei einem langsamen Schadensverlauf erfolgt der Frühjahrsaustrieb verfrüht und bleibt dann in seiner Entwicklung stecken. Bei Ahorn, Robinie und Eiche tritt zusätzlich eine Interkostalchlorose auf, die auf Magnesium- und Eisenmangel im Blatt hinweist. Bei Sommer- und Winterlinde kann eine Blattrandnekrose beobachtet werden. Im weiteren Schadensverlauf färben sich die Blätter braun und sterben astweise oder in der gesamten Krone ab. An Altbäumen zeigen sich Zopftrocknis und verkahlende Starkäste fortschreitend bis zum Absterben der Krone. Aus Wurzeln und Stämmen treiben besonders bei Linden zahlreiche Wassertriebe. Flachwurzelnde Bäume werden weniger geschädigt als tiefwurzelnde (s. Tafel 6).

Die oberirdischen Symptome sind jedoch die Folge der umfassenden Wurzelschädigung im Boden, so daß wegen der verborgenen Entwicklung der Wurzeln das Anfangsstadium der Beeinträchtigung nicht wahrgenommen wird. Die Wurzeln gasgeschädigter Bäume sind von grauvioletter Farbe, kurz verdickt und ohne Feinwurzeln (s. Tafel 6.8). Sie riechen unangenehm nach Buttersäure. An der Luft geht die Verfärbung zurück. Den Wurzelschäden folgt der Befall mit Wurzelpathogenen. Je nach der Schwere der Bodenschädigung des Standortes sterben die Bäume sehr schnell oder siechen über Jahre dahin. Es wird angenommen, daß bereits eine abgestorbene Starkwurzel genügt, um Schadpilzen das Vordringen bis in den Stamm zu ermöglichen. Auch wenn der Baum überlebt, so folgt doch nach Jahren eine Stammfäule mit der Beeinträchtigung der Bruch- und Standsicherheit als Langzeiteffekt.

3.5.2 Auftausalz

Salze können aus unterschiedlichen Quellen auf städtische Bäume wirken. Im Verlauf der Bodenentwicklung werden durch die natürliche Mobilisierung im Boden u. a. Salze freigesetzt, die aber unter humiden Klimabedingungen mit dem Sickerwasser ausgewaschen werden. Im Bereich der Küste ist durch Niederschläge ein Eintrag von 6–30 kg/ha Chlorid im Jahr festzustellen (HORN, 1992). Unter ariden Klimabedingungen bewirkt der kapillare Aufstieg eine deutliche Erhöhung des Salzgehaltes im Boden (= Grundwasserversalzung). Von größerer Bedeutung sind allerdings im urbanen Bereich die Auftausalze (NaCl, MgCl) des Winterdienstes auf außer- und innerstädtischen Verkehrsstraßen. Ihre konzentrierte Anwendung seit Mitte der siebziger Jahre hat hier zu vielfältigen Belastungen der Umwelt geführt (Abb. 22). In den siebziger und achtziger Jahren wurden durchschnittlich 1,4 Mill. Tonnen Streusalz jährlich in der Bundesrepublik Deutschland (West) verbraucht, wobei die Bundesautobahnen die größten Salzmengen pro Kilometer im Laufe des Winters erhielten (13,7–43,1 t/km), während auf die Bundesstraßen nur 3,3–12,1 t/km appliziert wurden (Bundesanstalt für Straßenwesen, 1987). Der Trend ist jedoch in den letzten Jahren rückläufig.

Die Ionen der Auftausalze haben unterschiedliche Effekte zur Folge. Das Natrium bewirkt eine Verschlämmung des Bodens und verdrängt für das Pflanzenwachstum essentielle Kationen wie Kalium und Magnesium vom Ionenaustauscher. Die Wasserbindungskräfte sind bei gegebener Wasserspannung erhöht sowie die Wassernachlieferungsrate verringert. Sowohl Natrium als auch Chlorid werden über die Pflanzenwurzeln aufgenommen und passiv über den Transpirationsstrom im Xylemsaft in Knospen und Blätter transportiert und dort akkumuliert, wo nach pflanzenspezifischer Empfindlichkeit nach Überschreiten der individuellen Grenzkonzentration phytotoxische und osmotische Effekte hervorgerufen werden. Empfindliche Bäume wie Ahorn, Linde und Roßkastanie zeigen Schadsymptome in Form von Blattrandnekrosen, Zweigdürre, Wachstumsdepressionen und bei starker Belastung auch ein partielles Absterben (s. Tafel 7) (RUGE u. a., 1968; LEH; 1971; 1973; ECKSTEIN u. a., 1974).

In den Wurzeln erfolgt wie auch in Winterknospen, Ästen und Zweigholz eine deutliche Anhäufung von Natriumchlorid. Robi-

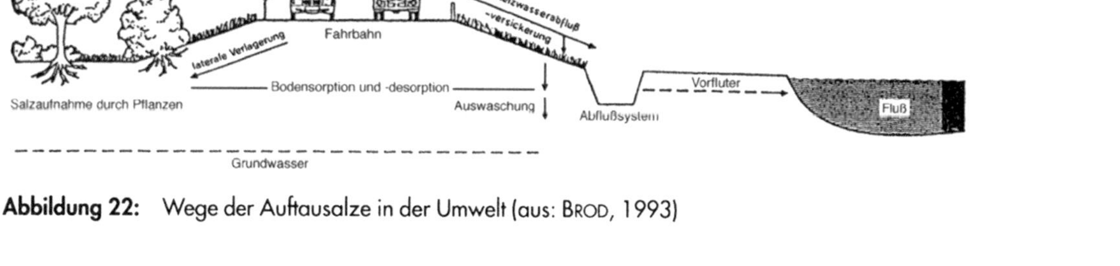

Abbildung 22: Wege der Auftausalze in der Umwelt (aus: BROD, 1993)

nie und Eiche scheinen diese Ionen von der Wurzelaufnahme ausschließen zu können, während z. B. die Platane das Natrium in der Wurzel akkumuliert, selbst aber keine Schadsymptome an den Blättern zeigt. Mit zunehmendem Salzgehalt des Bodens wird die Wasseraufnahme durch die Feinwurzeln erschwert, da das osmotische Potential des Bodenwassers die Beweglichkeit bei gegebenem Wurzelwasserpotential einschränkt. Weiterhin können Salze im Bereich der Rhizosphäre akkumuliert werden, so daß die Pflanzenverfügbarkeit des Wassers selbst bei hohen Bodenwassergehalten eingeschränkt wird. Als Reaktion schließen die Pflanzen vorzeitig ihre Blattöffnungen (Stomata), um so den Wasserverlust durch Transpiration zu verringern. Letztlich verschiebt sich auch die Artenzusammensetzung der Bodenbakterien zugunsten salztoleranter Mikroorganismen, die Mykorrhizaentwicklung wird nachhaltig beeinträchtigt. Die Interaktion zwischen Salz-, Wasser- und Nährstoffhaushalt sind daher sehr vielschichtig, was sich in komplexen Wirkungsketten niederschlägt (Abb. 23). Der Wurzel fällt hierbei die zentrale Rolle zu (FINCK u. a., 1976; KREUTZER, 1978; SCHLEIFF, 1982; BROD, 1984; PFEIFFER, 1985; HABERMANN, 1989).

Charakteristische Wurzelschäden durch Streusalz sind experimentell nicht belegt. Untersuchungen von streusalzgeschädigtem Zucker-Ahorn (*Acer saccharum*) ergaben eine deutliche Schädigung der Endomykorrhiza, bei der Holländischen Linde (*Tilia × europaea*) einen sehr deutlichen Rückgang der zu Ektomykorrhizen umgewandelten Wurzeln. Die Abnahme der Frequenz der

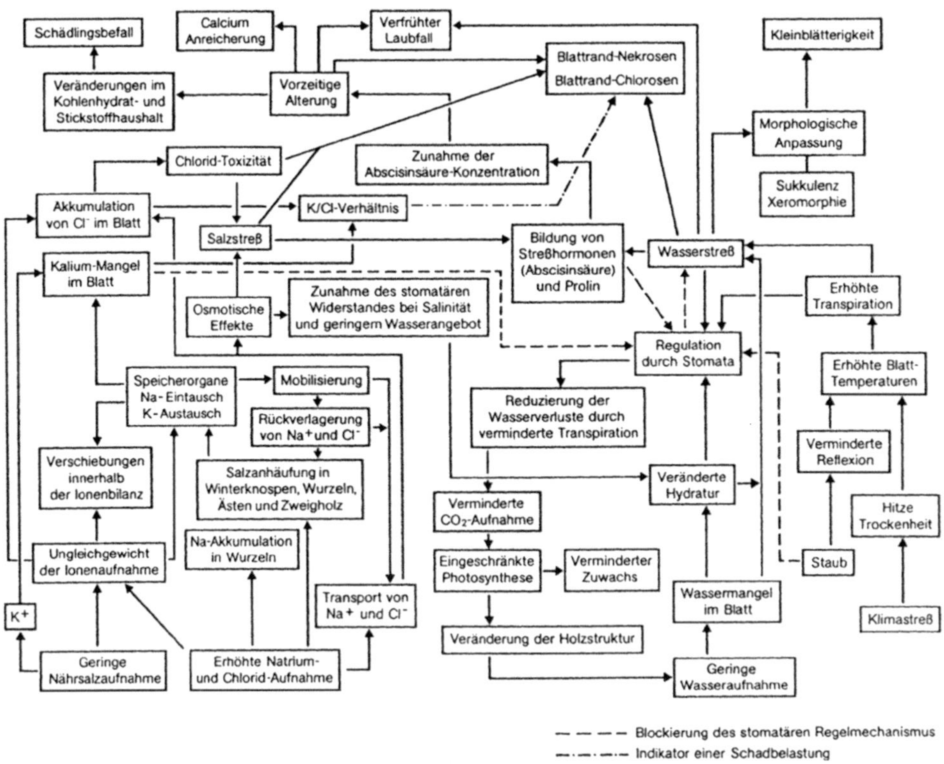

Abbildung 23: Interaktion zwischen Salz-, Wasser- und Nährstoffhaushalt (aus: HABERMANN, 1989)

Ektomykorrhizen wird als eine direkte Folge der Einwirkung von Auftausalzen auf die Wurzel oder indirekt als Folge einer verminderten Assimilation zur Wurzel diskutiert. Ferner werden von Lindenwurzeln analog zur vergreisten Krone Abwandlungen im Verzweigungsmodus beschrieben, insbesondere wurde eine Abnahme im Anteil sorptionstüchtiger Feinstwurzeln beobachtet. Demnach erfolgt von den derben Hauptwurzeln zu den letzten Wurzelverzweigungen ein rascher Übergang, da wiederholt Büschel von Feinstwurzeln direkt an wesentlich dickeren Hauptwurzeln sitzen (GUTTAY, 1976; MEIER, 1982).

3.5.3 Hunde-Urin

Schon seit langer Zeit werden an der Rinde von Straßenbäumen, Bäumen auf Plätzen sowie stärker frequentierten Parkbäumen als „Brennschäden" bezeichnete Stammnekrosen beschrieben, die durch Applikation von Hunde-Urin hervorgerufen werden sollen (FINTELMANN, 1877; HAMPEL, 1893; KÜHN, 1961). Doch erst in neueren Untersuchungen wurden die Zusammenhänge nachgewiesen und auch die Wirkungen des Urins auf Boden und Wurzeln von Pflanzen erkannt.

Der Harn von Hunden enthält im Vergleich zu anderen Tieren mehr Phosphor und Harnstoff, das Kohlenstoff-Stickstoff-Verhältnis (C/N) ist niedriger und der pH-Wert liegt nach WITZIGMANN (1940) im sauren, nach anderen Untersuchungen hingegen im alkalischen Bereich (BALDER, 1994b, c). Je nach Größe setzt ein Hund 40 bis 2000 ml Harn am Tag ab (Abb. 24). Untersuchungen mit künstlichen Auffangstationen ergaben eine jährliche Belastung stark frequentierter Bäume von ca. 10 l/Baum.

Trifft der Harn auf oberirdische empfindliche Pflanzenteile, wie Blätter und unverholzte Triebe von Gräsern, Stauden, Sommerblumen oder Gehölzen, werden diese bereits durch eine einmalige Kontamination mit Hunde-Urin geschädigt. Bei Mehrfachkontamination nimmt die Schädigung noch deutlich zu. Die Widerstandsfähigkeit des kontaminierten Pflanzenteils ist abhängig von der Pflanzenart und nimmt mit dem Alter des Gewebes und der Pflanzen zu. Bei Gehölzen werden zunächst rindenbesiedelnde Organismen wie Algen geschädigt, bei erhöhter Konzentration folgen bei Jungbäumen, dünnrindigen und empfindlichen Gehölzen Bast- und Kambiumnekrosen. Durch diese dringen holzzerstörende Pilze in das Stamminnere vor, wo sie eine Holzfäule

Abbildung 24:
Absetzen von Hunde-Urin (aus: BALDER, 1994c)

auslösen können. Mechanische Verletzungen wie Anfahrschäden unterstützen diesen Schadensverlauf. Als besonders anfällig haben sich Bäume der Gattung Robinie, Kastanie, Linde und Ahorn erwiesen (s. Tafel 8.1–8.3).

Dringt der Harn durch Stammabfluß oder direkte Applikation in den Boden ein, so reichern sich seine Inhaltsstoffe in enger Korrelation zum Verhalten der Hunde sowie in Abhängigkeit von Menge und Mobilität im Boden an (Tab. 21). Frischer Harn bewirkt im Boden eine Erhöhung, mittelfristig jedoch eine Senkung des pH-Wertes sowie eine Zunahme der wasserlöslichen Mineralien. Infolge der unterschiedlichen Mobilität der Elemente ist der Oberboden mit Phosphor angereichert, der Unterboden vorrangig mit Stickstoff, Kalium und Chlorid. In geringer Konzentration dienen diese Elemente der Ernährung der Pflanzen, häufig liegen sie jedoch in erhöhter Konzentration vor, so daß Nährstoffdisharmonien oder sogar phytotoxische Effekte eintreten. Zusätzlich sind die Magnesium- und Schwefelkonzentrationen erhöht. Die Bodenbelastungen sind auf der Gehwegseite der Baumscheibe stärker als auf der Straßenseite. Zu tiefergehenden Boden- oder Grundwasserbelastungen liegen keine Erkenntnisse vor.

In Applikationsversuchen mit Hunde-Urin konnten Feinwurzelschäden induziert werden (s. Tafel 8.4), schon die einmalige Kontamination führte zu Beeinträchtigungen. Der Harn verursacht offensichtlich infolge osmotischen Wasserentzuges den Zelltod, so daß Jungpflanzen, z. B. auf Sommerrabatten, infolge der Feinwurzelschäden kurzfristig absterben. Bei Großbäumen tragen die Wurzelschäden in unbekanntem Maße im Rahmen der komplexen Krankheitsverläufe zur Streßbelastung bei.

Das räumliche Verteilungsmuster der Schäden in der Stadt ist eng korreliert mit

Tabelle 21: Mineralgehalte in Böden (mg/100 g) von Baumscheiben bei unterschiedlicher Beeinträchtigung durch Hunde-Urin (A = 30 cm Stammabstand, B = Stammbasis; a = 0–5 cm, b = 5–15 cm Bodentiefe) (aus: BALDER, 1994b)

Tiefe		Geringe Belastung				Starke Belastung			
		Gehwegseite		Straßenseite		Gehwegseite		Straßenseite	
		A	B	B	A	A	B	B	A
pH-Wert	a	5,5	4,0	6,3	5,0	6,6	6,2	6,0	6,4
($CaCl_2$)	b	5,8	4,7	6,6	6,2	6,4	5,5	5,4	6,1
Stickstoff	a	6,0	10,5	4,5	7,4	10,4	35,1	18,1	7,2
(Gesamt-N)	b	8,5	8,5	6,5	5,3	8,4	31,7	10,7	5,9
Nitrat	a	2,3	5,7	0,0	2,3	11,3	56,5	22,6	5,7
(NO_3^-)	b	2,3	2,3	0,0	0,0	5,7	56,5	5,7	0,0
Phosphor	a	27,4	60,8	29,7	27,4	48,0	82,8	153,6	90,4
(P_2O_5)	b	23,5	28,0	22,0	28,0	37,5	37,5	41,9	59,0
Kalium	a	11,1	21,7	17,4	10,6	17,2	89,6	80,6	19,9
(K_2O)	b	10,2	8,5	13,1	8,6	10,4	119,4	32,8	14,6
Magnesium	a	2,6	2,4	2,0	1,9	4,1	5,4	9,2	5,5
	b	2,3	0,6	1,1	2,9	3,1	5,2	1,7	3,5
Chlorid	a	0,3	0,4	0,3	0,4	0,4	5,2	1,5	0,3
	b	0,5	0,6	0,2	0,3	0,3	6,4	0,8	0,2
Wasserl.	a	24,6	57,6	45,0	39,0	96,0	342,0	210,0	66,0
Mineralien	b	44,4	66,0	42,6	31,2	60,0	402,0	69,0	48,6

dem Verhalten der Tiere und seiner Besitzer. In Regionen dichter Besiedlung und geringem Grünanteil sind die Schäden weit verbreitet und verstärkt, während sie mit Zunahme des Gewerbeanteils und mit Auflockerung der Bebauung am Stadtrand deutlich abnehmen. Schadensschwerpunkte sind Ausflugsgebiete, stark frequentierte Straßen und Plätze sowie Einzelbäume in Straßen, die mit täglichen Gängen des Hundehalters in Verbindung stehen und leicht zugänglich sind. Blattschäden sind mitunter großflächig an der Vegetation zu beobachten, während Rindennekrosen und Stammfäulen auf Einzelbäume mit punktueller Belastung konzentriert sind. Wurzelschäden werden aufgrund der verborgenen Situation im Boden nicht erkannt (BARTH, 1991; BALDER, 1994b, c).

3.5.4 Sonstige

Feuchte, gas- und staubförmige Luftverunreinigungen wirken aus nahen und fernen Emissionsquellen auf die oberirdischen Pflanzenteile der Park- und Straßenbäume, als Stammabfluß dringen sie zusätzlich in den Boden ein. Schadstoffe wie Fluorwasserstoff, Ozon, Photooxidantien (PAN), Schwefeldioxid und Stickoxide, die u. a. aus unterschiedlichen Verbrennungsprozessen in die Umwelt abgegeben werden, wurden vor dem Hintergrund der neuartigen Waldschäden bezüglich ihrer komplexen Wirkung auf Waldbäume in den letzten Jahren intensiv untersucht. Dagegen ist ihre Bedeutung für innerstädtische Bereiche noch wenig bekannt, auch wenn schon seit geraumer Zeit Beeinträchtigungen beobachtet werden (FINTELMANN, 1877; HAMPEL, 1893; HOFFMANN, 1954; KÜHN, 1961). Auch werden sie unterschiedlich bewertet, so vermutet bereits HOFFMANN (1954) weniger akute Schäden, sondern vielmehr eine chronische Belastung und eine permanente Schwächung des Stadtgrüns. RUGE (1982) sieht die Abgase aus Industrie und Verkehr hingegen als wenig schädigend an. Zwischenzeitlich liegen zahlreiche Arbeiten vor, daß Substanzen wie Schwefeldioxid zu Depressionen im Wachstum, Schädigung der Choroplasten in den Schließzellen der Spaltöffnungen und zu einer Reduktion der Nettophotosynthese von Pflanzen führen. Stäube beeinträchtigen durch Beläge die Lichtinfiltration und hemmen die Photosynthese. Weiterhin liegen Hinweise auf physiologische Beeinflussungen durch Luftverunreinigungen sowie Wechselwirkungen mit anderen Belastungsfaktoren vor, eine erhöhte Prädisposition der Bäume durch Luftschadstoffe kann daher gerade in Ballungsräumen als gegeben angesehen werden. Sie ist zwangsläufig abhängig von der Expositionsdauer eines Schadstoffes und der Häufigkeit des Auftretens. Verstärkte Bemühungen der Städte und Kommunen in der Luftreinhaltung führten in den letzten Jahren zu einem spürbaren Rückgang der Stäube und einer Reduktion des Schwefeldioxids, während Stickoxide und Ozon vielerorts zugenommen haben. Dem Ozon wird derzeit eine hohe Priorität beigemessen. Ozon-Tagesmittelwerte betragen in Ballungsgebieten um 50 $\mu g/m^3$, während sie in Reinluftgebieten bei 100 $\mu g/m^3$ und darüber liegen können. Spitzenwerte über 200 $\mu g/m^3$ treten dagegen in Ballungsgebieten häufiger auf als in Reinluftgebieten (HOFFMANN, 1954; ECKSTEIN u. a., 1981; SUKOPP, 1990; HANISCH u. a., 1990; HOCK u. a., 1995).

All diesen Schadstoffen ist jedoch gemein, daß sie vorwiegend oberirdische Pflanzenteile schädigen. Im Forst bewirken sie darüber hinaus bei entsprechenden Einträgen eine Bodenversauerung, in dessen Folge eine zunehmende Freisetzung von Aluminium-Ionen Feinwurzelschäden auslöst, was zur Entwicklung der sog. „neuartigen Waldschäden" geführt hat. An vielen innerstädtischen Standorten ist diese Schadwirkung nahezu ausgeschlossen, da hier wesentlich höhere pH-Werte vorliegen (s. Abb. 15). Für Parkanlagen auf natürlichen Standorten sind dagegen Bodenbeeinträchtigungen bei entsprechender Belastung zu erwarten. So zeigten Zustandsaufnahmen der Hamburger Parkanlagen, daß infolge starker Versauerung sich 1985 ca. 77 % der untersuchten Böden im Aluminium- und Eisenpufferbereich (pH < 4,2) befanden. Licht- und rasterelektronenmikroskopische Untersuchungen ergaben bedeutende Schäden an Mykorrhizen, Rhizodermis und Wurzelspitzen von Buche und Fichte (UMWELTBEHÖRDE HAMBURG, 1991).

Schwermetalle sind Bestandteil vieler innerstädtischer Baumstandorte. Sie kommen natürlich in gewachsenen Böden vor, meist reichern sie sich jedoch durch den Eintrag von Industriestäuben, Verwendung kontaminierter Substrate bei Bodenaufschüttungen und -beimischungen, Einsatz von Klärschlämmen und Komposten im Garten- und Landschaftsbau, Düngung, Verwitterung und Abrieb von Baumaterialien bzw. Straßenbelägen und aus Verbrennungsprozessen an. Ihre Konzentration variiert sehr stark, für viele Bereiche der Städte wurden erhöhte Konzentrationen sowohl in Parkanlagen, am Straßenrand als auch auf Industrieflächen nachgewiesen. Große Bedeutung kam bis vor kurzer Zeit dem Blei zu, das als Antiklopfmittel Kraftfahrzeugtreibstoffen zugesetzt wurde. An den Rändern viel befahrener Autostraßen waren daher die Bleiwerte durch die emittierten bleihaltigen Kraftfahrzeugabgase erheblich erhöht (Abb. 25), wobei aber schon nach etwa 150 m Entfernung von der Emissionsquelle im Boden sich wieder die Werte normalisierten. Schwermetalle zählen z. T. zu den essentiellen Nährstoffen von Pflanzen. Liegen sie jedoch in erhöhter Konzentration vor, können sie phytotoxische Effekte verursachen. Die bisherigen Erkenntnisse beschränken sich auf ihre Aufnahme durch die Pflanze und auf die Ausprägung oberirdischer Schadsymptome, bezüglich der Beeinflussung der Wurzelsysteme ist nur wenig bekannt (Tab. 22). Die Befunde wurden darüber hinaus nicht an Bäumen, sondern an Gräsern und krautigen Pflanzen gewonnen (BLUME, 1982; SUKOPP, 1990; WALLNÖFER u. a., 1995).

Durch mangelnden Baumschutz bewirken vorrangig am Straßenrand weitere Stoffe lokal Wurzelbeeinträchtigungen. Bei Bau-

Tabelle 22: Schwermetallgehalte in Böden und ihre Wirkung auf die Pflanzenwurzel (nach CRAMER u. a., 1981; verändert, ergänzt nach WALLNÖFER u. a., 1995)

Element	mg Element/kg Boden			Wurzelschädigung
	häufig	maximal	tolerierbar*	
Blei	0,1–20	< 10 000	100	Hemmung des Wurzelwachstums z. T. Verdickung der Wurzeln
Cadmium	0,01–1	< 200	3	Störung der Ionengleichgewichte Reduktion von Wasseraufnahme u. -transport Reduktion der Trockenresistenz
Chrom	2–50	< 20 000	100	Hemmung des Wurzelwachstums
Kupfer	1–20	< 22 000	100	Verkürzung und Verbräunung der Nebenwurzeln
Nickel	2–50	< 200	50	Hemmung des Wurzelwachstums
Quecksilber	0,01–1		2	ageotropische Effekte
Zink	3–50	< 1 000	300	Störung der Wasserversorgung

* Zulässige Grenzwerte nach der Klärschlammverordnung vom 25.6.1982

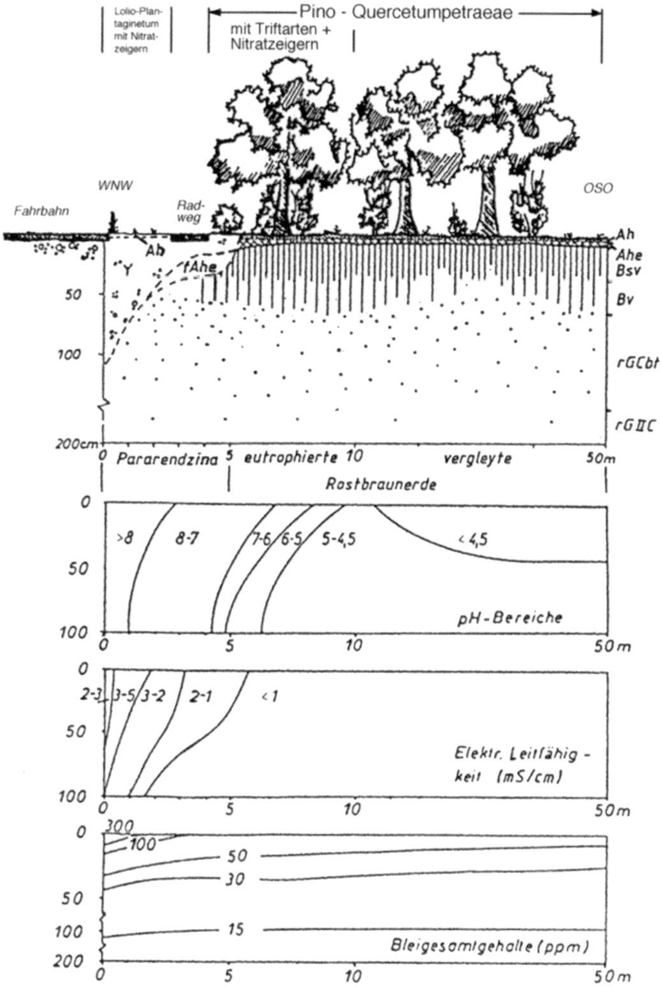

Abbildung 25:
Böden neben einer Straße
(aus: Blume, 1992)

arbeiten werden die Baumscheiben von Straßenbäumen häufig zum Lagerplatz umfunktioniert, so daß Baustoffe wie Kalk, Lösungsmittel, Öle, Farben o. ä. in den Boden eindringen können (Abb. 26). Das Beparken der Wurzelsysteme führte in der Vergangenheit zu Benzin- und Ölkontaminationen aus undichten Motoren, doch hat eine verbesserte Technik zwischenzeitlich Abhilfe geschaffen. Waschmittel, Laugen und Säuren aus Reinigungsprozessen verunreinigen zusätzlich die Baumscheiben (Kühn, 1961; Siewniak u. a., 1994).

Mit der Entwicklung von Herbiziden in den 60er Jahren führten viele Städte und Kommunen die chemische Unkrautbekämpfung ein. Durch nicht erkannte Nebenwirkungen und bei unsachgemäßer Anwendung folgten sichtbare Schädigungen der Bäume bis hin zu ihrem Absterben. Infolge eines zunehmenden Umweltbewußtseins und veränderter rechtlicher Rahmenbedingungen werden Herbizide kaum noch verwendet (Mechtold u. a., 1986).

Die Wirkungen all dieser Stoffe – insbesondere auch ihre Wechselwirkungen und

Abbildung 26:
Lagern von Baumaterialien auf Baumscheiben

synergistischen Effekte – sind wenig bekannt, doch ist bei entsprechender Konzentration von Beeinträchtigungen der Rhizosphärenbewohner und von Feinwurzelschäden auszugehen. Ergeben sich aus Kontaminationen auch Erhöhungen der Bodenacidität, Beeinträchtigungen der Bodenluft und der Bodenstruktur, so gehen hiermit Beeinflussungen der Wasser- und Nährstoffversorgung der Bäume und somit indirekt auch der Wurzelentwicklung einher.

3.6 Mechanische Verletzungen

Motorisierung und Urbanisierung verursachen in zunehmendem Maße vielfältige mechanische Verletzungen der Stadtbäume. Wurzelschäden werden häufig aus Unwissenheit bzw. Unachtsamkeit insbesondere durch den Einsatz schwerer Maschinen bei zahlreichen Bauarbeiten im Hoch-, Straßen- und Tiefbau, aber auch im Garten- und Landschaftsbau hervorgerufen (Abb. 27).

Der Konflikt zwischen Bautätigkeiten und Bäumen ist an vielen innerstädtischen Baumstandorten mehr oder weniger unvermeidlich, da aufgrund der räumlichen Enge sich im unmittelbaren Baumumfeld vielfach Baukörper sowie Ver- und Entsorgungsleitungen befinden (s. Tafel 2.1). Sie engen einerseits den durchwurzelbaren Raum ein, andererseits ziehen sie ständig Reparatur- und Ausbauarbeiten nach sich. Die unnatürliche Wurzelentwicklung, z. B. oberflächennah auf verdichteten Böden, erhöht die Verletzungsgefahr durch menschlichen Tritt und durch Überfahren (HOFFMANN, 1954; BALDER, 1988; 1990a).

Das schonende Arbeiten im Wurzelbereich von Bäumen in Form von Handarbeit sollte eigentlich selbstverständlich sein, wenn die Vitalität der Bäume erhalten werden soll. Hierbei werden meist nur Rindenabschürfungen hervorgerufen, die zu keinen nachhaltigen Schäden führen (s. Kap. 4.1.1). Aus ökonomischen Gründen werden jedoch meist Maschinen eingesetzt, was vielfältige Schädigungen zur Folge hat (s. Tafel 9):

- Beim **Überfahren** von ungeschützten Wurzeln entstehen neben Bodenverdichtungen zahlreiche Rindenverletzungen, Wurzelquetschungen, -anrisse und -abrisse.
- Das **maschinelle Auskoffern** von Flächen im Straßenbau mit schwerem Gerät verursacht großflächige Wurzelabrisse, vor allem dann, wenn zuvor ein ungestörtes Wurzelwachstum im potentiellen Straßenraum möglich war.
- Das **Ausheben** von Baugruben und Gräben bewirkt ebenfalls starke Wurzelabrisse.
- Das kraftvolle Arbeiten der Maschinen führt zusätzlich zu einem weitreichenden **Abknicken** der Wurzeln im Erdreich.
- Unverletzte Wurzeln werden im unmittelbaren Arbeitsbereich anschließend weiter geschädigt, z. B. bei Leitungsarbeiten.

Abbildung 27: Starke Wurzelschäden durch maschinelle Bauarbeiten

- Letztlich werden auch bei der Standortverbesserung von Bäumen Schäden hervorgerufen, wenn u. a. Böden wenig schonend entfernt und Versiegelungen maschinell herausgerissen werden.
- Hinzu kommen **Witterungsschäden**, wenn Wurzeln für einen unverträglichen Zeitraum Frost, Hitze oder Trockenheit ausgesetzt sind.

Mechanische Wurzelschäden werden auch bei gezielten Eingriffen hervorgerufen, die den Erhalt der Bäume zum Ziel haben. Die Errichtung eines Wurzelvorhanges im Vorfeld einer Baumaßnahme zielt zwar auf schonende Eingriffsformen ab (s. Kap. 6.2.2), in der Praxis werden allerdings den Bäumen häufig zu große Wurzelverluste zugemutet (BALDER u. a., 1994b; 1998c). Die Großbaumverpflanzung zum Erhalt wertvoller Bäume wird heute meist mit Rundspatenmaschinen ausgeführt, die keine schonende Wurzelkappung vornehmen, sondern die Wurzeln hydraulisch abknicken, ab- und aufreißen (s. Tafel 9.8) (BALDER u. a., 1994a; 1995b; WÖLLNER u. a., 1994). Häufig werden auch Wurzeln innerhalb des Ballens verletzt, so daß bei der Nachsorge ein zusätzlicher Wurzelverlust eintritt (s. Kap. 6.2.3).

All diese Wurzelschäden bedeuten für den betroffenen Baum nicht nur den Verlust aktiver Wurzeln für die Wasser und Nährstoffaufnahme, sondern je nach Eingriffsstärke auch Einschränkungen der Verkehrssicherheit sowie die Förderung von Schadorganismen, insbesondere holzzerstörenden Pilzen. Die Folgen werden früher oder später am Kronenbild sichtbar: Je nach Eingriffsstärke und individueller Baumreaktion zeigen sich Blattvergilbungen, Blattverbräunungen, Zopftrocknis und Wasserreiser (s. Kap. 4.2).

3.7 Schaderreger

Zahlreiche bodenbürtige Schaderreger attackieren Stadtbäume, wobei zu unterscheiden ist zwischen Krankheiten (Bakterien, Mycoplasmen, Pilze, Rickettsien, Viren) und Schädlingen (Insekten, Milben, Nematoden, Säugetiere). Bei entsprechender Anfälligkeit des Wirtsbaumes können sie über das Wurzelsystem gesunde Pflanzen oder als Schwächeparasiten erst nach einer Vorschädigung ihren Wirt erfolgreich befallen. Sie bewirken kurzfristige Belastungen, verursachen chronische Krankheitsverläufe, bringen ihren Wirtsbaum zum Absterben oder verseuchen über einen langen Zeitraum den Baumstandort. Teils sind sie sehr wirtspezifisch, teils auch für viele Baumgattungen pathogen. In Abhängigkeit von ihrer Schädigung rufen sie unterschiedliche Schadsymptome an den Wurzeln hervor, denen oberirdische Symptome zeitversetzt folgen (SCHWERTFEGER, 1981; BUTIN, 1996).

Bodenbürtige Schaderreger befallen häufig zunächst die Feinst- und Feinwurzeln ihrer Wirtspflanzen, da diese wenig geschützt sind. Im Boden freilebende Nematoden besaugen die Feinwurzeln von außen oder dringen sogar in sie hinein. Auch Bakterien und Pilze, die sich über Sporen oder durch wachsendes Mycel im Boden verbreiten bzw. auf die die Wurzeln zuwachsen, infizieren aktiv die Wurzelsysteme. Als Schadsymptome treten Wuchsdepressionen und -deformationen (s. Tafel 10.1 und 10.2) und ein Absterben der Wurzeln auf. Andere Erreger benötigen Wunden, die bei starker Windbewegung, beim Einwachsen in schwer durchdringbare steinige Substrate oder durch menschliche Eingriffe entstehen (s. Kap. 3.6). Auch abgestorbene Wurzeln nach Trockenheit, Grundwasserabsenkung, Staunässe, Frost, Sauerstoffmangel oder Schadstoffeinwirkung dienen als Eintrittspforte insbesondere für Pilze. Je nach Aggressivität und Abwehrmechanismen der Bäume besiedeln sie lokal einzelne lebende bzw. tote Wurzeln oder weite Bereiche des Wurzelsystems, wie z. B. der Hallimasch (*Armillaria mellea*). Der Schadpilz ist an Park- und Straßenbäumen weit verbreitet, ausgehend von abgetöteten Stubben durchwächst er über große Entfernungen den Boden und befällt einzelne Wurzeln geschwächter Bäume. Seine Rhizomorphen dringen zwischen Rinde und Splintholz zum Stamm vor, wo charakteristische Myzellappen ausgebildet werden (Abb. 28, s. Tafel 10.3). Da Wurzelsysteme über Wurzelverwachsungen miteinander verbunden sind, können sich Pilze auf diesem Wege innerhalb einer Allee oder im Gehölzbestand unterirdisch weiter verbreiten (s. Tafel 10.5).

Viele wurzelbürtige Schadpilze (s. Anhang II) rufen als Ergebnis langjähriger Prozesse an vielen Baumgattungen eine ausgedehnte Wurzelfäule hervor (s. Tafel 10.4).

Abbildung 28: Charakteristische Myzellappen des Hallimasches nach Entfernung der Rinde

Je nach Art der Holzzersetzung, entsprechend der enzymatischen Fähigkeiten der Pilze, kann zwischen Weiß-, Rot-, Braun- und Moderfäule unterschieden werden. Bei der Weißfäule wird zu Beginn des Holzabbaus das Lignin durch Phenoloxidasen zersetzt und anschließend durch Cellulase bzw. Hemicellulase die Cellulose und die Hemicellulose abgebaut. Die Rotfäule entspricht in ihrer chemischen Zersetzung der Weißfäule mit Farbüberlagerungen. Bei der Braunfäule zersetzt Cellulase die Kettenmoleküle der Cellulose in immer kleinere Bruchstücke, das Holz wird rissig, mürbe und zerfällt würfelförmig. Übrig bleibt das durch Braunfäuleerreger nicht angreifbare Lignin. Die Wurzelfäulen können auch auf das Stammholz übergreifen (Jahn, 1990).

Welkeerreger dringen als Spezialisten u. a. über die Wurzeln in die Gefäßsysteme der Bäume vor und verbreiten sich innerhalb kurzer Zeit in der gesamten Pflanze (s. Anhang II). In der Regel scheiden sie Toxine aus, die Abwehrreaktionen des Wirtes (Thyllenbildung) auslösen und in deren Folge die Gefäße verstopfen. Wurzelanastomosen ermöglichen ihre schnelle unterirdische Verbreitung im Baumbestand (s. Tafel 10.5). Sie verursachen innerhalb kurzer Zeit zunächst ein Welken einzelner Astpartien und schließlich den Abgang einzelner Bäume bis hin zu Baumalleen. Die holländische Ulmenkrankheit (*Ceratocystis ulmi*) hat in diesem Zusammenhang traurige Berühmtheit erlangt, andere Welkeerreger wie der Platanenkrebs (*Ceratocystis fimbriata* var. *platani*) breiten sich in Südeuropa derzeit aus (Balder, 1995c; Butin, 1996).

Auch Schädlinge treten an den Wurzeln auf, insbesondere die Larven verschiedener Insekten, z. B. des Maikäfers (*Melolontha melolontha*) (s. Tafel 10.6), des Junikäfers (*Amphimallon solstitialis*) und des Gefurchten Dickmaulrüßlers (*Otiorrhynchus sulcatus*) (s. Anhang II). Häufig werden sie mit der Baumschulware in Bestände eingeschleppt. In großer Anzahl fressen sie die Feinst- und

Feinwurzeln und benagen auch die Rinde von stärkeren Wurzeln bis hin zum Wurzelhals. Neben dem Wurzelverlust schaffen sie auch ideale Eintrittspforten für holzzerstörende Pilze. Gallwespen (*Cynipidae*) befallen vorzugsweise unterdrückte Bäume, insbesondere Eiche und Ahorn (s. Tafel 10.2). Die Weibchen legen ihre Eier an oder in ganz bestimmte Pflanzenteile, welche unter Reizwirkung des sich entwickelnden Eies und der Larven verschieden geformte Gallen bilden, in denen die Larven leben. Die Verpuppung erfolgt stets in den Gallen, welche die neu entstandene Wespe durch Herausnagen verläßt (AMANN, 1965).

Weitere Wurzelschäden werden durch Verbiß und Unterwühlen von Säugetieren verursacht. Wildkaninchen (*Oryctolagus cuniculus*) entrinden durch Benagen junge und mittelalte Bäume bis zum Wurzelansatz (s. Tafel 10.7) und verursachen in strengen Wintern in Parkanlagen große Schäden (BALDER u. a., 1991). Die Schermaus (*Arvicola terrestris*) gräbt lange maulwurfartige Gänge vorzugsweise in lockeren Böden, im Mittel 40 m, max. 300 m lang, die Gänge sind oberflächennah bis 60 cm tief mit flachen Erdhaufen und offenem Einschlupfloch. Ihre Nahrung sind Wurzeln und frische oberirdische Teile auch von Laubgehölzen. In Rasenflächen kann es innerhalb weniger Wochen zu Totalausfällen von Baumgruppen kommen. Die Wurzeln werden völlig abgefressen, oft rübenartig zugespitzt (s. Tafel 10.8). Die Erdmaus (*Microtus agrestis*) kommt auf niedrig bewachsenen trockenen Flächen vor und frißt überwiegend oberirdisch, jedoch beginnt ihr Rindenfraß bei jungen Bäumchen am Wurzelhals bis zu gelegentlichem Durchnagen.

Die unterirdische Baumschädigung ruft an der Krone unterschiedliche Symptome hervor. Erste Wurzelbeeinträchtigungen vermindern die Wasser- und Nährstoffaufnahme, so daß Kronenverlichtungen, Kleinblättrigkeit, Blattverfärbungen und nachlassender Wuchs erste Anzeichen sind. Mit zunehmender Wurzelschädigung verstärken sich die Symptome, ein partielles Aststerben kommt meist mit den Jahren ergänzend hinzu. Letztlich stirbt der Baum ab. Bei Welkekrankheiten reagiert die Krone hingegen sehr plötzlich. Eine ausgiebige Wurzelfäule schränkt die Standsicherheit ein und wird zum Problem der Verkehrssicherheit. Kronenverlichtung und das gleichzeitige Erscheinen von Pilzfruchtkörpern am Stammfuß (s. Tafel 10.9) oder im weiteren Wurzelbereich sind deutliche Hinweise für eine ausgedehnte Wurzelfäule.

3.8 Witterung

Witterungsparameter wie Temperatur und Feuchtigkeit sind essentiell steuernde Wachstumsfaktoren der Bäume, können aber auch erhebliche Schäden im Wurzelbereich hervorrufen. Bei Trockenheit stellen die Wurzelspitzen zunächst ihr Wachstum ein, so daß die Wasser- und Nährstoffaufnahme beeinträchtigt ist. Besteht der Wassermangel im Boden weiterhin fort oder werden Wurzelsysteme z. B. nach Freilegung bei Bauarbeiten oder bei der Baumsanierung ungeschützt der Witterung ausgesetzt, so vertrocknen die betroffenen Wurzelbereiche (s. Tafel 11.1). Ein Absterben der Wurzeln und Wuchsbeeinträchtigungen des Baumes sind die allgemeine Folge (s. Kap. 3.3).

Darüber hinaus findet jede Baumart durch niedrige Temperaturen ihre natürliche Verbreitungsgrenze, da Fröste zu Winterbeginn (Frühfröste), unmittelbar im Winter oder auch im Frühjahr (Spätfröste) Bäume zu schädigen vermögen. Anthropogene Belastungen können die Frostresistenz der Bäume herabsetzen. Bei Frosteinwirkung entsteht zunächst in den Interzellularen und Leitungsbahnen des pflanzlichen Gewebes Eis, dessen Gefrierpunkt kaum erniedrigt ist. Erst später erfaßt dieser Vorgang die übrigen Pflanzenteile. Stets ist der durch den Er-

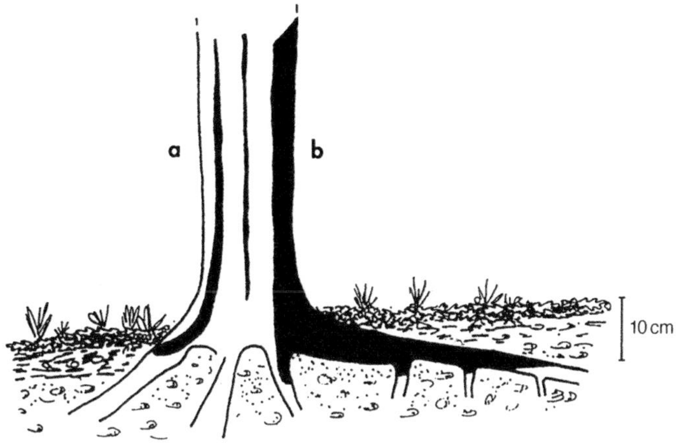

Abbildung 29:
Stamm- und Wurzelnekrosen mit scharfen Abgrenzungen des gesunden und kranken Gewebes nach hartem Winterfrost bei Eiche (aus: BALDER, 1993e)

frierungsvorgang herbeigeführte Zelltod mit unterschiedlichen Zellorganellschäden sowie Zerstörungen des Plasmalemmas verbunden. Die Eiskristalle bewirken darüber hinaus ein mechanisches Zerreißen des Gewebes.

Wurzelschäden können bereits bei Bodentemperaturen von −1 °C bis −3 °C eintreten, insbesondere dann, wenn ein geringer Abhärtungszustand des Pflanzengewebes vorliegt, z. B. nach mildem Herbst oder bei Mangel des Nährelementes Kalium, da dieses die Frosthärte der Pflanze steuert. In strengen Wintern werden diese Bodentemperaturen vorrangig auf offenen Flächen ohne natürliche Bodenabdeckung am Stadtrand noch unterschritten. Werden Jungbäume ungeschützt niedrigen Temperaturen ausgesetzt, z. B. bei Lagerung und Transport, so sind weitreichende Erfrierungen gerade bei fremdländischen Gehölzen unausweichlich. Durch Frost erfrieren Wurzeln lokal und an der Bodenoberfläche, die Symptome in Form von Verbräunungen des Kambiums und des Bastes sind daher über ihre räumliche Verteilung charakteristisch (Abb. 29). Die Folgen der Wurzelschädigung setzen sich häufig am Stammfuß oder am Stamm fort. Bei Veredlungen ist bei unterschiedlicher Frosthärte von Unterlage bzw. Edelreis häufig nur ein Pflanzenteil betroffen (s. Tafel 11.2–11.4).

Die Folgen von Frostschäden im Wurzelbereich sind erheblich und werden in ihren Ursachen häufig nicht erkannt, da sie zeitversetzt mitunter erst nach Jahren auftreten. Durch das teilweise Erfrieren der Wurzelsysteme werden unmittelbar das Wurzelwachstum und mittelbar die Wasser- und Nährstoffaufnahme beeinträchtigt. Ein verzögerter Blattaustrieb, Kleinblättrigkeit und Laubverfärbungen sind daher im Frühjahr ein erstes Symptom. Es folgt der unter- und oberirdische Befall mit zahlreichen Schwächeparasiten, so daß sich komplexe Krankheitsabläufe entwickeln (SORAUER, 1985; BALDER, 1992b).

4 Abwehr- und Folgereaktionen der Wurzel bei Schädigung

Ein Wurzelsystem ist wegen der grundlegenden Funktionen ein unentbehrliches Pflanzenorgan (s. Kap. 2.4) und kann als „Achillesferse" des Baumes bezeichnet werden. Die zahlreichen Schadfaktoren des urbanen Standortes verursachen unterschiedliche Wurzelbeeinträchtigungen (Tab. 23), die allgemeine oder spezielle Abwehr- und Folgereaktionen des Baumes auslösen. Während oberirdische Baumreaktionen nach Schädigung seit Jahren intensiv untersucht werden und ihre Erkenntnisse fortlaufend in moderne Maßnahmen der Baumpflege eingehen, stehen Folgen einer Wurzelschädigung – wohl wegen der schwer zugängigen Materie – erst seit kurzem im Mittelpunkt der Forschung.

4.1 Wundreaktion und Abschottung

Die Kenntnis der Baumreaktionen auf unterirdische Verletzungen, insbesondere der Abwehrmechanismen, dient als Grundlage für die Entwicklung schonender Wurzeleingriffe als Präventivmaßnahme, z. B. bei gezielten Kappungen, der Anlage von Wurzelvorhängen oder bei Großbaumverpflanzungen. Im Schadensfall müssen sich effektive Behandlungsmaßnahmen an diesen Erkenntnissen orientieren.

4.1.1 Rindenverletzung

Ungeschützte Wurzeln werden u. a. durch menschlichen Tritt, Überfahren mit Fahrzeugen und Nagefraß von Schaderregern an der Rinde geschädigt, ohne daß der Holzkörper in Mitleidenschaft gezogen wird

Tabelle 23: Formen der Wurzelschädigung

Ursachen	Folgen
Witterung (Frost, Trockenheit)	Erfrieren bzw. Vertrocknen der Wurzeln
Veränderungen des Bodenwasserhaushaltes	Vertrocknen bei Grundwasserabsenkung Ersticken bei Überflutung und Staunässe
Schadstoffe (Gas, Hunde-Urin, Öle u. a.)	Phytotoxizität, Absterben der Wurzeln
Bodenverdichtung, Bodenüberfüllung	Ersticken und Absterben der Wurzeln
Freilegen der Wurzeln	Witterungsschäden (Austrocknen, Frost) mechanische Verletzungen
mechanische Verletzungen	Verletzung der Wurzelrinde Wurzelanrisse, -abrisse, -kappungen
Wurzelpathogene	Wachstumsbeeinträchtigung, Fäulnis, Absterben der Wurzeln

Abbildung 30:
Gleichmäßige Kallusbildung mit nahezu vollständiger Wundschließung bei Eiche

(s. Tafel 9 und 10). Auch bei Bauarbeiten und Baumumfeldsanierungen sind trotz vorsichtiger Handschachtung Verletzungen der Wurzelrinde nicht gänzlich zu vermeiden. Da die Gefäße im Holzteil hierbei nicht unmittelbar beeinträchtigt werden, ist die Versorgung der Wunde und der nachfolgenden Wurzelteile nach wie vor gesichert.

Bei Verletzung in der Vegetationsphase setzt nach kurzer Zeit am Wurzelrand eine verstärkte Zellbildung des Kambiums ein, dem Kallus, um den offen gelegten Holzkörper zu überwallen. Mitunter werden auch schlafende Knospen zum Austrieb angeregt. In Abhängigkeit von Wundgröße und Vitalität des Baumes ist die Wunde im Normalfall schnell verschlossen (Abb. 30). Bei Roteiche konnte nachgewiesen werden, daß im jüngsten Jahrring effektive Abwehrmechanismen aktiviert werden: Thyllen verschließen die Gefäße, um das Eindringen von Luft und Schaderregern zu verhindern. Gleichzeitig werden zur Wundholzbildung akzessorische Substanzen eingelagert. Das betroffene Wundgewebe ist im Querschnitt deutlich dunkel gefärbt (s. Tafel 12). Die Verfärbung umfaßt aber oft nur wenige Millimeter des Holzes: in radialer Richtung reicht sie nicht über den Wundrand hinaus, in axialer nur wenige Millimeter bis Zentimeter. In diesem Bereich sind derartige Wunden schnell von holzzerstörenden Pilzen befallen. Diese Abschottungsprozesse werden durch eine Wundbehandlung mit Holzschutz- oder Desinfektionsmitteln aufgrund der phytotoxischen Wirkung behindert, herkömmliche Wundverschlußmittel können einen Pilzbefall nicht verhindern (s. Kap. 6.2.5). Inwieweit Abwehrmechanismen auch bei anderen Baumarten induziert werden, bedarf noch der wissenschaftlichen Untersuchung.

Die Qualität der Wundreaktionen wird von der **Verletzungszeit** und dem **Verletzungsort** beeinflußt: Rindenverletzungen schotten im Frühjahr besser ab als im Winter, die Abschottung ist mit zunehmender Entfernung vom Stamm wirksamer (Abb. 31). Die Wundbreite hat auf diese Prozesse hingegen keinen Einfluß. Über die Dauerhaftigkeit dieser Abwehrmechanismen liegen bislang keine Erkenntnisse vor (BALDER u. a., 1995a).

Die Befunde der Wurzelreaktion nach Rindenverletzung ähneln den Erkenntnissen an oberirdischen Wunden, die zur Entwicklung des CODIT-Modells (**C**ompartmentalization **o**f **D**ecay/**D**amage **i**n **T**rees = Abschottung von Fäulnis/Schäden in Bäumen) geführt haben (SHIGO u. a., 1977; LIESE u. a., 1995). Allerdings werden im Vergleich, zumindest bei gut abschottenden Bäumen, Ver-

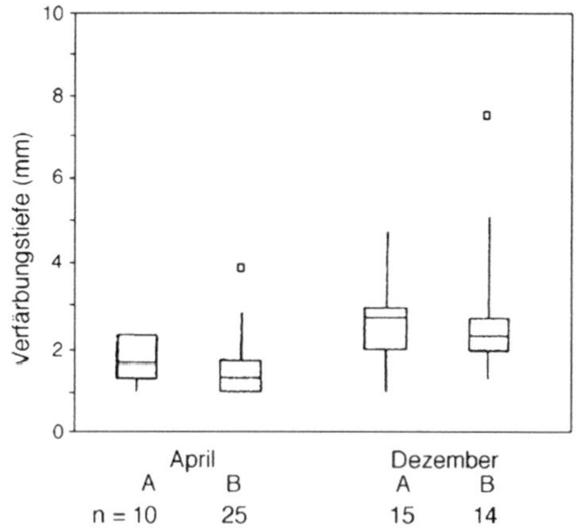

Abbildung 31: Verfärbung des Holzgewebes bei Rindenverletzungen in Abhängigkeit von Verletzungszeit und -ort bei Eiche; A = stammnah, B = stammfern (aus: BALDER u. a., 1995a)

färbung und Fäulnis sowohl in axialer, radialer als auch in tangentialer Richtung enger begrenzt, so daß Wurzeln äußerst effektiv abschottende Organe darstellen. Die in den Wurzeln hohe Konzentration an für eine aktive Schadensabswehr notwendigen Speicherstoffen sowie die wesentlich höhere Zahl an Parenchymzellen ermöglicht sicherlich diese gute Kompartimentierung. Hierzu wie auch zur möglicherweise differierenden Reaktion der jeweiligen Baumart bedarf es noch weitergehender Forschung.

4.1.2 Wurzelkappung

Bei gezielten Eingriffen in Wurzelsysteme werden Grob- und Starkwurzeln nach vorsichtiger Freilegung manuell gekappt, z. B. bei der Vorbereitung von Großbaumverpflanzungen, der Anlage eines Wurzelvorhanges oder bei der Entfernung störender Wurzeln. Diese Verletzungsform stellt einen stärkeren Eingriff dar als eine Rindenverletzung, da dem Baum zum einen ein Teil des Wurzelsystems verloren geht, zum anderen neben der Rinde auch der Holzkörper selbst verletzt wird. Als äußere Reaktion trocknen unabhängig von der Wurzeldicke zunächst an der Schnittstelle Rinde, Bast und Kambium zurück, es bildet sich ein Kallus und die Wurzelneubildung setzt ein (Abb. 32). Der Austrieb schlafender Knospen findet jedoch nicht unmittelbar an der Schnittstelle statt, sondern meist im rückwärtigen Wurzelbereich. Er ist Voraussetzung dafür, daß der Wundbereich unmittelbar versorgt wird und das Gewebe nicht nachfolgend weiter zurück trocknet. In der Regel nimmt mit zunehmender Wurzeldicke die Fähigkeit zur Wurzelneubildung ab. Die Wurzelneubildung ist als Wundreaktion analog zu den Reaktionen bei stammparallelen Astschnitten am Stammfuß wesentlich intensiver als in Stammferne, was die Schwere des Eingriffes andeutet (s. Tafel 13).

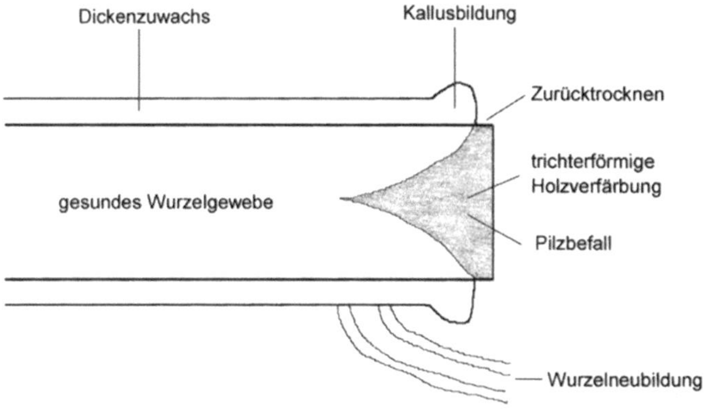

Abbildung 32: Wurzelreaktionen nach Kappung

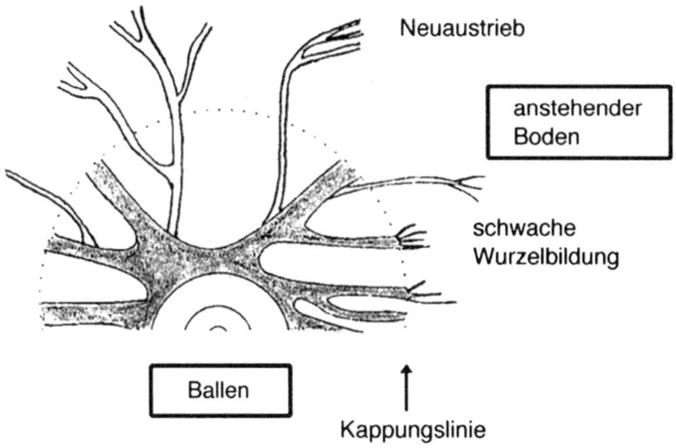

Abbildung 33: Schwache Wurzelneubildung an Grob- und Starkwurzeln bei gleichzeitigem Austrieb aus der Stammbasis bei Großbaumverpflanzungen in der Aufsicht (aus: BALDER u. a., 1994a)

Die Weiterentwicklung der neugebildeten Wurzeln ist nur bei günstigen Bodenverhältnissen möglich, wobei sich aufgrund von Konkurrenzverhältnissen offensichtlich nur einige wenige Wurzeln durchsetzen können, die anderen sterben wieder ab (WATSON, 1994). Untersuchungen von Wurzelvorhängen und Großbaumverpflanzungen aus der Praxis ergaben, daß sich an gekappten Grob- und Starkwurzeln nur wenige Feinwurzeln bilden, physiologisch und statisch bedeutsame Wurzeln entwickeln sich lediglich aus der Stammbasis (Abb. 33).

Im Wurzelinneren bilden sich charakteristische, trichterförmige Verfärbungen, die im jüngsten Gewebe am geringsten ausfallen und sich in der Wurzelmitte am tiefsten ins Gewebeinnere hineinziehen (s. Abb. 32). Da sich die aktivsten Parenchymzellen in den jüngsten Gewebeschichten befinden, ist die Kompartimentierung hier am effektivsten, während das Gewebe im Wurzelzentrum aufgrund des Alters und der meist geringeren Energiereserven zunehmend schlechter reagiert. Mit zunehmender Wurzelstärke nimmt daher die Holzverfärbung zu, sie ist bei Derbwurzeln (2–5 cm Durchmesser) häufig zwei- bis dreimal so lang wie bei den Schwachwurzeln (Abb. 34). Diese Prozesse sind abhängig von der **Baumart**: während Buche, Eiche, Linde und Ahorn im Wurzelbereich gut abschotten, scheint die Robinie schlechter zu reagieren (s. Tafel 13.5 bis 13.7). Hierzu sind noch weiterführende Forschungsarbeiten erforderlich.

Die Gewebereaktionen an der Schnittstelle sind abhängig vom **Zeitpunkt** der Kappung. Verletzungen in der Vegetationsruhe verursachen bei Roteiche analog zu oberirdischen Reaktionen deutlich stärkere Holz-

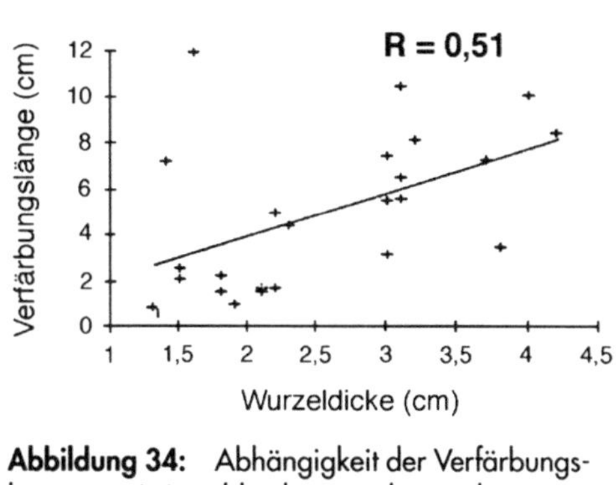

Abbildung 34: Abhängigkeit der Verfärbungslänge vom Wurzeldurchmesser bei Linde (aus: BALDER u. a., 1995a)

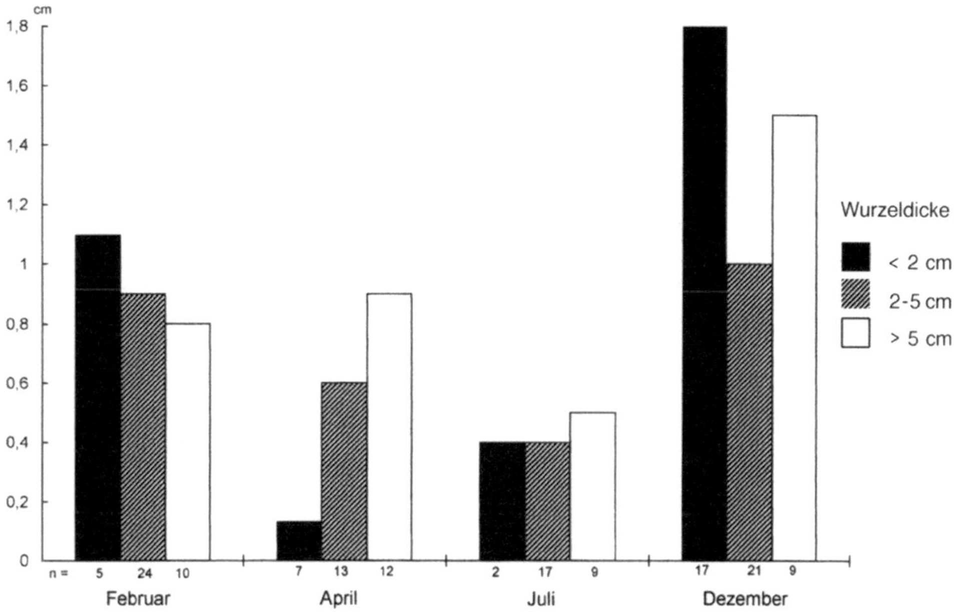

Abbildung 35: Verfärbungslänge nach Wurzelkappung in Abhängigkeit von der Jahreszeit bei Roteiche (Pflanzenschutzamt Berlin, unveröffentlicht)

verfärbungen und eine weitreichendere Fäulnisentwicklung, inmitten der Vegetationsperiode sind beide Parameter wie auch das Rücktrocknen von Rinde, Bast und Kambium am geringsten (Abb. 35). Die Wurzelneubildung ist im Frühjahr bezüglich der Wurzelneubildungsrate und der Anzahl gebildeter Wurzeln am intensivsten, in der Vegetationsmitte gefolgt von der Winterzeit am geringsten (Abb. 36). Ein Austreiben schlafender Knospen ist zwar in allen Bereichen der Schnittstelle möglich, findet jedoch verstärkt am unteren Wundrand statt. Mit zunehmendem Wurzelalter nimmt die Regenerationsfähigkeit deutlich ab.

Die **Schnittführung** hat auf die Wundreaktion der gekappten Wurzel offenbar eine untergeordnete Bedeutung. Nach alter gärtnerischer Erfahrung sollte die Schnittstelle schräg nach unten zeigen, die wissenschaftliche Überprüfung ergab bislang keine deutlichen Vorteile. So konnte zwischen Verfärbungslänge und der Schnittführung bei Linde kein Zusammenhang gefunden werden (BALDER u. a., 1995a), bei Roteiche wurde die Wurzelneubildungsrate nicht wesentlich beeinflußt. Die saubere Schnittführung hat jedoch gegenüber dem maschinellen Wurzelabriß deutliche Reaktionsvorteile (s. Abb. 62, Tafel 13.6). An der Schnittstelle entstehen mit zunehmender Wurzeldicke nachfolgend Risse im Holzkörper.

Wundbehandlungen haben auf die Folgereaktionen von Wurzelkappungen, ähnlich wie bei Rindenverletzungen, nur geringen Einfluß (s. Kap. 6.2.5). Wundverschlußmittel scheinen geringfügig die Abschottungsreaktionen zu unterstützen, da Holzverfärbungen und auch die Stärke des Holzabbaus tendentiell geringer ausfallen. Einen Befall mit holzzerstörenden Pilzen können sie offensichtlich auch hier nicht verhindern. Die Wurzelneubildung wird durch bisherige Mittel ebensowenig nachhaltig gefördert wie durch Alginate. Erste Versuche mit Wuchsstoffen, wie sie in der gärtnerischen Pflanzenproduktion

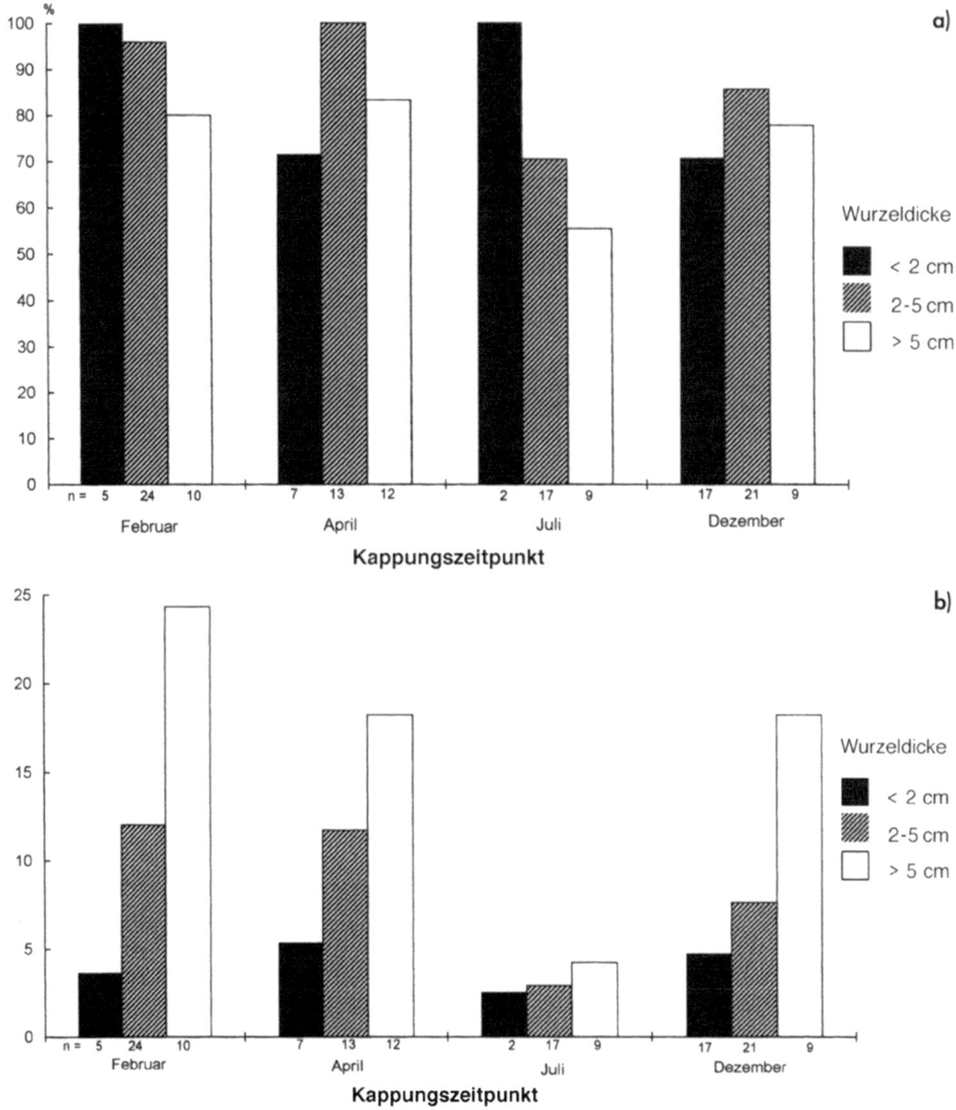

Abbildung 36: Wurzelneubildung nach Wurzelkappung in Abhängigkeit von der Jahreszeit bei Roteiche (Pflanzenschutzamt Berlin, unveröffentlicht)
a = Wurzelneubildungsrate in Prozent
b = Anzahl neugebildeter Wurzeln

bei der Stecklingsbewurzelung erfolgreich eingesetzt werden, haben vielversprechende Wirkungen ergeben (s. Abb. 64) (Herdt, 1997; Balder, 1998a). Doch bedarf es noch weitergehender Forschungsarbeiten, um auf dieser Basis wirksame Produkte zu entwickeln und – nach erfolgreicher Zulassung – der Praxis zur Verfügung zu stellen.

4.1.3 Wurzelan- und Wurzelabriß

Der Einsatz von schweren Baumaschinen im Kronentraufenbereich von Bäumen ist gängige Praxis. Im Gegensatz zur gezielten Kappung werden hierbei die im Boden verborgenen Wurzeln im Arbeitsbereich ab- und angerissen (s. Tafel 9), häufig auch im angrenzenden Erdreich zusätzlich weiter aufgerissen. Auch bei der Großbaumverpflanzung werden durch den maschinellen Druck der Rundspatenmaschine zahlreiche Wurzelrisse innerhalb des Wurzelballens bis hin zur Stammbasis hervorgerufen (s. Kap. 3.6).

Die zahlreichen Risse im Gewebe stellen ideale Eintrittspforten für holzzerstörende Pilze dar, schon nach kurzer Zeit tritt eine Besiedlung des Wundgewebes ein. Da Abschottungsmechanismen nur unzureichend aktiviert werden und Schutzholz sich unregelmäßig bildet, schreiten Holzverfärbung und Fäule schnell voran (Abb. 13.6). Ein Nachschneiden von Wurzelabrissen fördert stets die Abschottung sowie die Wurzelneubildung und reduziert sowohl die Verfärbung als auch die Fäulnisentwicklung (s. Kap. 4.1.2). Die Reaktionen bei angerissenen oder eingeknickten Wurzeln sind bislang nicht erforscht, aber es ist zu vermuten, daß eine ähnlich unzureichende Kompartimentierung erfolgt wie bei Wurzelabrissen.

4.1.4 Wurzeltod

Das Absterben von Wurzeln ist bei Bäumen ein weitverbreitetes Phänomen und zählt offensichtlich zu den „normalen" Entwicklungsprozessen eines Wurzelsystemes. So sterben Feinst- und Feinwurzeln periodisch ab, als Alterserscheinung ist das Absterben auch größerer Teile des Wurzelsystems immer wieder anzutreffen. Auf Waldstandorten wird vielerorts beobachtet, daß die ursprünglichen Haupt- und Nebenpfahlwurzeln nur eine begrenzte Lebensdauer haben und das lebende Tiefenwurzelwerk nur aus den zahlreichen, später gebildeten, von Horizontwurzeln abgehenden mächtigen Senkern besteht (KÖSTLER u. a., 1968). Darüber hinaus bewirken Infektionen mit Schaderregern, Witterungseinflüsse sowie die phytotoxische Wirkung von Schadstoffen lokale oder großräumige Absterbeerscheinungen am Wurzelsystem. Dabei handelt es sich entweder um akute Schadfaktoren wie Witterung, Überflutung, Grundwasserabsenkung und Erdgas oder um chronisch wirkende Belastungen wie Bodenversauerung, -versiegelung und -verdichtung.

Die Folge- und Abwehrreaktionen eines Baumes bei Absterben der Wurzeln sind bislang nur aus Beobachtungen bekannt. Aggressive Wurzelpilze, die entweder über Wunden oder durch die Rinde in die Wurzel eindringen (s. Anhang II), können durch toxisch wirkende Stoffwechselprodukte in ihrem Vordringen ebenso gehemmt oder gehindert werden wie auch speziell bei Nadelhölzern durch eine Harzabsonderung oder Verkienung. Bei entsprechender Pathogenität bzw. geringer Vitalität des Baumes verbreiten sie sich jedoch schnell im Wurzelsystem. Schwächeparasiten erweitern das Spektrum der Schaderreger. Die befallenen Wurzelteile sterben meist schnell ab, saprophytische Pilze folgen im Rahmen der Sukzession.

Bei abiotischen Schadfaktoren, wie z. B. strenger Winterfrost, Trockenheit oder Gas, sterben große Wurzelbereiche innerhalb kurzer Zeit ab. Der geschädigte Bereich ist teils scharf vom gesunden Gewebe abgegrenzt (s. Abb. 29). Im Unterschied zu einer mechanischen Verletzung, wo neben dem mechanischen Reiz des unmittelbar betroffenen Gewebes der Lufteintritt als zusätzliche Reizkomponente hinzukommt, ist die Wurzel durch die widerstandsfähige Rinde zunächst nach wie vor geschützt. Nach strengen Winterfrösten wurden bei Wurzelschäden an Eiche als Symptom eine Nekrotisierung von Kambium, Bast und Rinde ermittelt, bei denen im Holzkörper eine Verthyllung der Gefäße folgte (BALDER, 1993e). Die einsetzende Kallusentwicklung überwallt zwar in Abhängigkeit von der Vitalität des Baumes die Nekrose, schützt jedoch nicht vor dem Angriff von Schadpilzen.

Eine gewisse Ähnlichkeit mit den Abwehrmechanismen nach mechanischer Schädigung ist unverkennbar, so daß hier offensichtlich grundsätzliche Reaktionsmuster vorliegen. Es ist jedoch anzunehmen, daß bei Absterben eines Großteils des Wurzelsystems gravierende Einbrüche der Vitalität des gesamten Baumes einher gehen und daher nur wenig effiziente Abwehrmechanismen zu erwarten sind. Auch verbrauchen sie einen nicht unwesentlichen Anteil an gespeicherter Energie, so daß viele Bäume über einen längeren Zeitraum für den Befall mit Schwächeparasiten prädisponiert sein dürften. Daher ist in vielen Fällen eine weitreichende Fäulnis im Wurzelsystem und das Vordringen aggressiver holzzerstörender Schadpilze bis in den Stamm auf diesem Wege wahrscheinlich.

Stirbt nur ein Teil eines Wurzelsystems ab, können im lebenden Bereich weitere Reaktionen der Wurzel eintreten. Viele Baumarten bilden nach Wurzelschädigung am Stamm Adventivwurzeln aus, z. B. nach zu tiefem Pflanzen, Staunässe, Überfüllung oder Gasbelastung. Bei Verlust von Tiefenwurzeln werden Seitenwurzeln und Senker gebildet. Durch diese Formen der Wurzelneubildung soll der Wurzelverlust kompensiert und die Versorgung des Baumes gesichert werden, dennoch ist eine Schwächung der Standsicherheit kaum zu vermeiden. Durch die Bildung breiter Jahresringe an den Wurzelanläufen und am Stammfuß versucht der Baum, dem entgegenzuwirken (KÖSTLER u. a., 1968).

4.2 Auswirkungen auf das Baumwachstum

Die Folgen von Wurzelschäden sind für die betroffenen Bäume häufig gravierend und werden früher oder später am Kronenbild sichtbar. Durch den Verlust eines Teiles der Wurzeln wird die Relation zwischen Wurzelmasse und Blattmasse gestört. Bezüglich des Wasserhaushaltes bedeutet dies, daß der transpirierenden Blattfläche eine geringere wasseraufnehmende Wurzeloberfläche gegenübersteht (MEYER, 1982). Bei Wurzelverlust innerhalb der Vegetationsperiode kann daher eine schnelle Welke des Baumes folgen, ansonsten ist der Austrieb im Folgejahr kleinblättrig und mitunter auch chlorotisch (s. Tafel 14.1). Darüber hinaus ist die Nährstoffaufnahme des Baumes eingeschränkt und die Mykorrhiza-Aktivität vermindert. Ringporige Baumarten reagieren mit einer verminderten Frühholzbildung, so daß bei den schmalen Leitungsgefäßen nur eine eingeschränkte Wasserversorgung der Laubkrone möglich ist. Einige Baumarten geben aktiv einen Teil ihres Feinastwerkes auf, bei der Eiche werden z. B. im Herbst sog. Absprünge abgestoßen. Bei stärkeren Wurzelbeeinträchtigungen sterben hingegen ganze Astpartien ab, so daß sich Zopftrocknis bildet. Letztlich wird auch der Wuchsstoffhaushalt des Baumes verändert, so daß bei einigen Baumarten eine deutliche Wasserreiserbildung einsetzt (s. Tafel 14.2).

Die einhergehende Vitalitätsabnahme erhöht die Anfälligkeit für Schaderreger, vorrangig für Schwächeparasiten. Zahlreiche rinden- und holzbrütende Schadinsekten befallen daher Grob- und Starkäste und verursachen so ein weiteres Aststerben. Bei entsprechender Vitalitätsabnahme des Baumes können u. a. Bock-, Pracht- und Splintkäfer auch den Stamm attackieren und durch die Fraßtätigkeit der Larven innerhalb kurzer Zeit den Baum zum Absterben bringen (s. Tafel 14.3). Gleichzeitig dringen holzzerstörende Pilze sowohl in den geschädigten

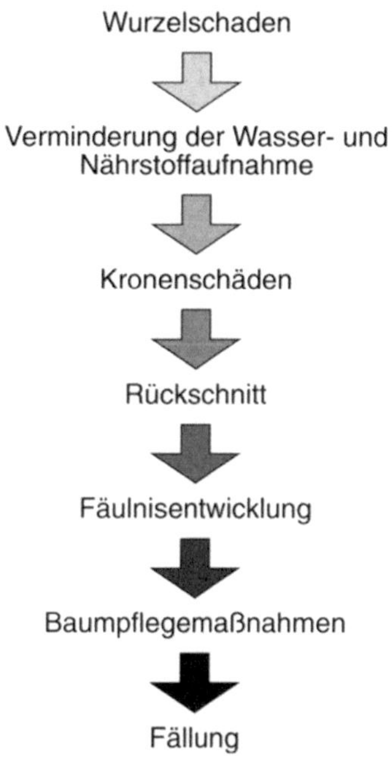

Abbildung 37: Wirkungskette nach Wurzelschädigung (aus: BALDER u. a., 1996d)

Wurzeln als auch im Astwerk vor und parasitieren als Holzzerstörer Rinde, Bast, Splint- und Kernholz.

Zur Aufrechterhaltung der Verkehrssicherheit müssen in dieser Situation an vielen Baumstandorten befallene Äste sowie Totäste entfernt werden. Bei diesen Schnittarbeiten werden den Bäumen weitere Wunden zugefügt, die je nach Abschottungsfähigkeit auch oberirdisch zusätzliche Eintrittspforten für holzzerstörende Pilze bilden. In Abhängigkeit vom Wurzelverlust, dem Regenerationsvermögen des betroffenen Baumes und der Effizienz der Kompartimentierung erfolgt eine Gesundung oder eine weitere Schädigung. Häufig wird eine Wirkungskette ausgelöst, die meist nach einer Vitalitätsabnahme, Befall mit Schwächeparasiten und weiteren Eingriffen, u. a. im Rahmen der Verkehrssicherheit, die Fällung des betroffenen Baumes bedeutet (Abb. 37).

Dies zeigt sich bei unkontrollierten Eingriffen, häufig aber auch nach der Reali-

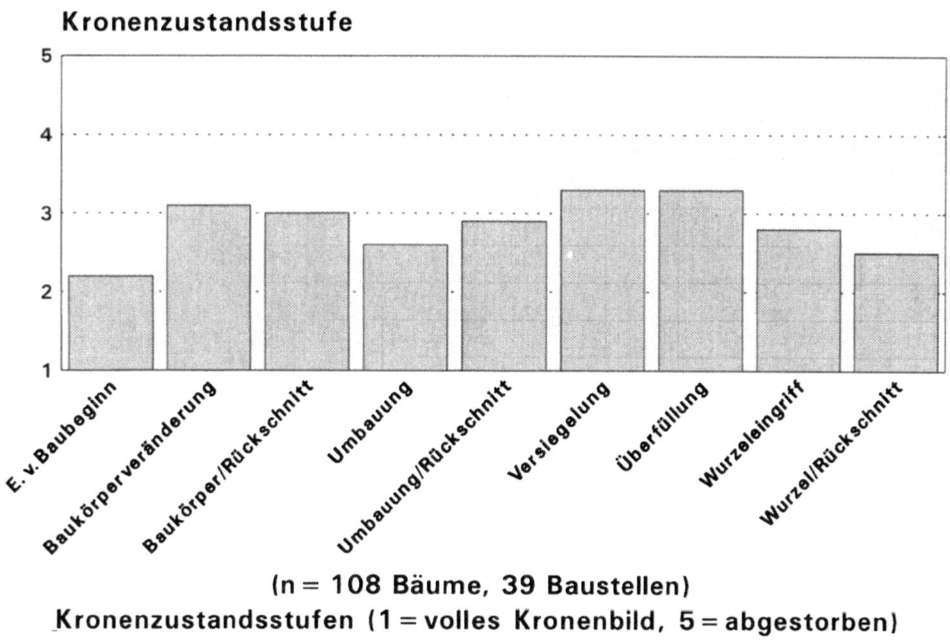

Abbildung 38: Kronenzustand von Bäumen bei Bauvorhaben nach gezielten Eingriffen zum Baumerhalt (aus: BALDER u. a., 1998b)

sierung von Bauvorhaben, bei denen der Baumerhalt erklärtes Ziel war (Abb. 38). Offensichtlich werden vorhandenen Baumbeständen bei dem Bemühen um ihren Erhalt immer wieder unverträgliche Eingriffe zugemutet.

Damit zählen mechanische Wurzelschäden zu den bedeutenden Baumschäden in der Stadt. Sie sind mit verantwortlich dafür, daß durch die Urbanisierung, Industrialisierung und Motorisierung der westeuropäischen Städte seit den sechziger Jahren viele wertvolle Altbaumbestände und Alleen vernichtet wurden und nach wie vor die Lebenserwartung von Straßenbäumen deutlich vermindert ist. Im Gegensatz hierzu war in Osteuropa, da sich Bauaktivitäten bis in die 90er Jahre in Grenzen hielten, vielfach eine relativ ungestörte, vitale Baumentwicklung möglich. Mit den politischen Veränderungen nach 1989 setzte auch hier ein Bauboom ein, der in atemberaubender Geschwindigkeit gleiche Schadensabläufe und den Verlust der wertvollen Altbäume auslöste. Gesetzgeber und Fachverbände haben zum Schutz der Bäume zwar entsprechende Richtlinien und Verordnungen erlassen, die aber in der praktischen Arbeit wenig befolgt werden (BALDER u. a., 1992; BALDER 1993b, c; DUJESIEFKEN u. a., 1993).

5 Schäden durch Wurzeln an technischen Einrichtungen

Baumwurzeln folgen in ihrem Wachstum zwar genetisch veranlagten Gesetzmäßigkeiten, sie werden aber wesentlich durch standortspezifische Eigenschaften beeinflußt (s. Kap. 2). Ihre in Innenstädten räumliche Nähe zu Bauwerken, Straßen, Wegen, Plätzen, Ver- und Entsorgungsleitungen (s. Tafel 2.1) schränkt die Wurzelentwicklung ein, ermöglicht aber dadurch auch die Beschädigung der baulichen und technischen Einrichtungen durch die Wurzeln. Im Schadensfall wird die Ursache im aggressiven Wachstum einer Wurzel, aber auch als Folge unzureichender Bauweisen und damit einher gehender Lockwirkung auf die Wurzel gesehen.

5.1 Bauwerke

An natürlichen Standorten dringen Wurzeln auf der Suche nach Nährstoffen und Wasser häufig in Gesteinsrisse ein, wobei sie in der Lage sind, mit zunehmendem Dickenwachstum eine enorme Sprengwirkung auszuüben. Auch bei Gebäuden, gemauerten Sockeln, Mauern u. a. kann dies beobachtet werden. Hier wachsen sie in Fugen und Risse ein, insbesondere bei alter geschädigter Bausubstanz (s. Tafel 15.1 und 15.2). Stammnahe Wurzeln können durch den Druck des Dickenwachstums eine besonders zerstörende Wirkung entfalten. Ferner kann durch ein Unterwachsen (Wurzelschlinge) auch ein intaktes Bauwerk geschädigt werden, z. B. eine über dem Wurzelsystem befindliche Mauer (s. Tafel 15.3). Der luv- oder leeseitig stehende Baum führt in dieser Situation durch eine Windschwingungsübertragung, über den Wurzelballen oder einzelne starke Wurzeln, zum Ermüdungsbruch der Mauer. Schadensfälle werden auch bei Dachbegrünungen von Tiefgaragen, unterirdischen Schachtanlagen, Tunneln o. ä. beobachtet. Je nach Situation entwickeln Wurzeln individuelle Kräfte, die die jeweilige Baustatik versagen läßt (MATTHECK u. a., 1996a, b). Die Gefährdung steigt, wenn dem Baum ungenügend Wurzelraum zugestanden wird.

Zu einer Schädigung von Bauwerken sind viele Baumarten in der Lage. Bei 3000 Praxisfällen wurden die Wurzelsysteme näher untersucht. Erfaßt wurden je Baumart die maximalen Wurzellängen und zusätzlich die Wurzellänge bei 90 % der schädigenden Wurzeln (Tab. 24). Demnach trug ein wesentlicher Teil der Wurzelsysteme zur technischen Schädigung bei.

5.2 Straßen- und Wegebeläge

Wurzeln stoßen bei ihrer Flächenausbreitung vielerorts auf versiegelte Plätze, Straßen und Wege. Setzen sie ihr Wachstum unter den befestigten Arealen fort und unterwandern sie sogar die gesamte Versiegelungsfläche, ist dies häufig mit Schäden der Beläge und Pflasterungen verbunden. Bei Asphaltdecken treten quer zur Straßen- oder Wegerichtung oder etwas strahlenförmig vom Stammfuß ausgehende Wölbungen oder Risse auf (s. Tafel 15.4). Beim Aufbre-

Tabelle 24: Beteiligung der Wurzeln bei Schäden an Gebäuden und Leitungen (aus: CUTLER u. a., 1989; zit. bei STÅL u. a., 1995)

Baumart	Max. Wurzellänge je Baumart (in m)	Wurzellänge von 90 % der schädigenden Wurzeln (in m)
Ahorn (*Acer* spec.)	20	12
Roßkastanie (*Aesculus hippocastanum*)	23	15
Birke (*Betula* spec.)	10	8
Hainbuche (*Carpinus betulus*)	17	–
Weiß-, Rotdorn (*Crataegus* spec.)	11,5	8,7
Rotbuche (*Fagus sylvatica*)	15	11
Esche (*Fraxinus excelsior*)	21	13
Apfel (*Malus* spec.), Birne (*Pyrus* spec.)	10	8
Platane (*Platanus*)	15	10
Pappel (*Populus* spec.)	30	20
Kirsche (*Prunus* spec.)	11	7,5
Eiche (*Quercus* spec.)	30	18
Robinie (*Robinia* spec.)	12,4	10,5
Weide (*Salix* spec.)	40	18
Mehlbeere (*Sorbus intermedia*)	11	9,5
Eberesche (*Sorbus aucuparia*)	11	9,5
Linde (*Tilia* spec.)	20	11
Ulme (*Ulmus* spec.)	25	19
Scheinzypresse (*Chamaecyparis*)	20	5
Kiefer (*Pinus* spec.)	8	

chen derselben findet man unmittelbar unter dem Belag lange Wurzeln von 2 bis 2,5 cm Durchmesser, hingegen werden kaum Verzweigungen oder Feinwurzeln gebildet. Erst wenn die Wurzeln den offenen Boden erreicht haben, beginnt wieder eine intensive Feinwurzelbildung. Gelegentlich schieben sich warzenförmige Wurzelaustriebe hoch. Platten, Pflasterbeläge und Bordsteinkanten werden von den Wurzeln mit zunehmendem Dickenwachstum angehoben. Hier finden sich meist unmittelbar unter dem Pflaster regelrechte Wurzelmatten (s. Tafel 15.4 und 15.7).

Das Unterwachsen von Belägen und Pflasterungen kann sehr schnell erfolgen. So konnten innerhalb von 1 bis 2 Jahren 20jährige Pappeln Radwege von ca. 2 m und Versorgungswege von ca. 4 m unterwachsen, die mit 8 bis 12 cm dicken Belägen bzw. mit Platten belegt waren. Die Straßenrandbreite, der Pflanzabstand und die Wurzelungstiefe haben keinen Einfluß auf die Schadensfrequenz. Auch scheinen weder die chemische Zusammensetzung des Bodens noch die Grundwassernähe Einfluß auf das Schadensausmaß zu haben. Allerdings wurzeln Bäume aus einer zu kleinen Pflanzgrube mit hohem Verdichtungsgrad aggressiv unter angrenzende Straßenbeläge. Die Schäden an den Belägen selbst treten verzögert auf, so daß die auslösenden Gehölze bereits eine entsprechende Größe erreicht haben. Nur in einzelnen Fällen, bei denen eine Rißbildung längs zur Straße auftritt, kann sich bei zur Schrumpfung neigenden Böden die Straße als Folge lokalen Wasserentzugs senken.

Entscheidend für die Wurzelbildung unter dem Belag sind die Bodenfeuchtigkeit und die Bodendichte. Unmittelbar unter den Belägen befindet sich durch unterschiedliche Ausdehnungskoeffizienten der Materialien, in der Grenzfläche zwischen Belag und Boden, ein relativ leicht durchwurzelbarer

Raum. Dieser liegt im Gegensatz zum verdichteten Straßenrandboden unter der für die Wurzelpenetration wichtigen Grenze von 3,0 MPa. Außerdem ist der Feuchtegehalt des Bodens unter den Belägen dauerhaft erhöht, da kontinuierlich Kondensationsprozesse ablaufen. Die Bodentemperatur, der Bodenlufthaushalt sowie eine mögliche Kontamination der Durchwurzelungsschicht mit Stoffausträgen aus dem Bodenbelag beeinflussen die Durchwurzelung. Offensichtlich werden die Wurzeln durch den relativ hohen Feuchtigkeitsgrad des Bodens unter dem Belag regelrecht angezogen. Sie absorbieren rasch die Feuchtigkeit und wachsen im nährstoffarmen Boden horizontal weiter, um sich im freien Boden erneut zu verzweigen (KOPINGA, 1992; 1994).

In erster Linie neigen Pionierbaumarten zur Unterwanderung von Versiegelungen. Andere Baumarten verursachen durch ihr Dickenwachstum am Stammfuß und durch Wurzeltriebe eher Schäden an den Belagrändern (Tab. 25).

Gestalterische Veränderungen des Baumumfeldes sind häufig mit einer nachträglichen Versiegelung von Wurzelsystemen verbunden. Sterben die Wurzeln infolge des Eingriffs nicht ab (s. Kap. 3.4.2), kann das Dickenwachstum der Wurzeln mit der Zeit zu einer lokalen Anhebung der neuen Beläge führen. Insbesondere am versiegelten Stammfuß bewirken die Grob- und Starkwurzeln eine schnelle Schädigung.

Aufgeworfene Straßen- und Wegebeläge bedeuten eine Unfallgefahr und bedingen Reparaturkosten. Die Situation wird häufig derart gemeistert, daß nach manueller Aufnahme der Versiegelung die störenden Wurzeln mechanisch beseitigt werden. Je nach entfernter Wurzelmasse nimmt der Baum durch die Verminderung der Wasser- und Nährstoffversorgung in seiner Vitalität ab. Werden hierbei auch Grob- und Starkwurzeln gekappt, können Schadpilze in die Wurzeln eindringen und eine Fäule verursachen.

5.3 Ver- und Entsorgungsleitungen

Leitungen werden in der Regel in ein künstliches Umfeld bestehend aus mittleren bis groben Sanden verlegt. Diese strukturstabilen Substrate sind aufgrund der guten Bodenluftverhältnisse für Baumwurzeln attraktive Areale, auch wenn sie unter diesen Bedingungen ein wenig artgerechtes Wur-

Tabelle 25: Bäume und Sträucher mit der Fähigkeit zur Schädigung von Belägen, beginnend mit der „aggressivsten" Gehölzart (v. EHREN, 1997)

Schadensform	Gehölzart
Schäden an Belagrändern	Eiche (*Quercus robur*) Buche (*Fagus sylvatica*) Esche (*Fraxinus excelsior*) Ulme (*Ulmus carpinifolia*)
Unterwanderung von Belägen	Pappel (*Populus spec.*) Silberweide (*Salix alba*) Gemeine Birke (*Betula pendula*) Robinie (*Robinia pseudoacacia*) Gemeine Kiefer (*Pinus sylvestris*) Sanddorn (*Hippophae rhamnoides*), an Strandpromenaden Silberahorn (*Acer saccharinum*)

zelbild entwickeln (s. Tafel 2.3). Kondensationsprozesse auf kühlen Leitungsoberflächen und Wasseraustritte bei schlechter Verlegung bzw. nach Leckagen wasserführender Leitungen erhöhen die Attraktivität für die Baumwurzeln. Zum Eindringen von Feinwurzeln genügen feine Haarrisse in korrodierten Abwasserleitungen. Einen noch weit geringeren Widerstand bieten Steckverbindungen, undichte Schweißnähte und defekte Stahl-, Beton- und Tonröhren. Betonrohre ohne Gummidichtung, kombiniert mit hohem Alter, sind am wenigsten sicher vor Wurzeln, solche mit Gummidichtung gelten als etwas widerstandsfähiger. Ein hoher Wasserdurchfluß, aggressive Chemikalien und ein Versatz der Rohre aufgrund eines schlechten Unterbaus führen zu Alterung, Sackung und Schäden an den Dichtungen. Rohre aus PVC und Glasfaser scheinen bei sicheren Verbindungen resistent zu sein. Polyethylenrohre werden nahtlos geschweißt und weisen deshalb keine Eindringmöglichkeit für Wurzeln auf. Mechanische Belastungen der Leitungen durch die Wurzel in Form von Schwingungsübertragungen, Quetschungen und Lastauflagen können zusätzliche mechanische Leitungsrisse hervorrufen.

Die eingedrungenen Feinwurzeln intensivieren unter günstigen Bedingungen ihr Wachstum und verstopfen so insbesondere Abwasserleitungen. Ist eine Wurzel in Leitungen eingedrungen, wachsen häufig meterlange, dicke Wurzelpfropfen heran (s. Tafel 15.6 und 15.8). Das Wurzelwachstum sprengt Risse, Wurzelexsudate greifen zusätzlich das Rohrmaterial an. Bei einer Umfrage in 242 schwedischen Klärwerken bestätigten 99% Leitungsschäden durch das Einwachsen von Wurzeln. Hiermit sind hohe Kosten verbunden, so allein in Malmö jährlich 6 Mill. Schwedische Kronen. Als besonders aggressiv gelten Pappel- (*Populus* spec.) und Weidenarten (*Salix* spec.).

Das Beseitigen der Wurzeln geschieht in den Leitungen mechanisch mit Messern, Stahldraht oder einem Kettenwurzelschneider. Das Abschneiden allein ist nur eine Übergangslösung, da die Wurzeln nachwachsen. Hochdruckspülungen, die in Kombination mit dem Wurzelschnitt erfolgen, können Dichtungen beschädigen und ein verstärktes Einwurzeln zur Folge haben, besonders bei Textil- oder Zementabdichtungen. Bei Schnitt von stärkeren Wurzeln können Wurzelpilze in das Wurzelsystem eindringen.

Weitere mechanische Belastungen entstehen durch Windschwingbelastungen des Baumes, Quetschungen und Bruchlasten. Diese werden über die Wurzel auf die baulichen Anlagen übertragen und können dort zerstörerisch wirken. Offensichtlich werden Schwingbelastungen verstärkt übertragen, wenn Leitungen unmittelbar über Seitenwurzeln liegen. In dieser Situation kann es durch die ruckartigen Belastungen zu Brüchen oder Rissen im Rohr bzw. zum Ermüdungsbruch an der Schweißnaht kommen. Als gefährlichste Form wird die Ausbildung einer Wurzelschlinge beschrieben, wenn ein Rohr windseitig vom Baum über Seitenwurzeln verlegt wird. Rißbildungen auf der Rohroberseite können die Folge sein. Liegt das Rohr auf der windabgewandten Seite, stützt sich der Baum bei Belastung auf dem Rohr ab, was als weniger gefährlich angesehen wird. Am sichersten erscheint die Verlegung der Leitung unmittelbar unter der Baummitte. Diesen Beobachtungen aus Praxisfällen und hypothetischen Überlegungen fehlt derzeit die wissenschaftliche Überprüfung.

Wenn die Wurzel durch Bodenverdichtung oder andere mechanische Hindernisse radial einer Leitung nicht ausweichen kann, so drückt sie gegen dieselbe. Mit zunehmendem Dickenwachstum verursacht die Wurzel Quetschungen, der Risse auf der Rohrunterseite folgen können. Bei Kunststoffrohren kann es auch zu Quetschung durch Zusammendrücken des Rohres oder durch Sackung kommen, wenn kein Schotterunterbau vorhanden ist. Ein Leitungsverschluß und Überdruck mit Bruchfolgen können eintreten.

Beschädigungen der Leitungssysteme durch Wurzeln sind von Nachteil, wenn die Betriebssicherheit der Leitungen gefährdet oder beeinträchtigt ist. So wird durch Verstopfungen die Flußgeschwindigkeit von Flüssigkeiten vermindert oder kann sogar gänzlich zum Erliegen kommen. Von größerer Bedeutung sind mechanische Beschädigungen, wenn Gase und Flüssigkeiten in den Boden gelangen und folgenschwere Kontaminationen von Boden und Grundwasser hervorrufen bzw. Baumschäden bewirken. Bei Gasaustritten traten auch bereits Explosionen auf (LUDWIG, 1993; STÅL u. a., 1995; MATTHECK u. a., 1996a, b).

6 Handlungsempfehlungen zum Wurzelschutz

Das Wurzelsystem kann seine vielfältigen Funktionen für einen Baum nur dann erfüllen, wenn es in jeder Lebensphase, entsprechend seiner individuellen Wachstumsansprüche, ausreichende Bedingungen vorfindet. Auch darf es keinen nachhaltigen Beeinträchtigungen ausgesetzt werden. Sind erst einmal Wuchsdepressionen oder sogar Schäden eingetreten, können gärtnerische und baumpflegerische Maßnahmen häufig nur noch schadensbegrenzend wirken. Auf gefährdeten Standorten kommt daher vorbeugenden Schutzmaßnahmen in der Wurzelentwicklung eine zentrale Rolle zu.

6.1 Vorbeugende Maßnahmen zur Vermeidung von Wurzelschäden

Die Vermeidung einer Wurzelschädigung ist der ideale Wurzelschutz. Vorbeugende Wurzelschutzmaßnahmen beginnen daher bereits in der Grünplanung, der Standortvorbereitung und der Pflanzung. Analog zur Kronenerziehung werden im Jugendstadium die entscheidenden Voraussetzungen für den Aufbau eines guten Wurzelsystems als Grundlage für eine vitale Gehölzentwicklung und eine erfolgreiche Etablierung am neuen Standort gegeben. Aufgrund der räumlichen Enge und der vielen konkurrierenden Nutzungen müssen Baumpflanzungen am Straßenrand daher besonders sorgsam vorgenommen werden.

6.1.1 Planung und Erstellung von Baumstandorten

Nach alter gärtnerischer Erfahrung sollten Bäume nur dort gepflanzt werden, wo ausreichend Raum zur Entwicklung vorhanden ist (FINTELMANN, 1877; HAMPEL, 1893). In der Planungsphase müssen daher zunächst alle Einschränkungen eines Standortes erkannt, die Möglichkeiten der Standortverbesserung geprüft sowie die Auswirkungen der vorgesehenen Umfeldgestaltung – gerade auch mit Blick auf die Wurzelentwicklung der Bäume – bedacht werden. Neue Pflanzstrategien und ein erweitertes Spektrum an Substraten und Baumaterialien zum Schutz und zur gezielten Steuerung des Wurzelwachstums können grundsätzlich die Wachstumsbedingungen an innerstädtischen Standorten verbessern. Auch ermöglichen sie Baumpflanzungen in bislang ungeeigneten Arealen (BALDER u. a., 1997a). Dennoch ist primär eine Baumart auszuwählen, die am Standort für einen langen Zeitraum ein gesundes Baumwachstum erwarten läßt. Eine qualitativ hochwertige Baumschulware, eine sachgerechte Pflanztechnik sowie eine fachgerechte Pflege sichern in der Anwuchsphase die vitale Gehölzentwicklung am zu begrünenden Standort.

6.1.1.1 Standortvorbereitung

Natürlich gewachsene Böden stellen in der Regel homogene Untergrundsituationen dar, hingegen haben menschliche Eingriffe vielerorts unterschiedliche, mitunter kleinräumige Veränderungen des ursprünglichen

Bodens bewirkt. Die Wachstumsvoraussetzungen sind hier für Bäume häufig unzureichend (s. Kap. 3). Zur Vermeidung von Fehlentwicklungen empfiehlt sich daher zu Beginn der Planung die kritische Analyse des zu begrünenden Standortes, z. B. mit Hilfe einer Checkliste (s. Anhang III). Hierbei muß festgestellt werden, ob der Wurzelraum eingeschränkt ist, wie der Unterboden beschaffen ist und ob Belastungen vorliegen, z. B. durch Schadstoffe, unzureichende Bodenluft oder aggressive Schaderreger. Hierbei sind Leitungspläne zum Auffinden von Ver- und Entsorgungsleitungen wichtige Hilfsmittel, Baupläne geben Hinweise auf Lage und Tiefe unterirdischer Bauwerke wie Schächte, U-Bahn-Trassen, Tunnel und Tiefgaragen. Geologische Karten liefern grundsätzliche Daten zur großflächigen Bodensituation, chemische und physikalische Bodenanalysen sowie Bodenluftmessungen ergänzen kleinflächig das Datenmaterial und zeigen im Verdachtsfall eine Schadstoffbelastung auf. Gezielte und rasterförmige Suchgrabungen geben am Bodenprofil Einblick über die klein- und großflächige Bodenzusammensetzung. Ein Schaderregerauftreten ist durch Schadsymptome am vorhandenen Vegetationsbestand und nachfolgende Spezialuntersuchungen feststellbar.

Aus den Befunden ergeben sich standortvorbereitende Schritte wie Leckschließung defekter Leitungen, Einbau von Drainagen, Aufbrechen von Bodenverdichtungen, Entsiegelung, Beseitigung von Schutt und großflächiger Bodenaustausch. Eine Gründüngung ist zur Verbesserung der biologischen Bodenaktivität, zum Abbau von Schadstoffen, zur Humusanreicherung und zur Drainierung des Bodens vor der Pflanzung zu empfehlen. Sie läßt sich jedoch bei den derzeitig engen Baustellenabläufen kaum realisieren, auch ist sie nur sinnvoll, wenn die Flächen gleichzeitig durch geeignete Schutzmaßnahmen vor nachfolgenden Beeinträchtigungen geschützt werden (Abb. 39). Insbesondere ist zu überprüfen, ob nicht grundsätzliche Standorteinschränkungen im Vorfeld der Bepflanzung beseitigt werden können, z. B. durch das Verlegen von vorhandenen Leitungstrassen in baumferne Bereiche. Dies bietet sich bei Sanierungsmaßnahmen vollständiger Straßenzüge geradezu an. Auf diese Weise können in den Innenstädten grundlegende Standortverbesserungen erreicht werden, wie sie im Rahmen einer modernen Stadtplanung gefordert werden. Dies setzt eine sorgfältige Abstimmung aller Beteiligten von Stadtplanung, Verkehrsplanung, Tiefbau, Leitungsverwaltungen und Grünplanern voraus (BALDER u. a., 1992; 1997a; BALDER, 1993b, c).

6.1.1.2 Steuerung der Wurzelentwicklung

Bäume sind in unterschiedlichem Maße fähig, ihr artspezifisches Wurzelsystem der jeweiligen Standortsituation anzupassen und bilden daher jeweils kompakte oder weitläufige bzw. oberflächennahe oder tiefgründige Wurzelsysteme aus (s. Kap. 2). Darüber hinaus wurzeln sie verstärkt in wurzelfreundliche Bereiche ein, während sie ungünstige Areale eher meiden. Diese Eigenschaft kann gezielt zur Steuerung der räumlichen Ausdehnung eines sich entwickelnden Wurzelsystemes genutzt werden, um Wurzeln bereits in ihrer Etablierungsphase von gefährdeten Bereichen (z. B. Ver- und Entsorgungsleitungen) abzuhalten, sie in optimale Wachstumsareale zu leiten oder eine schnelle Durchwurzelung von Tiefe und Fläche zu erzielen.

In der gängigen Praxis werden Straßenbäume häufig in Baumgruben gesetzt, die den sog. Blumentopfeffekt fördern. Eine Wurzelraumerweiterung ist durch gezielte Bauweisen möglich, darf aber nicht zu einer späteren Wurzelgefährdung führen. So stellen unterirdische Verbindungen der Baumscheiben in Form von Belüftungsgräben durchgehende Wurzelkanäle dar, die von allen Beteiligten im Tief- und Leitungsbau zu

Abbildung 39:
Zwischenbegrünung als standortvorbereitende Maßnahme

respektieren sind (Abb. 40). Weitere Gräben können attraktive Areale z. B. in angrenzenden Grünflächen erschließen, sofern diese nicht mit Leitungstrassen in Konflikt geraten. Alle Belüftungsgräben müssen mit grobstrukturierten, lagerungsstabilen und nährstoffarmen Substraten verfüllt sein, um ein ständig hohes Luftvolumen und ein zügiges Durchwurzeln sicherzustellen. Angrenzende Geh- und Radwege können anstelle des üblichen Mineralgemisches mit luftigen Tragschichten erstellt werden, z. B. aus Schotter oder Kiessand, wenn die bautechnischen Anforderungen dieses zulassen. Bedingung ist weiterhin die Anwendung ungebundener Tragschichten mit Pflaster-Deckschichten mit möglichst hohem Fugenanteil oder wasser- und luftdurchlässiger Baumaterialien. Wie erste Aufgrabungen von Versuchspflanzungen nach vier Vegetationsjahren belegen, wachsen Wurzeln im Jungendstadium gezielt in die Wurzelkanäle hinein. Die langfristige Eignung dieser Bauweise bedarf jedoch noch der weiteren Überprüfung (LIESECKE, 1991; 1994; BEIER, 1993).

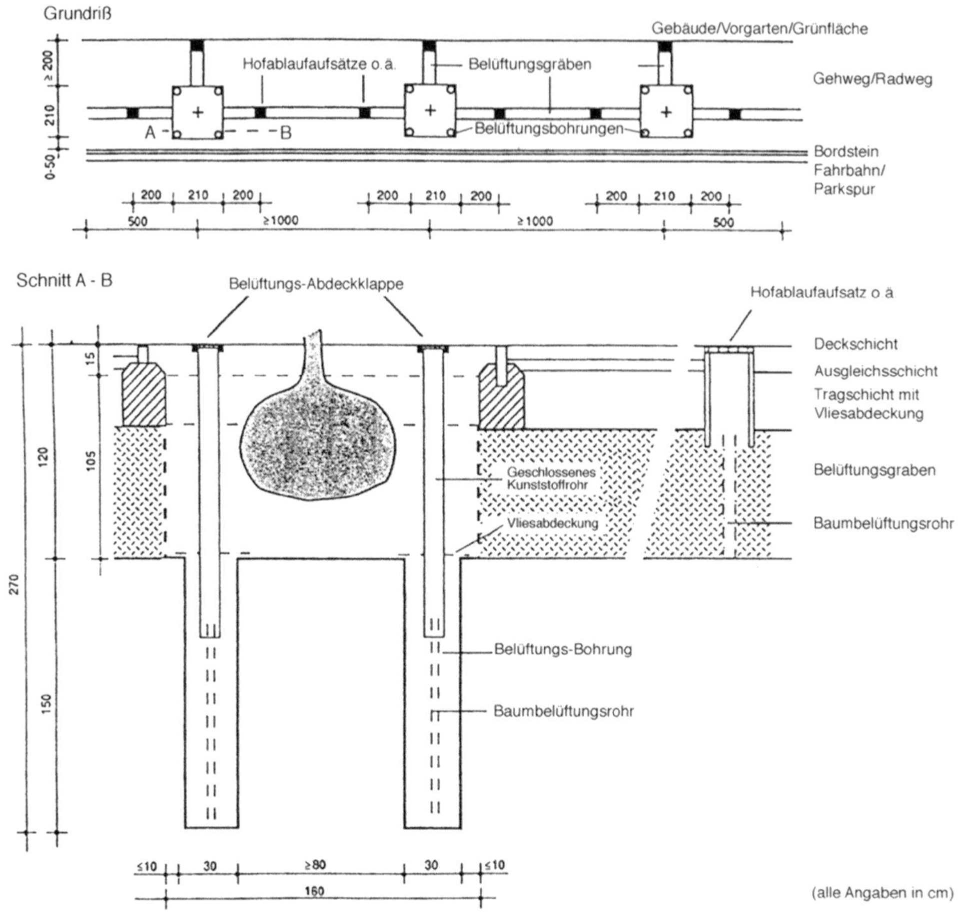

Abbildung 40: Steuerung der Wurzelentwicklung durch den Einbau von Belüftungsgräben und Belüftungsbohrungen (aus: LIESECKE, 1991)

Wurzelsysteme entwickeln sich auf verdichteten, feuchten oder sauerstoffarmen Böden oberflächennah und sind hier zahlreichen mechanischen Belastungen ausgesetzt (s. Kap. 3.6, Tafel 5.4). Auch der in der Praxis weit verbreitete zweischichtige Bodenaufbau, bei dem in der Regel nur der Oberboden organische Substanz enthält, fördert die Wurzelentwicklung nahe der Bodenoberfläche. Bei Verzicht der organischen Substanz und Verwendung eines strukturstabilen Substrates läßt sich bei einschichtiger Bauweise hingegen eine tiefergehende Durchwurzelung auf Grund der besseren Wasser- und Sauerstoffgehalte erzielen (s. Abb. 44).

Der Einbau von Trennwänden (Wurzelschirm) zwischen zu pflanzenden Jungbäumen und nicht zu durchwurzelnden Flächen soll das unerwünschte Vordringen der Wurzeln verhindern (Abb. 41), setzt aber voraus, daß die verwendeten Materialien dauerhaft sind und weder durch- noch unterwachsen werden. Auch dürfen Fugen oder sonstige Verbindungen keine Durchtrittswege für Wurzeln eröffnen. Die Trennwände sollen vermeiden, daß Wurzeln an Bauwer-

Abbildung 41: Trennwände in der praktischen Anwendung (aus: BALDER u. a., 1997a)

ken, Straßen- und Wegebelägen, Ver- und Entsorgungsleitungen Schäden hervorrufen (s. Kap. 5). Gleichzeitig schützen sie die Wurzelsysteme selbst vor mechanischer Verletzung bei technischen Arbeiten, vor Wärme bei mangelhaft isolierten Leitungen und vor Schadstoffen bei Leckagen. Auch bei kontaminierten Böden kann ein folgenschweres Einwurzeln verhindert werden, z. B. bei Neupflanzungen auf gasbelasteten Böden. In der Praxis werden Trennwände bislang aus folgenden Materialien errichtet:

- wasserundurchlässige, wurzelfeste Folien
- wasserdurchlässige Kunststofftücher (Geotextil)
- Tücher aus gewebten Kunststoffbändern
- Beton-Fertigteile
- Kunststoff-Fertigteile

Der Wirkungsgrad der jeweiligen Bauweise wurde bislang wenig untersucht. In der Praxis gilt die wurzeldichte Folie bei entsprechender Dicke (1,5 mm) ähnlich den Beton- und Kunststoff-Fertigteilen als einigermaßen stabil, doch wird auch von einem Über- und Unterwachsen der Wurzelschirme als Folge einer mechanischen Beschädigung oder Verwitterung (UV-Licht) berichtet. Gewebte Kunststofftücher werden von aggressiven Wurzeln schnell durchwachsen, hingegen scheinen nach bisherigen Beobachtungen neuartige Geotextilien bei vertikaler Einbauweise ihren Zweck zu erfüllen, nicht jedoch bei horizontalem Einbau. Insgesamt ist die Wirkung eines Wurzelschirmes abhängig von seiner Beschaffenheit, vorrangig aber von seinem Einbau: er muß stets über und unter den durchwurzelbaren Bodenbereich hinwegreichen (KOPINGA, 1992; 1994). Es besteht hierzu Forschungsbedarf, insbesondere fehlen Langzeitstudien, inwieweit mit zunehmender Standzeit des Baumes die Wasser- und Nährstoffversorgung, die Vitalität und die Standsicherheit eingeschränkt werden. Auch ist anzunehmen, daß Bäume mit zunehmender Eingrenzung einer intensiveren Kontrolle und Pflege bedürfen.

6.1.1.3 Baumpflanzkörbe

Baumpflanzungen auf versiegelten Flächen mit starker Beanspruchung wie Fußgängerzonen, Markt- und Parkplätzen sind nutzungsbedingt durch erhebliche Bodenverdichtungen beeinträchtigt. Eine bautechnische Stabilisierung des Wurzelraumes durch Beton-Fertigteile soll bereits bei der Pflanzung die Verdichtung verhindern. Hierzu werden schon seit längerer Zeit herkömmliche Brunnenringe entsprechender Größe (Durchmesser bis 3 m) in die Pflanzgrube eingebaut, wobei Bohrungen (Durchmesser ca. 5 cm) in den Wänden den Wurzeln den Durchtritt in das umliegende Erdreich ermöglichen sollen. Spezielle Baumpflanzkörbe besitzen je nach Hersteller unterschiedlich dimensionierte Durchtrittsöffnungen (s. Anhang VI). Bei allen Bauweisen sind die inneren Bodenbereiche durch freischwebende

Abbildung 42: Baumpflanzkorb vor dem Einbau (aus: BALDER u. a., 1997a)

Abdeckungen geschützt, so daß die Baumscheiben befahrbar sind, der Druck aber nicht in das Erdreich der Baumgrube weitergegeben wird (Abb. 42).

Aufgrabungen von Praxisfällen zeigen, daß auf diese Weise eine Bodenverdichtung des Pflanzsubstrates verhindert und eine gute Wurzelentwicklung ermöglicht wird. Offensichtlich finden jedoch bei nahezu geschlossenen Systemen wie Betonringen nur wenige Wurzeln die gebohrten Durchtrittsöffnungen, so daß es sich hierbei nahezu um eine geschlossene Containerkultur handelt (Abb. 43). Bei kleinkronigen Bäumen ist bei bedarfsgerechter Wässerung und Düngung durchaus für längere Zeit ein gutes Baumwachstum zu erzielen, auch wenn eine intensive Durchwurzelung und eine Ringwurzelbildung stattfinden. Größere Baumarten stoßen hingegen bereits nach wenigen Jahren an ihre Wachstumsgrenzen. Sie sind auf die größeren Durchtrittsöffnungen der Pflanzkörbe angewiesen, um sich auch das Umfeld zu erschließen. Es erscheint zweckmäßig, nicht nur ein geeignetes Substrat zur Füllung der Pflanzkörbe zu verwenden, sondern auch das Umfeld für eine mögliche Durchwurzelung vorzusehen. Daher sollten hier strukturstabile und durchlüftungsintensive Materialien analog den Belüftungsgräben zur Wurzelraumerweiterung eingebaut werden (s. Kap. 6.1.1.2). Es fehlen jedoch derzeit Untersuchungen, inwieweit ein Auswurzeln tatsächlich stattfindet und sich dieser finanzielle Mehraufwand bei Pflanzungen rechtfertigt.

6.1.1.4 Substrat

Im Produktionsgartenbau sichern definierte Qualitätssubstrate spezifischer Hersteller ein gesundes Pflanzenwachstum, im Garten- und Landschaftsbau geben Regelwerke klare Vorgaben, z. B. für einbaufertige Rasentragschichtgemische bei Sportplätzen (BISP,

Abbildung 43: Durchwachsen einer Bohrung von Betonringen (Pfeil)

1993) oder für Vegetationssubstrate bei Dachbegrünungen (FLL, 1990). Für Baumpflanzungen wurden vergleichbare Standards bislang nicht festgelegt, vielmehr sind in der Praxis unterschiedliche Verfahren in der Anwendung. Auf weitgehend ungestörten Böden und unter naturnahen Verhältnissen werden Pflanzungen häufig nur mit geringfügigen Bodenverbesserungen vorgenommen, z. B. in Parkanlagen oder in Hausgärten. Bei Straßenstandorten handelt es sich hingegen als Ergebnis langjähriger anthropogener Eingriffe um individuelle Auftragshorizonte in mehreren Schichten, da der Straßen- und Tiefbau aus seiner Sicht benötigte Füllböden und Frostschutz- bzw. Tragschichten gezielt eingebaut hat. Hinzu kommen Schuttbeimengungen, Schadstoffe und organische Substanzen. Eine gesunde Baumentwicklung ist unter diesen Bedingungen ohne Verbesserungsmaßnahmen nicht zu erwarten (s. Kap. 3).

Bislang wird in der gärtnerischen Praxis bei Baumpflanzungen auf Plätzen und an Straßen eine Pflanzgrube von meist 2 × 2 m mit einer Tiefe von 1,0 bis 1,5 m ausgehoben und mit Substraten gefüllt, die sowohl auf eine gute Nährstoffversorgung als auch auf eine nachhaltige Wasserspeicherung abzielen. Damit verbunden ist in der Regel ein zweischichtiger Bodenaufbau, allerdings enthält nur der Oberboden organische Substanz. Aufgrabungen belegen, daß bei derartiger Pflanzweise sich die Wurzeln oberflächennah entwickeln und ihnen häufig ein Eindringen in das verdichtete, versiegelte und anthropogen veränderte Umfeld nicht möglich ist (Abb. 44). Die Folge ist eine räumlich eingeschränkte Wurzelentwicklung, die zum Phänomen des sog. „Blumentopfeffektes" führt. Die Pflanzgrube hat sich demzufolge immer mehr zum Pflanzkübel oder Großcontainer entwickelt. Kritiker sehen in *„Einheits-Baumgruben eine Arbeits-*

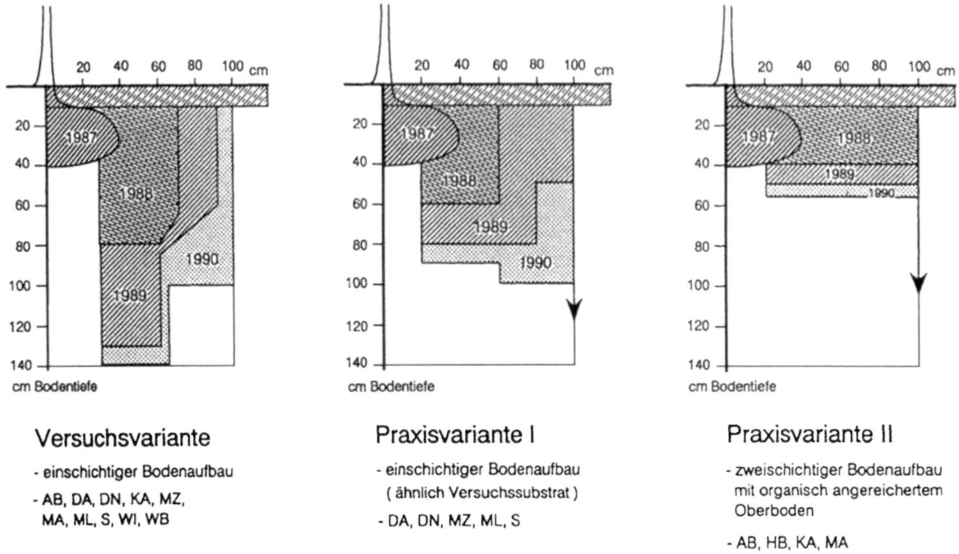

Abbildung 44: Vergleich der Wurzelentwicklung (aus: KRIETER, 1993)

beschaffungs-Maßnahme für Baumpfleger, den baum-lebenslangen Pflegefall zur Wiedererlangung der Vitalität" (MAETHE, 1996b).

Die Pflanzung von Jungbäumen muß jedoch so erfolgen, daß die lokalen Nährstoff- und Wasserquellen schnell und großräumig erschlossen werden. Hierdurch entfällt die langjährige intensive Pflege, die Standsicherheit ist meist problemlos. Dies bedingt eine schnelle Durchwurzelung des Bodens. Daher werden an Bodensubstrate von innerstädtischen Straßenbaumstandorten zwischenzeitlich veränderte Anforderungen gestellt:

- hohe Struktur- und Verdichtungsstabilität
- hoher Anteil an luftführenden Poren zur Aufrechterhaltung der Wurzelaktivitäten
- hohe Wasserleitfähigkeit zur Vermeidung von Vernässungen
- ausreichende Wasserspeicherfähigkeit zur Reduktion des Pflegeaufwandes
- ausreichende Nährstoffversorgung
- wirtschaftliche Herstellbarkeit durch Verwendung verfügbarer Stoffe und Mitverwendung örtlicher Böden

Demzufolge wird den physikalischen Eigenschaften des Bodens, die den Wasser-Luft-Haushalt bestimmen, eine herausragende Bedeutung beigemessen. Eine dauerhafte Strukturstabilität und eine ständige Luftführung sind daher Ziel verschiedener Versuchsansteller, auch wenn sich die Korngrößenverteilung in den Substratmischungen unterscheidet (Abb. 45). Beim Stand aktueller Erkenntnisse wird in den Oberbodensubstraten ein höherer Sandanteil angestrebt, in den Untersubstraten ein höherer Kiesanteil, tendenziell auf über 40 Massen%. Der Anteil an Schluff und Ton ist demgegenüber niedrig, er sollte 20 Massen% nicht überschreiten. Die Bedeutung des Tons im Hinblick auf die Austauschkapazität wird eher vernachlässigt, der erhöhte Anteil organischer Substanz als kritisch gesehen. Letzterer sollte auf etwa 3–4 Massen% begrenzt sein, um Oberflächenverdichtungen und Sackungen zu vermeiden. Ein geringer Anteil wird gewünscht, um den oberirdischen Eintrag von Schadstoffen abzupuffern und den tiefer liegenden Wurzelraum zu schützen. Im Unterboden wird ein Gehalt unter

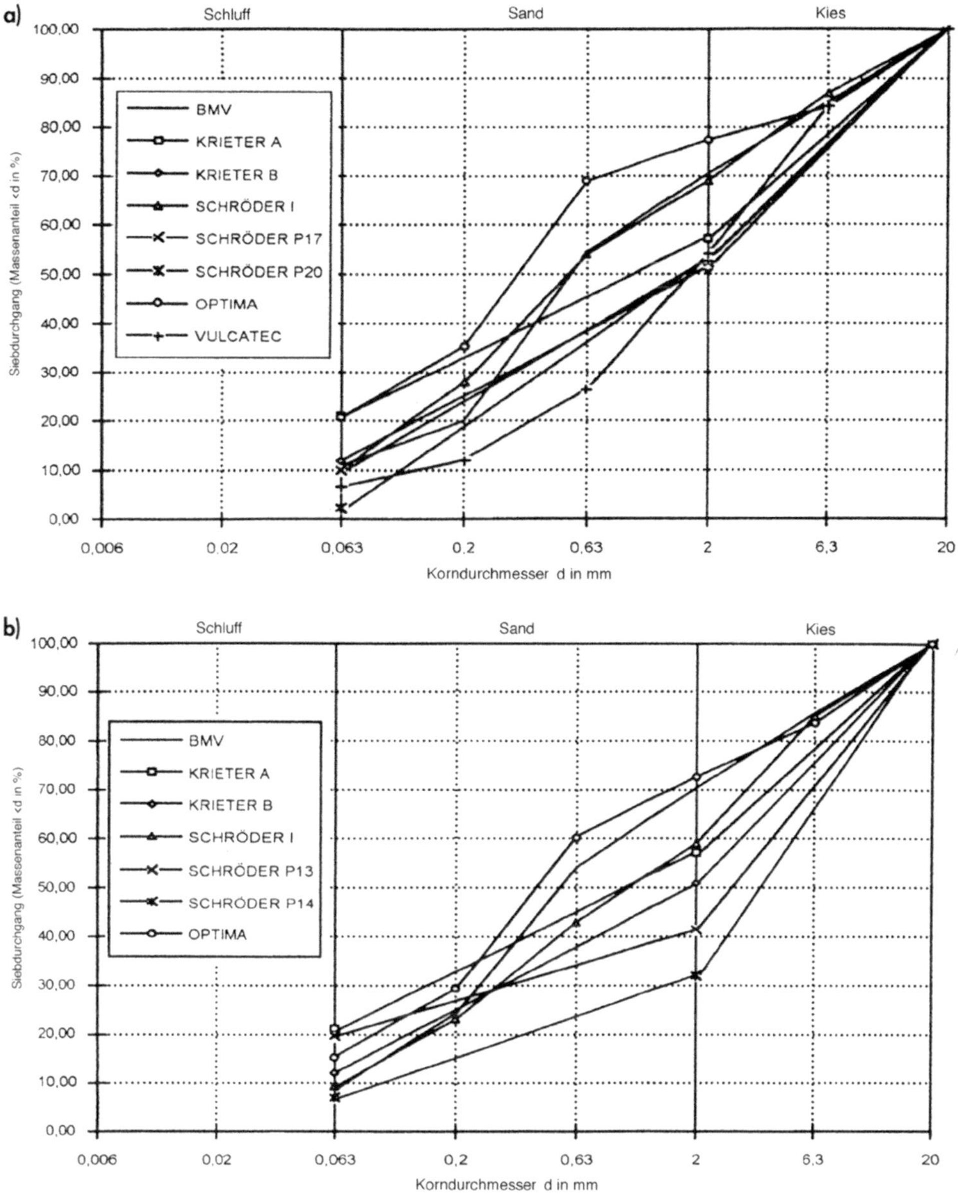

Abbildung 45: **a:** Kornverteilungskurven von Baumobersubstraten verschiedener Versuchansteller
b: Kornverteilungskurven von Baumuntersubstraten verschiedener Versuchansteller
(aus: LIESECKE, 1994)

1,5 Massen% empfohlen. Lediglich KRIETER u. a. (1989) fordern eine Substratzusammensetzung nahezu ohne organische Bestandteile.

Die Frage nach einem einschichtigen oder zweischichtigen Bodenaufbau wird kontrovers diskutiert. Offensichtlich ist weniger die grundsätzliche Unterteilung in Ober-

und Unterboden von Bedeutung, sondern vielmehr die Korngrößenzusammensetzung und der in der Praxis im Oberboden häufig zu hohe Anteil organischer Substanz, der die oberflächennahe Wurzelbildung induziert. Eine tiefere Wurzelentwicklung ist sowohl bei verändertem Substrataufbau als auch bei einschichtiger Bauweise zu erzielen (s. Abb. 44).

Aus ökonomischen Erwägungen ist die teilweise Verwendung anstehender Böden (bis zu 50 %) sinnvoll, auch erleichtert sie bei wurzelnackter Pflanzung und standortgerechter Baumartenwahl das Einwurzeln. Voraussetzung ist jedoch, daß weder wachstumsbeeinträchtigende Substanzen, falsche Bodenreaktionen (pH-Wert) noch Schadererregerpotentiale vorliegen. Auch muß die Korngrößenzusammensetzung aus den zuvor genannten Erwägungen günstig sein (KRIETER u. a., 1989; LIESECKE, 1994; BALDER u. a., 1997a; SCHRÖDER, 1997). Vorrangig auf innerstädtischen Standorten ist daher ein großflächiger Bodenaustausch sinnvoll.

Dem Substrat können zur Beeinflussung von Aktivität und Entwicklung der Wurzelsysteme **Zuschlagsstoffe** zur Verbesserung der Wasserhaltefähigkeit, der Strukturstabilität, des Luftaustausches, der biologischen Bodenaktivität, der Nährstoffversorgung sowie Hebung oder Senkung der Bodenreaktion zugesetzt werden. Sie sollen der optimalen Erfüllung der individuellen Wachstumsansprüche der zu pflanzenden Baumart dienen. Gemäß Düngemittelverordnung (1985) werden diese Produkte den Bodenhilfsstoffen oder den Düngemitteln zugeordnet. Bei den Bodenhilfsstoffen müssen die Inhaltsstoffe seitens der Hersteller nur bedingt offengelegt werden, ihre Wirkungen sind nicht in jedem Fall von neutraler Seite belegt. Die wichtigsten Bodenhilfsstoffe und ihre Einsatzgebiete sind im Anhang VIII zusammengestellt.

Nährstoffe können u. a. durch Gesteinsmehle, Komposte, Laub, Holz- oder Rindenschnitzel und Wirtschafts- bzw. Handelsdünger zugeführt werden. Lediglich bei den Handelsdüngern liegen Inhaltsangaben seitens der Hersteller vor, allerdings bedürfen die Anwendungsempfehlungen der Hersteller für Baumpflanzungen derzeit noch der weiteren Differenzierung. Insbesondere die Notwendigkeit der Düngung im Pflanzjahr wird kontrovers diskutiert, meist wird eine Düngergabe im 2. Standjahr favorisiert. Alle Nährstoffe können sowohl in rein mineralischer Form als Einzel- oder Mehrkomponentendünger als auch in organisch bzw. organisch-mineralischer Form als Volldünger gegeben werden. Während bei organischen Düngern erst durch die Aktivität von Bodenorganismen die Nährstoffe langsam freigesetzt werden, kann bei vielen Mineraldüngern exakt über die Schnelligkeit und Langzeitwirkung der Nährstofffreisetzung bestimmt werden. Auch erlauben sie die gezielte Korrektur vorhandener Nährstoffverhältnisse des verwendeten Pflanzsubstrates.

Alle Nährstoffe können durch Blattapplikation, Stamminfusion oder Bodenapplikation verabreicht werden, bei Park- und Straßenbäumen ist wohl nur die Bodenapplikation sinnvoll anwendbar. Sie kann in flüssiger oder fester Form erfolgen. Praktikabel ist insbesondere die Zufuhr von Düngern in der Pflanzphase. Zwangsläufig ist die Gabe bezüglich Nährstoffzusammensetzung und Konzentration abhängig von der Situation des verwendeten Substrates, auch ist die Wirkung abhängig von der Verfügbarkeit der Nährstoffe und der Aufnahmefähigkeit durch die individuelle Wurzelaktivität. Während in der Pflanzenproduktion in der Baumschule die Wurzelrhythmen und ihr individueller Nährstoffbedarf immer mehr berücksichtigt werden, ist im Garten- und Landschaftsbau wohl nur eine Nährstoffzufuhr bei der Pflanzung realisierbar. Dabei ist die Verwendung unterschiedlicher Dünger möglich, um bestimmte Nährstoffversorgungsstufen im Boden einzustellen (Anhang VII). Alle Angaben können jedoch bei der Heterogenität der Bepflanzungsituationen nur Anhaltspunkte sein (Tab. 26). Lediglich die

Tabelle 26: Anzustrebende Nährstoffverhältnisse im Boden innerhalb der Vegetationsperiode

Nährstoff	Konzentration mg/100 g Boden
Stickstoff (Gesamt-N)	> 10
Phosphat (P_2O_5)	20–30
Kalium (K_2O)	20–30
Magnesium (MgO)	5–8

Pflanzenanalyse kann als Summenreaktion Aussagen über die Gesamtsituation treffen. Von besonderer Bedeutung ist nach WITT (1997) die Stickstoffversorgung (s. Tafel 16):

- bei unzureichender N-Versorgung bilden sich lange und unverzweigte Wurzeln
- bei guter Versorgung (120 kg N/ha) gut verzweigte Wurzeln und eine gute Bodendurchwurzelung
- bei N-Überschuß (240 kg N/ha) entstehen lediglich kurze verzweigte Wurzeln.

Anzustreben ist daher eine harmonische Nährstoffversorgung, keine Überversorgung. Auf diese Weise kann eine intensive Durchwurzelung des Bodens bei guter Versorgung der Pflanze erzielt werden. Dies kann u. a. durch Verwendung von sog. Depotdüngern als Langzeitdünger erreicht werden, diese geben in Abhängigkeit von Bodentemperatur und Bodenfeuchtigkeit ihre Nährstoffe kontinuierlich ab (s. Anhang VII). Die von den Herstellern angegebenen Laufzeiten, die für Kulturen unter konstanten Bedingungen gelten, werden zwangsläufig an urbanen Standorten im Freiland in Abhängigkeit von Mikroklima und Jahreswitterung um das zwei- bis dreifache verlängert. Depotdünger sollten daher ausschließlich im Frühjahr im Oberboden eingemischt werden, um die Auswaschung zu vermindern. Bei ungünstigen Wetterkonstellationen ist die Freisetzung der Nährstoffe zu langsam (kalte Witterung) bzw. zu schnell (warme Witterung), so daß die Gefahr der Unter- bzw. Überversorgung, erhöhter Frostanfälligkeit und Versalzung, gegeben ist. Dennoch ermöglichen sie ein gleichmäßiges und sicheres Gehölzwachstum (BALDER, 1998).

6.1.1.5 Pflanzenqualität

Das sichere Anwachsen von Bäumen am neuen Standort setzt voraus, daß in Relation zum oberirdischen Pflanzenteil ein ausreichend großes und gesundes Wurzelsystem vorhanden ist. In der Baumschule werden daher Bäume seit jeher regelmäßig verpflanzt, um zu mehr Schwach- und Feinwurzeln im basisnahen Wurzelbereich zu gelangen. Die Forderung nach gut ausgebildeter Pflanzware ist alt, dennoch ist bis heute die Festlegung, Einhaltung und Kontrolle von Qualitätskriterien ein ständiger Diskussionspunkt. In der Praxis wurde bereits früh festgestellt, daß *„... leider in diesem Punkt noch sehr, sehr gefehlt wird, weshalb wir denn auch so vielen schlechten und krüppelhaft gebildeten Bäumen an vielen Orten begegnen"*. Als Ursache wurde schon im 19. Jahrhundert u. a. das *„leidige Submissionswesen"* und *„die unglückliche Lage des Etatjahres von April zu April"* benannt (HAMPEL, 1893).

Ein wegweisender Schritt zur Qualitätsverbesserung wurde mit der Formulierung der allgemeinen und den speziellen Gütebestimmungen durch den Bund deutscher Baumschulen (BdB) und der Forschungsgesellschaft für Landschaftsentwicklung und Landschaftsbau e. V. (FLL) für Gehölze getan, die ständig weiterentwickelt werden. In Hinblick auf die Wurzelsysteme gilt, daß

- die Bewurzelung entsprechend Art/Sorte, Alter, Bodenverhältnissen und Anzucht gut ausgebildet sein muß.
- Veredlungen gut verwachsen sein müssen.
- keine Krankheiten, Schädlinge (s. Anhang II) oder Kulturmaßnahmen vorliegen dürfen, die den Wert und die Tauglichkeit für den vorgesehenen Zweck mindern.

- die Gehölze so gesund, ausgereift und abgehärtet (akklimatisiert) zu sein haben, daß das Anwachsen und die weitere Entwicklung nicht gefährdet sind.
- bei Ballenware dieser der Art, Sorte und Größe der Pflanzen entsprechend groß und gleichmäßig durchwurzelt sein muß.
- Ballenware mit einem Ballentuch und ggf. Ballierring gesichert werden muß, wobei das Ballentuch spätestens nach $1^1/_2$ Jahren überwiegend verrottet sein muß.
- starke Ballenware mit Hilfe eines Maschendrahtes oder Drahtkorbes (unverzinkt, möglichst geglüht) gesichert werden muß.

Der Ballen muß der Art, Sorte und Größe der Pflanzen entsprechend groß und gleichmäßig durchwurzelt sein (s. Tafel 17). Aufgesplissene Wurzeln mit gespaltenem Stammansatz, einseitige Entwicklungen und ein zu geringer Anteil Faserwurzeln entsprechen nicht den Gütebestimmungen, derartige Bäume sind nicht pflanzwürdig. Das Verschulen im Anzuchtquartier muß so erfolgen, daß die baumartengerechte Pflanzhöhe im Ballen stets gegeben ist. Je nach Situation des Produktionsstandortes variiert die Form des Wurzelballens: verdichtete und wenig entwässerte Böden ergeben einen flacheren Wurzelballen. Ferner hat die auf der Bodenart beruhende unterschiedliche Entwicklung der Wurzeln einen direkten Einfluß auf die Notwendigkeit des Verpflanzens, so daß auch längere Verpflanzintervalle nicht zwangsläufig das Anwachsrisiko erhöhen (KRÜSSMANN u. a., 1997; LEHR, 1997).

Containerpflanzen, die im Vergleich zu Freilandbäumen um ein mehrfaches feinere Wurzeln besitzen, dürfen keine Ringwurzeln gebildet haben (s. Tafel 17.2). Eine Drehwurzelbildung wird auch bei Wurzelballen in neuartigen Gewebebehältern (Root Control Bags) beobachtet, so daß die Standfestigkeit erheblich eingeschränkt sein kann. Andererseits ähnelt ein derartig produzierter Ballen guten Freilandballen, die Wurzelmasse ist etwa gleich, obwohl das Volumen etwa 50 % kleiner ist. Kritisch wird auch das umständliche Entfernen des Sackes und die langsame Verrottung gesehen (MAETHE, 1996a).

Eine aktuelle Umfrage zur Baumschulqualität hat eklatante Mängel gerade auch im Wurzelbereich (ungenügendes Verpflanzen, zu geringer Feinwurzelanteil, Kunstballen) ergeben, so daß eine erneute Verschärfung der Gütebestimmungen bei gleichzeitiger Sicherstellung der Pflanzenqualität durch ein Gütesiegel gefordert wird (MAETHE, 1996c). In der Diskussion befinden sich wichtige Qualitätskriterien (Tab. 27), die es ermöglichen sollten, die derzeitigen ungenauen Formulierungen durch eine präzise Festlegung der Anforderungen an die Wurzel zu ersetzen. Die bislang übliche Angabe der Verpflanzhäufigkeit als Qualitätskriterium wird in der Praxis als wenig geeignet angesehen, da auf der Baustelle keine anwendbaren Nachweisverfahren zur Verfügung stehen. Auch eine Jahrringanalyse kann nicht immer

Tabelle 27: Gütekriterien einer „pflanzaktiven" Wurzel (aus: MAETHE, 1996c; verändert)

Gütekriterium	Einstufung und Festlegung
Kappungsdurchmesser der Wurzeln	artabhängig festlegbar
Wurzelverteilung	gleichmäßig in Breite und Höhe
Feinwurzelanteil	artabhängig quantifizierbar
Ballenform	entsprechend der natürlichen Wurzelform
Wurzelgeflecht	artgerecht dicht festlegbar
Wurzelverlust	in bestimmten, festzulegenden Grenzen

zweifelsfrei die Verpflanzhäufigkeit ermitteln (LESNINO u. a., 1996).

Zunehmend wird bei der Frage nach der Qualität auch die Bedeutung der Autochthonie diskutiert, d. h. ob die aus der Region stammenden Gehölzarten in ihrem Anwachsverhalten denen von überregionaler Herkunft überlegen sind. In der Forstwirtschaft wird seit langer Zeit auf die Herkunft des Saatgutes und der Jungpflanzen Wert gelegt, da bei definierter Ware gezielt Eigenschaften wie Wuchsverhalten, Austriebszeitpunkt oder Resistenz Berücksichtigung finden (Forstl. Saat- und Pflanzgutgesetz, 1979). Der Handel mit Baumschulpflanzen wird hingegen zunehmend internationaler, d. h. Herkunft und Eigenschaften der Gehölze immer weniger nachvollziehbar. Dies ist nicht nur mit der Gefahr der Verschleppung von Schaderregern und einer geringen Akklimatisierung verbunden, sondern auch mit einem weiteren Verlust an innerer Resistenz. Erste Untersuchungen bestätigen diese Annahme: im Vergleich zu herkunftsfremden Gehölzen ist das Anwachsergebnis für autochthone Gehölze deutlich höher, der Ausfall in den ersten Standjahren wesentlich geringer (MARZINI, 1997). Demnach besteht Forschungsbedarf, um die Vorteile autochthoner Herkünfte zweifelsfrei zu belegen und für die Baumschulpraxis sowie Pflanzenverwendung klare Handlungsempfehlungen festzulegen.

Neben der unmittelbaren Anzuchtqualität ist das Vermeiden einer mechanischen Beschädigung sowie Witterungsstreß der Wurzeln durch eine sachgerechte und schonende Vorgehensweise beim Roden und Ballieren der Bäume, bei der Lagerung und beim Transport von Bedeutung. Die alten Stadtgärtner bevorzugten daher Gehölze aus eigener Produktion, da *„die Gefahren, welchen die Pflänzlinge bei weiterem Transport ausgesetzt sind, bei der Selbstanzucht in der Nähe der Verwendungsstelle erheblich geringer, ja, bei einiger Vorsicht, sogar gänzlich zu vermeiden"* sind (FINTELMANN, 1877). Moderne Verfahren haben die Möglichkeiten zwischenzeitlich erweitert, dennoch hat die damit einhergehende Mechanisierung vieler gärtnerischer Arbeiten sowohl in der Baumschule als auch im Garten- und Landschaftsbau, die Verwendung größerer Solitärgehölze sowie die wesentlich längeren Transportwege dazu geführt, daß in der aktuellen Praxis zunehmend Transportschäden auftreten. Nur eine fachgerechte Bauleitung, insbesondere die konsequente Qualitätskontrolle der angelieferten Baumschulware kann hier Abhilfe schaffen, z. B. mit Hilfe einer Checkliste (s. Anhang IV). (BALDER, 1993d; BALDER u. a., 1996a).

6.1.1.6 Pflanztechnik

Die Pflanztechnik umfaßt den sorgsamen Umgang mit der Pflanzware, die artabhängige Pflanzzeit, die fachgerechte Pflanzhöhe sowie Wurzelbehandlungen, um bei der Pflanzung durch eine fachgerechte Vorgehensweise die ungestörte Weiterentwicklung der Bäume zu gewährleisten. Die Baustellenabwicklung ist daher als vorbeugende Maßnahme in Planung und Ausführung baumgerecht vorzunehmen.

Dies bedingt nach DIN 18916 zunächst, daß nur qualitativ hochwertige Baumschulware verwendet und während der Lagerung und des Transportes keine Schäden, insbesondere auch des Wurzelsystems, hervorgerufen werden (s. Kap. 6.1.1.5). Grundsätzlich können Bäume wurzelnackt, mit Ballen oder als Containerware gepflanzt werden, wenn die spezifischen Abhängigkeiten beachtet werden. Lediglich die wurzelnackte Lieferung erlaubt die genaue Untersuchung des Wurzelsystems auf Schäden und Mängel. Negativ ist hierbei die Empfindlichkeit gegenüber Trockenheit, bei schattiger und feuchter Lagerung ist jedoch ein gleich gutes Anwachsen zu erwarten. Auch die Ballen- und Containerware muß stichprobenhaft auf ihre Qualität hin untersucht werden.

Zentrale Frage bei der Pflanzung sind die endogenen und exogenen Einflußfaktoren der Wurzelregeneration an den Kappungsstellen. Da bei der Rodung eines Gehölzes in der Baumschule lediglich 3,8–8,5% des Wurzelsystems im Wurzelballen verbleiben (WATSON, 1994), ist die schnelle Neubildung von Saugwurzeln Voraussetzung für die ungestörte Wasserversorgung des Baumes. Ziel muß daher sein, durch die individuell günstige Pflanzzeit und durch fördernde Maßnahmen eine schnelle Wurzelregeneration zu ermöglichen. Aus diesem Grunde wird schon seit jeher empfohlen, die Wurzeln ballenloser Gehölze mit einem scharfen Messer vor dem Pflanzen nachzuschneiden, in einem gewissen Rahmen ist dies auch bei Ballenware umsetzbar. Durch den scharfen Schnitt findet eine verbesserte Wurzelneubildung statt, der Wiederaustrieb ist im späten Frühjahr am intensivsten (s. Kap. 4.1.2). Gebrochene und verletzte Wurzelteile sind zu entfernen. Bei Verwendung von Containerware müssen der Ballen vorsichtig gelokkert und die Ringwurzeln entfernt werden. In der landschaftsgärtnerischen Praxis findet ein Wurzelschnitt kaum noch statt.

In Bezug auf die richtige oder besser geeignete **Pflanzzeit** der jeweiligen Gehölze liegen detaillierte Empfehlungen lediglich aus älterer Fachliteratur vor, wissenschaftliche Untersuchungen hierzu gibt es bis heute nicht (Tab. 28). Die Bedeutung der Jahreszeit wurde schon früh erkannt: *„Um das beste Resultat in den Anpflanzungen zu erreichen, kommt es darauf an, die richtige Pflanzzeit zu wählen, nur gut ausgebildete Bäume zu verwenden, diese auf das beste zu pflanzen und zu pflegen."* (MEYER, 1872; zit. bei HAMPEL, 1893). Allgemein gilt, daß laubabwerfende Gehölze, wurzelnackt oder mit Ballen, in der Wachstumsruhe – bei günstiger Witterung auch im Winter – gepflanzt werden, bei Kühlhausware auch darüber hinaus; Topf- und Containerpflanzen können ganzjährig verwendet werden. Das Pflanzen wurzelnackter Gehölze bei Frost ist mit der Gefahr des Erfrierens verbunden und daher zu vermeiden.

Die Dauer der Pflanzzeit im Herbst hängt von der Witterung und den Bodenverhältnissen ab, hier besteht die Gefahr, daß die Wurzeln in dem zunächst noch lockeren Boden hochfrieren und später Trockenschäden erleiden. Auf leichten Böden bilden sich im Herbst bei günstiger Witterung schnell Haarwurzeln, so daß die Wasserversorgung im Frühjahr gesichert ist. Auf schweren, kalten und nassen Böden hingegen ist die Frühjahrspflanzung vorzuziehen, da vielfach Feinwurzelschäden infolge Staunässe entstehen. Für empfindliche Gehölze, vorrangig die mit dicken fleischigen Wurzeln, ist die Frühjahrspflanzung günstiger (s. Tab. 28). Dies gilt auch für kalte Nordlagen und dem Wind ausgesetzte Freiflächen. Trockener Frühjahrswind entzieht den Faserwurzeln

Tabelle 28: Empfohlene Pflanzzeiten für Straßenbäume (HAMPEL, 1893; BLAUERMEL, 1982; LEHR, 1997)

Herbstpflanzung	Frühjahrspflanzung	Beim Austrieb
Acer, Ausnahme: *Acer negundo*	*Ailanthus*	*Betula*
Aesculus, besser im Frühjahr	*Castanea*	*Carpinus*
Alnus, besser im Frühjahr	*Crataegus*	*Fagus*
Fraxinus, besser im Frühjahr	*Fagus*	*Juglans*
Populus	*Gleditschia*	*Platanus*
Sorbus, besser im Frühjahr	*Juglans*	*Quercus*
Tilia, Ausnahme: *Tilia tomentosa*	*Morus*	*Robinia*
Ulmus	*Platanus*	
	Quercus	
	Robinia	

die Feuchtigkeit. Das Verpflanzen kurz vor dem Austrieb bedeutet Wachstumsstillstand, besonders bei schwer austreibenden Bäumen so lange, bis die neue Wurzelbildung erfolgt ist. Auf diese Weise können Gehölze vor Spätfrösten bewahrt werden. Baumpflanzungen in Gebirgslagen sollten grundsätzlich im Frühjahr erfolgen, da so die Schädigung durch Schneedruck und Frosthebung ausgeschlossen werden kann. Eine Frühjahrspflanzung gerät andererseits leicht in Zeitnot, wenn nach strengen Winterfrösten oder nach nassem Frühjahr erst spät mit den Pflanzarbeiten begonnen werden kann und bei warmer Witterung die Gehölze schnell austreiben (FINTELMANN, 1877; HAMPEL, 1893; BLAUERMEL, 1982; LEHR, 1997).

Beim Bezug der Baumschulware ist als vorbeugende Maßnahme auch eine Abstimmung der **Balleneigenschaften** auf die zu bepflanzenden Standorte zu empfehlen, um die Auswirkungen des Verpflanzschockes zu vermindern. Bei Kapillarbruch zwischen Ballensubstrat und umgebenden Erdreich treten häufig Probleme in der Wasserversorgung auf, da ein lehmiges Umfeld einen sandigen Ballen austrocknet. Gleichzeitig wird ein Sandballen in dieser Pflanzsituation bei Wasserzufuhr schnell einer Staunässe ausgesetzt, während ein trockener Lehmballen in einem sandigen Umfeld kaum Feuchtigkeit aufnimmt (Abb. 46). Grundsätzlich dürfen Ballenpflanzen nie mit trockenem Ballen gepflanzt werden, sie sind wegen der langsamen Aufnahme von Feuchtigkeit in den Ballen aus dem umgebenden Erdreich vorher anzufeuchten. Die sich neu bildenden Wurzeln einer Ballenware dringen bei sandigem Umfeld schnell in das Erdreich vor, mit zunehmendem Lehmanteil nehmen die Scherkräfte jedoch zu, so daß das Auswurzeln langsamer und auf schweren Böden nur oberflächennah erfolgt (s. Tafel 18) (BALDER u. a., 1996c; 1998a).

Die Pflanzgrube ist im Normalfall so vorzubreiten, daß die flächenhafte Wurzelausbreitung gefördert wird. Daher sind Beeinträchtigungen zu erkennen und zu beseitigen, z. B. Bodenverdichtungen durch Auflockerungsmaßnahmen und stauende Nässe durch den Einbau von Drainagesets. Ihr Einbau muß so vorgenommen werden, daß die Ableitung des im System angesammelten Wassers sichergestellt ist, u. a. durch Gefälle und durch den Anschluß an einen Vorfluter. Die Grubenwände dürfen nicht gerade abgestochen werden, da ein unregelmäßiger Rand eine bessere Verzahnung mit dem anstehenden Boden ermöglicht. Auf diese Weise kann dem Blumentopfeffekt entgegengewirkt werden.

Zur Versorgung der Jungbäume mit Nährstoffen, Sauerstoff und Wasser ist der zusätzliche Einbau von geeigneter Technik möglich. Am Grubenrand sollen spezielle Systeme aus strukturstabilen Materialien (Lecadan-Schnorchel u. a.) der Be- und Entlüftung des Wurzelsystems dienen. Ringleitungen aus flexiblen Kunststoffrohren, auf die Baumbelüfter mit senkrechter Führung an die Bodenoberfläche gesetzt werden, ermöglichen neben der Be- und Entlüftung auf versiegelten Flächen auch die Zufuhr von Wasser und Flüssigdüngern. Die Rohre werden mit Kies ummantelt, um Verstopfungen durch Bodenteilchen oder Wurzeln (s. Tafel 15.8) entgegenzuwirken, und zur Sicherstellung ihrer Funktion auf Höhe des oberen Ballendrittels eingebaut. Bei zu starker Windbewegung in den Sets besteht jedoch die Gefahr von Trockenschäden, auch kann bei häufiger Benutzung eine dauerhafte Bodenschädigung durch Pseudovergleyung ein Absterben der Feinwurzeln bewirken. Dringen Wurzeln in die Rohre ein, vertrocknen sie bei unzureichender Wasserversorgung und verstopfen mit der Zeit die Systeme. Aus diesem Grunde wird der Einbau derartiger Bewässerungssysteme bei Baumpflanzungen in Grünanlagen, Parks oder außerstädtischen Straßen als sehr kritisch gesehen und der Schaden größer als ihr Nutzen eingeschätzt (HÖSTER, 1993; BALDER u. a., 1997a).

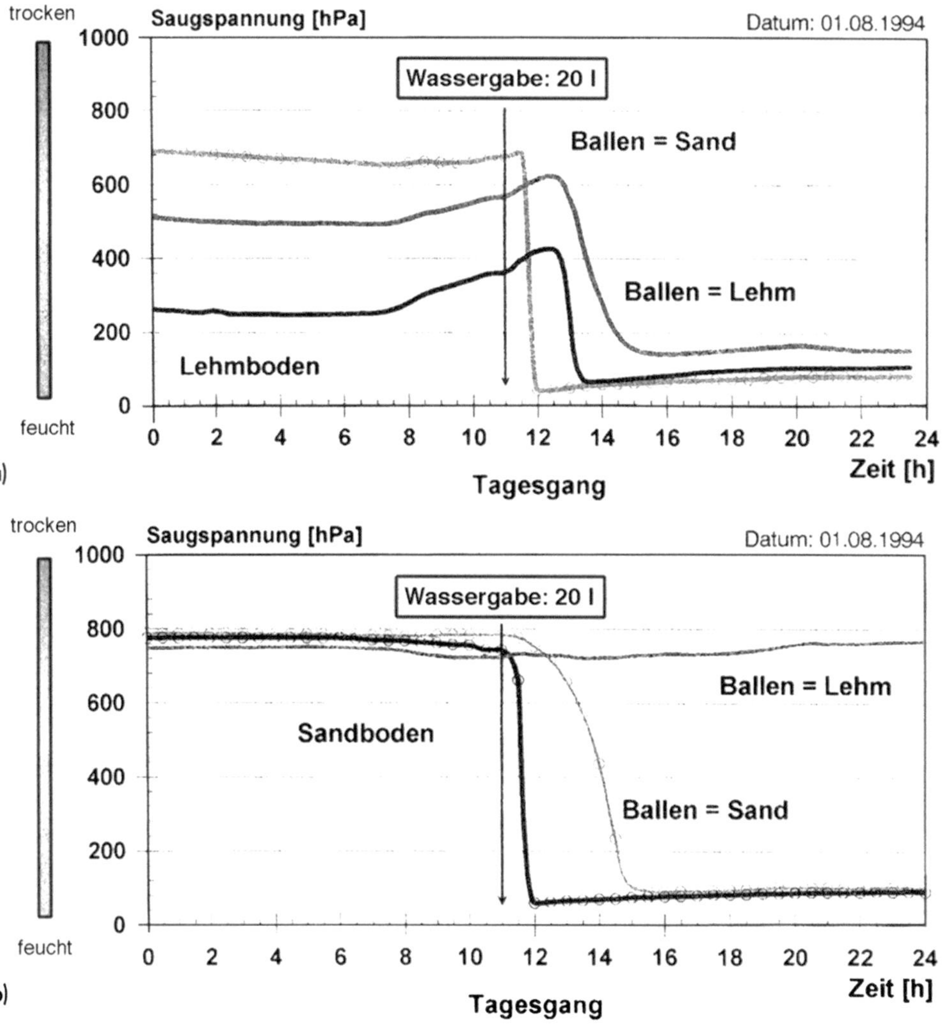

a)

b)

Abbildung 46: Wasserspannungskurven bei Wassergaben in unterschiedlichen Wechselkombinationen von Wurzelballen und Umgebungssubstrat
a) Lehmboden
b) Sandboden
(BALDER und STRAUCH, unveröffentlicht)

Beim Setzen der Gehölze in den Boden muß je nach Pflanzenbeschaffenheit unterschiedlich vorgegangen werden: wurzelnackte Bäume sind so zu pflanzen, daß die Wurzeln ihrer individuellen Entwicklung entsprechend gleichmäßig verteilt werden und die Zwischenräume des Wurzelsystems mit Substrat gefüllt sind. Ballenpflanzen sind von Ballentüchern und Verdrahtungen möglichst zu befreien, zumindest sind diese zu lösen und auf den Grubenboden zu drücken, um späteren Einschnürungen an Wurzel und Stamm vorzubeugen. Dies empfiehlt sich auch für verrottende und schnellrostende

Materialien, da auf diese Weise von Beginn an ein ungestörter Kontakt zwischen Ballen und Substrat gegeben ist. Ferner ist der Baum im Pflanzloch auszurichten, d. h. der Baum muß mit Weitblick so gesetzt werden, daß insbesondere die tieferen Äste nicht unmittelbar zu Sichtachsen oder ins Lichtraumprofil ragen bzw. wachsen, wo sie schon bald Schnittarbeiten erfordern.

Von besonderer Bedeutung ist die Einhaltung der optimalen **Pflanztiefe**, da ein zu tiefes Pflanzen eine dauerhafte Wachstumsbeeinträchtigung oder ein Absterben des Baumes bewirken kann. Die Folgen sind bei schweren Böden besonders gravierend. Als Reaktion können sich Ausschläge aus basalen Adventivknospen bilden, desweiteren schwache Adventivwurzeln aus den unterirdischen Stammteilen. Die ursprünglichen Wurzeln werden von Wurzelparasiten befallen, die sich neu bildenden Wurzeln wachsen häufig zur Bodenoberfläche mit der Gefahr der mechanischen Verletzung oder führen zur Spiralwurzelbildung. Zusätzlich können am Stamm infolge geringerer Energiereserven Sonnenbrand und Frostrisse auftreten (SHIGO, 1994). Der oberirdische Trieb fällt deutlich vermindert aus (Abb. 47). Die aktuell propagierte unteridische Verankerung von frisch gepflanzter Ballenware fördert leider die Gefahr der Tiefpflanzung, auch dürfte sie den Jungbaum nur bedingt zur Ruhe stellen.

Die Korrektur der Pflanzhöhe ist zu einem späteren Zeitpunkt nur bedingt sinnvoll, da bereits irreparable Schäden eingetreten sein können. Die Pflanzung eines Baumes muß daher so erfolgen, daß nach Setzung des Bodens von meist 10 bis 15 cm die Wurzeln sich in natürlicher Lage befinden, was der ursprünglichen Standhöhe aus der fachgerechten Anzuchtphase entspricht. Demnach

Abbildung 47: Baumreaktionen nach zu tiefer Pflanzung
1 = normaler Trieb, 2 = 10 cm Überfüllung, 3 = 30 cm Überfüllung

genügt es, wenn die oberen Wurzeln 2 bis 3 cm mit Substrat bedeckt sind. Das gilt besonders für samenvermehrte Gehölze und auf kalten Standorten wegen der besseren Bodenerwärmung. In leichten Böden wird der Wurzelhals einige Zentimeter unter das Niveau des Bodens gebracht, in mittelschweren und schweren, oft übermäßig feuchten muß er mit der Erdoberfläche gleich stehen oder auf Hügel gesetzt werden. Im Zweifelsfall ist der Baum lieber etwas höher zu stellen. Lediglich die Baumgattungen Pappel und Weide sollten tiefer gepflanzt werden, als sie vorher gestanden haben (BLAUERMEL, 1982). Die nahezu ausschließliche Verwendung größerer Solitärgehölze mit Ballen hat offensichtlich zur Folge, daß in der Praxis häufig zu tief gepflanzt wird, nach SHIGO (1994) ein weltweites Problem. Auch ist wohl viel an alter gärtnerischer Erfahrung abhanden gekommen (POLCZYNSKI u. a., 1995).

Zum Ausgleich der durch den Pflanzvorgang bedingten Wurzelverluste muß ein Pflanzschnitt durch Rückschnitt oder Auslichten vorgenommen werden, um nachfolgendem Wasserstreß und einer erhöhten Prädisposition gegenüber Schaderregern vorzubeugen. Die Krone sollte daher je nach Baumart auf $^2/_3$ bis $^1/_2$ reduziert werden (BLAUERMEL, 1982). Diese physiologische Notwendigkeit sollte mit Weitblick mit dem gleichzeitigen Aufbau eines standortbezogenen stabilen Kronengerüstes verbunden werden, welches in der späteren Baumpflege wenige und nur baumbiologisch verträgliche Schnittarbeiten erwarten läßt. Konkurrenztriebe, zu dicht stehende Äste und Zweige werden ganz entfernt oder bis auf die nächste Verzweigung geschnitten. Am Straßenstandort können gezielt Äste zum Aufbau des Licht- und Verkehrsraumprofiles entfernt werden. Der Leittrieb wird nur bei Beschädigung artgerecht geschnitten, ansonsten werden Äste bis an den Stamm entfernt oder Teile von Ästen bis an die nächste Verzweigung herausgeschnitten.

6.1.1.7 Baumschutzeinrichtungen

Baumstandorte mit unversiegelten Wurzelbereichen müssen, insbesondere auf Plätzen und am Straßenrand, vor Bodenverdichtungen durch Tritt und Befahren, mechanischen Verletzungen sowie den Eintrag von Schadstoffen (Streusalz, Hunde-Urin, Öl u. a.) durch gestalterische und technische Maßnahmen geschützt werden (BLAUERMEL, 1982). Verschiedene Systeme bieten sich an (s. Tafel 19):

- Der unmittelbare Wurzelhals kann durch einen Anstrich mit einem Wundverschlußmittel oder mit Hilfe von Stammanschetten aus Pappe, Kunststoff, Metall o. ä. vor der Kontamination mit phytotoxischen Substanzen geschützt werden. Eine Schädigung der Wurzeln im Boden wird jedoch hierdurch nicht verhindert. In Abhängigkeit von der Materialbeschaffenheit ist auch der Schutz vor mechanischer Verletzung gegeben.
- Baumpfähle und Verankerungsböcke bieten neben der Stabilisierung der Baumpflanzung auch einen Schutz vor Bodenverdichtung und mechanischer Verletzung. Zusätzliche Blenden aus Holz, Kunststoff, Metall oder Pappe verhindern gleichzeitig den Schadstoffeintrag.
- Eine Baumscheibe kann durch den Einbau des sog. „Hamburger Baumbügels", durch einfache Holz- bzw. Metallpfähle oder durch Beton-Poller vor dem Befahren mit Kraftfahrzeugen bewahrt werden. Das Betreten und der Eintrag von Stoffen ist nach wie vor möglich.
- Die Einfassung der Baumscheibe durch Hochborde, niedrige Mauern, Sitzbänke o. ä. verhindert je nach Bauweise das Befahren und Betreten. Darüber hinaus ist ein gewisser Schutz vor Streusalz gegeben, meist jedoch nicht vor Hunde-Urin.
- Mulchmaterialien zur Baumscheibenabdeckung adsorbieren bedingt die eingetragenen Schadstoffe, vermindern die Bodenverdichtung bei Belastung und

schützen teils die Wurzeln vor mechanischer Verletzung.
- Als Alternative kann eine Begrünung der Baumscheibe erfolgen, u. a. mit Stauden, Rosen oder Bodendeckern. Da diese ebenfalls der lokalen Belastung ausgesetzt ist, ist sie entsprechend individuell auszuwählen und zumindest in der Anwuchsphase selbst durch geeignete Schutzmaßnahmen besonders vor mechanischer Beschädigung zu bewahren. Ferner ist die Nährstoff- und Wasserkonkurrenz zu den Jungbäumen zu berücksichtigen.

All diese Schutzvorrichtungen bedürfen der individuellen Pflege und Nachbesserung, damit ihre Funktion auf Dauer erhalten bleibt. Ihr nachträglicher Einbau ist in den ersten Jahren nach der Pflanzung meist gefahrlos möglich, dann steigt hingegen die Gefahr der Wurzelschädigung durch mechanische Verletzung oder Überfüllung.

6.1.1.8 Wurzelschonende Versiegelung

An zahlreichen innerstädtischen Baumstandorten ist aus gestalterischen und nutzungsbedingten Gründen eine Bodenversiegelung unverzichtbar. Die hieraus resultierenden Auswirkungen auf den Wasserhaushalt und die Bodenluft mit Folgen für die Wurzelentwicklung von Bäumen sind zwischenzeitlich erkannt (s. Kap. 3.2 und 3.3). Eine Versiegelung muß daher so konzipiert werden, daß die nachfolgenden Beeinträchtigungen möglichst gering bleiben. Die Wasserdurchlässigkeit des zu wählenden Belages sollte daher möglichst hoch sein, setzt jedoch voraus, daß das im Wurzelbereich zu versickernde Oberflächenwasser keine phytotoxischen Bestandteile enthält und der Unterboden die Wassermengen zügig abführt. Daher sind Abflüsse z. B. von Verkehrsflächen und belasteten Industrieflächen in jedem Fall der Kanalisation zur Klärung zuzuleiten.

Bislang vorliegende Untersuchungen zur Durchlässigkeit von Belägen wurden außerhalb von Baumstandorten durchgeführt, ihre Erkenntnisse dürften aber größtenteils übertragbar sein. Die Wasserdurchlässigkeit ist abhängig von der Art ihrer Befestigung, d. h. von den Eigenschaften des Belages und von der Beschaffenheit des Unterbaus. Entgegen einer weitverbreiteten Meinung sind wassergebundene Wegedecken nur wenig wasserdurchlässig. Eine effektive Wasserdurchlässigkeit einer Bodenversiegelung kann vielmehr auf folgendem Weg erzielt werden:

- Bodennahe Bauweise
  - Sand-Schotter-Decke
  - Rindendecke
  - Schotterrasen
- Armierte Rasenbauweise
  - Rasenziegel
  - Rasengittersteine
- Bauweise mit Fugenverbreiterung
  - Pflaster und Platten mit/ohne Abstandhalter
  - Fugenpflaster
- Bauweise aus Dränbaustoffen
  - Sickerpflaster
  - Drän-Asphalt

Die jeweiligen Bauweisen haben unterschiedliche Eigenschaften, ihre Einsatzbereiche sind von der Nutzung der Flächen abhängig. So zeichnen sich grasbedeckte Flächen zwar durch niedrige Abflußbeiwerte und eine hohe Wasserspeicherung aus, geben aber kaum Wasser an den Untergrund ab (Tab. 29). Mit der Benutzungsdauer zeigen insbesondere Rasenverbundsteine und Pflasterrasen eine deutliche Verringerung im Porenvolumen, eine verminderte Wasserspeicherfähigkeit und eine Zunahme an Verdichtung. Armierte Rasenflächen unter Verwendung von z. B. Rasenziegeln, Rasengitter- oder Pflastersteinen haben einen Anteil von 30 bis 40 % durchbrochener Fläche, durch den Einbau von notwendigem Bo-

Tabelle 29: Versickerungsfreundlichkeit verschiedener Belagsarten bei Regenspenden bis 80 l/(s · ha) (Berliner Wasserwerke, 1984, verändert; in: SF-Kooperation GmbH, 1994)

Pflasterart		Versickerung/Niederschlag in %
Betonverbundsteine	– Knochenform, normal	26–75
	– mit Sperrschicht	76–100
	– Noppenform	26–75
Klinkersteine		26–75
Gummisteine		26–75
Mosaiksteine	– Bernburger	26–75
	– Granit mit Sperrschicht	76–100
	– Granit, Kunststeinplatten	76–100
Wasserdurchlässiger Asphalt		25–50
Rasengittersteine mit Rasenansaat		26–75
Rollrasen		0–25
Unbefestigte Sandfläche		26–75

densubstrat und der sich entwickelnden Grasnarbe wird jedoch die Durchlässigkeit erheblich eingeschränkt. Diese Systeme sind daher für Baumstandorte wenig geeignet.

Ziel muß nicht nur die Wasserspeicherung, sondern mit Blick auf die Versorgung des Baumes eine Flächenversickerung mittels durchlässiger Oberfläche sein. Dies kann erzielt werden durch

- spezielle Materialmischungen mit erhöhtem Porenvolumen, z. B. Dränsteine oder wasserdurchlässige Beläge (Abb. 48),
- Spezialprodukte mit Sickeröffnungen oder Kammern,
- einen erhöhten Anteil an aufgeweiteter unbegrünter Fugenfläche.

Laborversuche mit Betonpflaster haben gezeigt, daß sich mit einem Anteil an Fugen und Sickerfläche von 10 % Niederschlagswasser von 200 l/s und ha abflußfrei versikkern läßt, was den Anforderungen der ATV (1990) bezüglich Durchlässigkeit von Oberflächenmaterialien bei einer Flächenversikkerung entspricht. Pflasterbett und Füllmaterial der Fugen sollen möglichst aus gleichem grobem Substrat aufgebaut sein, ein Splitt 2/5 mm erscheint daher sehr geeignet (Abb. 49). Letztlich ist die Tragschicht von Bedeutung: der Tragschichtbaustoff sollte möglichst grob (Körnung 1/45 mm bzw. 2/56 mm) ohne Feinstanteil beschaffen sein und mit geringer Verdichtung eingebaut werden. In Abhängigkeit von der Nutzung sollte zugunsten der Wurzelentwicklung eine geringe Erhöhung der Frostempfindlichkeit und eine Reduzierung der Tragfähigkeit des Baugrundes in Kauf genommen werden (Borgwardt, 1994; SF-Kooperation, 1994; Eppel, 1996).

Als weitere Möglichkeit bietet sich der Überbau von vorhandenen Wurzelsystemen an, z. B. mittels freischwebender Konstruktionen oder spezieller Wurzelbrücken (Abb. 50 und 51; s. Anhang VI). Diese Fertigteile werden meist auf Punktfundamenten montiert und können dauerhaft die Wurzeln überspannen, Fugen und Gitter ermöglichen die Versickerung von Niederschlagswasser und den Gasaustausch. Je nach Konstruktion sind sie für unterschiedliche Belastungen geeignet. Diese Systeme haben darüber hinaus den Vorteil, daß sie vor Bodenverdichtung schützen. Voraussetzung ist jedoch, daß sie bei vorhandenem Baumbestand wurzelschonend installiert werden. Sie können auch vorsorglich bei Neupflanzungen zur Steuerung der Wurzelentwicklung eingebaut werden (Abb. 51).

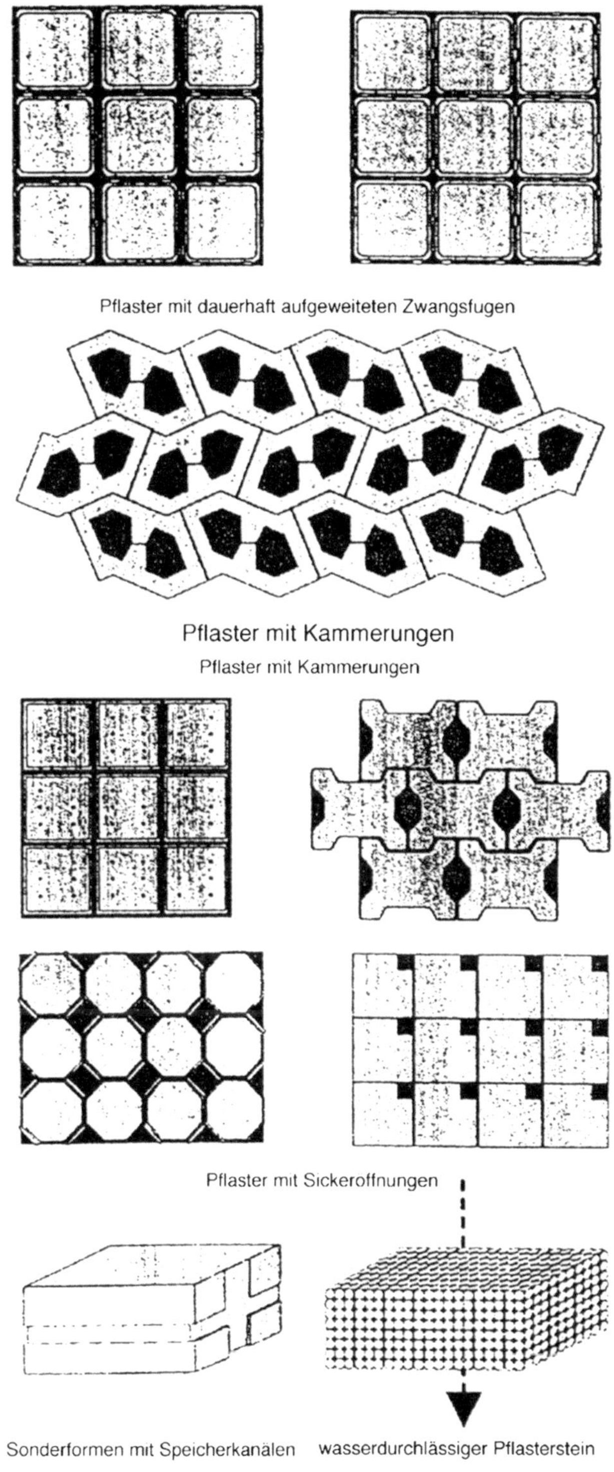

Abbildung 48:
Durchlässige Pflastersysteme in der Übersicht (aus: GÖDDE, 1996)

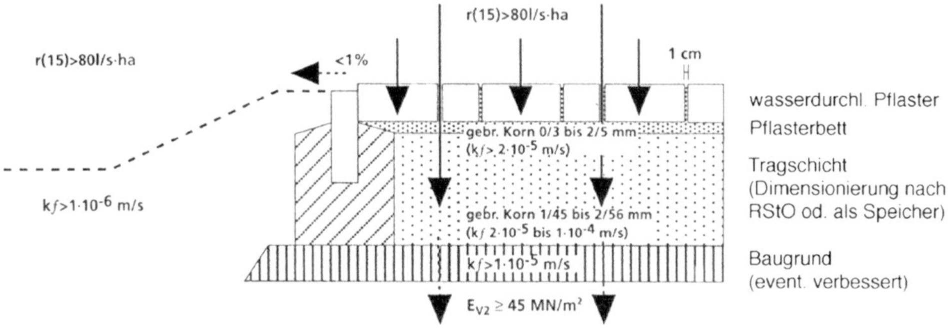

Abbildung 49: Regelaufbau wasserdurchlässiges Pflaster (SF-Kooperation, 1994)

Abbildung 50:
Freischwebender Überbau von Wurzeln durch Betonteile und Metallgitterroste

Abbildung 51:
Wurzelbrücken aus Betonfertigteilen
a = Jungbäume
b = Altbäume
(aus: BALDER, 1993f)

Die Versickerungsfähigkeit von Belägen nimmt mit der Zeit ab, wenn durch den individuellen Eintrag organischer und mineralischer Feinstäube Poren und Fugen verschlämmen. So nahm in Untersuchungen die Durchlässigkeit des Spezialproduktes „Vanoton" 14 Jahre nach der Verlegung von 350 Liter auf 20 Liter pro (s · ha) ab, während ein herkömmliches Pflaster lediglich von 110 Liter auf 80 Liter pro (s · ha) nachließ (FLURBACHER, 1996). Auch die Entwicklung von Wildkräutern und Gräsern beeinträchtigt ihre Effektivität. Der Pflege dieser Beläge kommt daher gerade auch bei starker Belastung große Bedeutung bei. Die Reinigung durch Hochdruckreiniger stellt nach bisheriger Erfahrung nur eine zeitweise Lösung dar, da stets nur ein Teil der Partikel entfernt werden kann und die restlichen Feinstoffe weiter in die Hohlräume eindringen. Saugende Reinigungsmaschinen erscheinen ebensowenig geeignet, da durch das Aufsaugen von Fugenmaterial eine Beeinträchtigung der Verkehrssicherheit nicht auszuschließen ist (SF-Kooperation, 1994). Dies darf nicht dazu führen, daß zunehmend Oberflächenwasser in benachbarte Wurzelbereiche geleitet wird, wo es möglicherweise nicht abfließen kann mit der Folge von Staunässe. Dem muß bei der Grundkonzeption mit geeigneten Maßnahmen entgegnet werden.

Jede Bodenversieglung bewirkt, daß die Wurzelsysteme auf die veränderte Situation reagieren. Auf der Suche nach Wasser suchen sie gezielt Kondenswasser auf, so daß stets auch die Gefahr einer Schädigung der Beläge durch die Wurzeln gegeben ist (s. Kap. 5.2). Eine Versiegelung des Wurzelraumes sollte daher bei aggressiv wurzelnden Baumarten (s. Tab. 25) nicht leichtfertig vorgenommen werden.

Zahlreiche Industrieunternehmen bieten eine Fülle von Produkten zur Versiegelung an. Beispiele sind im Anhang V zusammengestellt.

6.1.1.9 Pflege von Baumpflanzungen

Der Pflanzung schließt unmittelbar die Fertigstellungspflege an. Sie muß zum einen das Anwachsen des Jungbaumes sicherstellen, indem durch eine bedarfsgerechte Wasser- und Nährstoffversorgung die Vitalitiät und die Entwicklung sichergestellt sind. Gezielte und bedarfsgerechte Pflanzenschutzmaßnahmen dienen der Gesunderhaltung des Gehölzes, um nicht durch Schäden langfristige Folgewirkungen auszulösen. Insbesondere müssen aber als vorbeugende Maßnahme in diesem Stadium übersehene Planungs- und Ausführungsmängel korrigiert werden, bevor sie sich zu einem größeren Problem auswachsen (Abb. 52). Eine Checkliste kann hierbei Hilfe leisten (Anhang IV).

Insgesamt ist eine qualifizierte Jungbaumpflege nötig, in der gleichermaßen das Gehölz und das Baumumfeld kritisch begutachtet und durch gezielte Maßnahmen in seiner gesamten Entwicklung gefördert wird. Dies ist von besonderer Bedeutung, da in diesem Entwicklungsstadium jegliche biotische und abiotische Schädigung des Wurzelsystems die Gefahr in sich birgt, nachhaltig den Gesamtorganismus zu schädigen mit der Folge gravierender Fehlentwicklungen. Daher müssen eine bedarfsgerechte Wässerung, eine wurzelschonende Bodenlockerung und eine angepaßte Düngung erfolgen. Die Wildkrautflora muß als Nährstoff- und Wasserkonkurrent in den ersten Jahren reduziert werden, geeignete Baumschutzmaßnahmen

Abbildung 52: Zusammenstellung der wesentlichen Fehler bei Neupflanzungen

müssen vor Schadstoffeinträgen wie Streusalz und Hunde-Urin, Bodenverdichtungen durch Tritt und Befahren sowie vor mechanischer Verletzung schützen (s. Tafel 19). Bei Bedarf ist daher die nach Planung erfolgte Einrichtung der Baumstandorte nachzubessern.

6.1.2 Schutzmaßnahmen vor Schädigung

Das Stadtgrün ist während seiner Standzeit zahlreichen Belastungen ausgesetzt, die sich insbesondere auch im Wurzelbereich auswirken (s. Kap. 3). Bei einer fachgerechten Standortplanung sind für die normale Nutzung bereits vorbeugende Schutzmaßnahmen vorgesehen, u. a. gegen Bodenverdichtung, Schadstoffeintrag und mechanische Beschädigung (s. Kap. 6.1.1). Im Laufe der Standzeit der Gehölze werden jedoch immer wieder gestalterische Veränderungen des Baumumfeldes oder Eingriffe am Baum selbst vorgenommen, deren negative Auswirkungen durch geeignete Schutzmaßnahmen verhindert werden müssen. Insbesondere bei Bauvorhaben wird bei der derzeitigen Abwicklung einer Verletzung des Wurzelsystems nicht die gleiche Bedeutung zugemessen wie der Beschädigung oberirdischer Baumteile, vielfach werden Wurzelschäden mit Verfüllung der Baugrube einfach zugedeckt. In der Schadensermittlung wird hingegen einer Wurzelschädigung ein hoher Stellenwert beigemessen: bei einem Verlust des Wurzelwerkes von 35–40 % handelt es sich nach KOCH (1992) um einen Totalschaden des Baumes.

Fachgerechte Schutzmaßnahmen zum Baumerhalt sind daher zwingend, diese haben sich nach der individuellen Wurzelausbreitung und dem Gesamtzustand des Baumes zu orientieren. In einer Voruntersuchung müssen vorsichtige Suchgrabungen Einblick in die räumliche Ausbreitung und die damit verbundenen, zu erwartenden Folgen der geplanten Eingriffe ergeben. Untersuchungen des Gesundheitszustandes sowie der Bruch- und Standsicherheit ergänzen das Bild, um den Sinn von kurzfristigen oder dauerhaften Schutzmaßnahmen abschätzen zu können. Möglicherweise ist abzuwägen, ob nicht anstelle aufwendiger Schutz- und Baumaßnahmen eine Ausgleichsmaßnahme oder eine Neupflanzung sinnvoller ist. Derartige Überlegungen sind bei kurzfristigen Belastungen anzustellen, besonders intensiv zwangsläufig bei dauerhaften Veränderungen.

6.1.2.1 Absperrung der Wurzelteller

Beeinträchtigungen des Wurzelbereiches sind auf Baustellen mit Baumbestand alltäglich. In der Baupraxis wird in der Regel schablonenhaft ein kleinräumiger oberirdischer Stammschutz errichtet, der eigentliche Wurzelbereich bleibt hingegen ohne Schutz. An natürlichen Standorten entspricht die Ausdehnung des Wurzelbereiches eines Baumes etwa seinem Kronenbereich zuzüglich 1,5 m, bei Säulenformen sogar 5,0 m. Auf gestörten Standorten ist häufig eine völlig abweichende Wurzelentwicklung anzutreffen (s. Kap. 3), so daß hier in Abhängigkeit der Erkenntnisse der Suchgrabungen eine individuelle Absperrung des Wurzelbereiches vorzunehmen ist (s. Tafel 20.1).

Gemäß DIN 18920 (1990) und RAS-LG 4 (1986) wird ein Schutzzaun von mindestens 1,80 m Höhe vorgegeben (Abb. 53). Dieser muß so konstruiert sein, daß er weder leicht verstellt noch mit wenig Aufwand zerstört werden kann, soll er seine Funktion erfüllen. Bewährt haben sich stabile Holzwände, aber auch Draht- und Metallkonstruktionen. Sollen mehrere Einzelbäume, eine Baumallee oder ein gesamter Vegetationsbestand geschützt werden, so empfiehlt sich ein durchgehender Schutzzaun (s. Tafel 20.2). Ist aus räumlichen Gründen eine vollständige Absperrung des Wurzelbereiches nicht möglich, so sind alternative Maßnahmen zu ergreifen, z. B. die Trassenver-

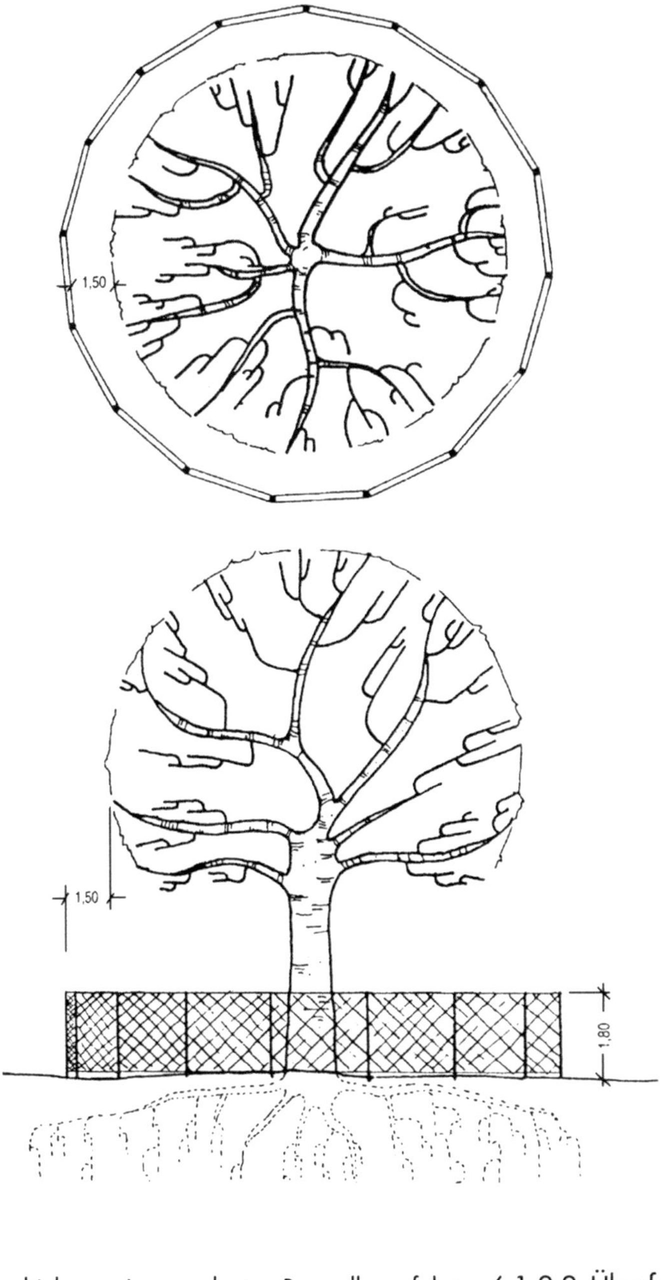

Abbildung 53:
Umfassender Schutzzaun um den Wurzelbereich (aus: LEHR, 1997)

schiebung einer geplanten Baustellenzufahrt oder die Korrektur des geplanten Eingriffes. Bei dauerhaften Belastungen des Wurzelbereiches im Rahmen von Umgestaltungen sind grundsätzlich andere Maßnahmen erforderlich.

6.1.2.2 Überfahren

Ist ein kurzzeitiges Befahren des Wurzelbereiches nicht durch anderweitige Lösungen zu umgehen, so können zur Schadensbegrenzung Kies- oder Splitauflagen, besser feste Holzbohlen, Stahl- oder Kunststoffplat-

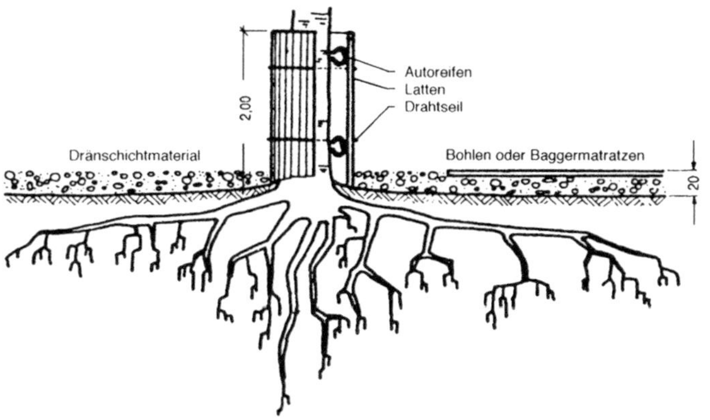

Abbildung 54: Stamm- und Wurzelschutz bei kurzfristigem Überfahren (aus: LEHR, 1997)

ten das Gewicht von Fahrzeugen und die damit einhergehende Bodenverdichtung abmildern. Ein druckverteilendes Vlies und eine mindestens 20 cm starke Schicht aus dränschichtgeeignetem Material verbessern die Schutzwirkung. Gleichzeitig ist der Stamm durch eine Holzummantelung vor Beschädigung zu schützen, dem Wurzelhals ist hierbei besondere Aufmerksamkeit zu schenken (Abb. 54). Diese Maßnahme ist nach DIN 18920 (1990) nur für eine Vegetationsperiode zulässig. Nach Entfernen des Schutzes ist der Boden unter Schonung der Wurzeln in Handarbeit flach zu lockern.

Ein dauerhafter Schutz von Wurzelsystemen bei unausweichlichem Überfahren bedarf anderer Lösungen, z. B. bei Grundstückszufahrten in baumbestandenen Straßen. Bei wenig oberflächennahen Wurzeln können baumfreundliche Versiegelungen möglichst mit geringem Unterbau erstellt werden (s. Kap. 6.1.1.8). Je nach Belastung ist jedoch eine Bodenverdichtung unausweichlich. Schonender erscheint der Einbau neuartiger sog. **Wurzelbrücken**: Freitragende Betonfertigteile überspannen den zu schützenden Wurzelbereich und beugen einer Bodenverdichtung vor. Sie können sowohl vorbeugend bei Jungbäumen als auch bei Altbäumen eingebaut werden (s. Abb. 51). Voraussetzung bei vorhandenem Wurzelsystem ist ihr schonender Einbau. Es fehlen jedoch noch Langzeitstudien, die ihre Funktionalität unter Beweis stellen.

6.1.2.3 Bodenauftrag

Bodenaufträge werden sowohl vorübergehend, z. B. im Rahmen von Bauarbeiten bei der Lagerung von Materialien, als auch als dauernde Aufschüttung anläßlich von Umgestaltungen des Baumumfeldes vorgenommen. Die Wirkungen auf Boden und Wurzelsystem sind nachhaltig (s. Kap. 3.4.3) und müssen durch geeignete Maßnahmen gemindert werden. Bei kurzzeitigen Überfüllungen ist zuvor der Auftrag einer Schutzschicht von grobkörnigem, luft- und wasserdurchlässigem Material (z. B. Kies 8/32) sinnvoll. Zusätzlich können ein druckverteilendes Vlies, Bohlen oder Matten auf der Schutzschicht verlegt werden (LEHR, 1997). Auf derartig vorbereiteten Flächen dürfen jedoch keine Materialien gelagert werden, die in den Boden- und Wurzelbereich eindringen können und dort zu nachhaltigen Beeinträchtigungen führen. Während der Überfüllungszeit ist die Wasserversorgung des Baumes sicherzustellen.

Bei dauerhaften Überfüllungen muß versucht werden, einerseits den alten Wurzelhorizont durch Belüftungssektoren zu erhalten, andererseits einen neuen Wurzelhorizont (Adventivwurzelbildung) durch Oberbodensektoren zu fördern (Abb. 55).

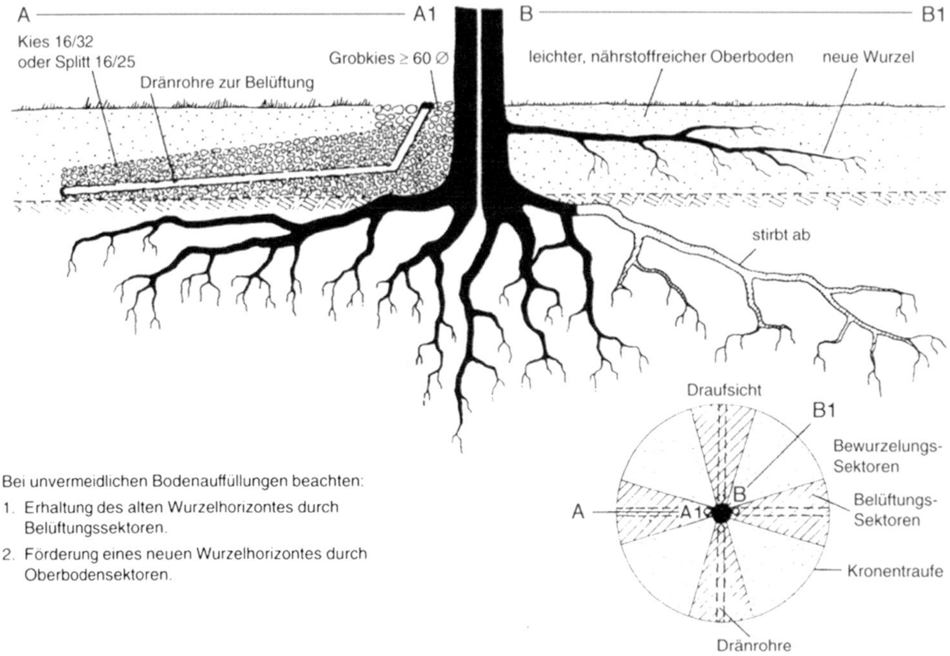

Abbildung 55: Schutzmaßnahmen bei Bodenauftrag im Wurzelbereich (RAS-LG 4, 1986)

Die Belüftungssektoren müssen nach der RAS-LG 4 (1986) mindestens $^1/_3$ des Wurzelbereiches umfassen, werden sinnvollerweise aus Grobkies erstellt und wechseln mit den Oberbodensektoren ab. Bei der Erstellung ist von Bedeutung, daß

- stark verfestigte Böden zuvor wurzelschonend gelockert werden,
- die ursprüngliche Bodenoberschicht bei den Arbeiten nicht verdichtet wird,
- organische Materialien (Pflanzendecke, Laub, Kompost u. a.) zur Vermeidung von Faulgasbildung sämtlichst entfernt werden,
- alle Füllmaterialien locker aufgebracht werden,
- der zusätzliche Einbau eines dauerhaften ring- oder sternförmigen Belüftungssystems aus Drainrohren den Bodenluftaustausch verbessert,
- der Wurzelhals möglichst unbedeckt bleiben sollte.

Zur Wirkung dieser Empfehlungen liegen bislang keine wissenschaftlichen Untersuchungen vor. Die Angaben zur Verträglichkeit der jeweiligen Baumgattungen bezüglich der Auffüllhöhe beruhen rein auf empirischen Daten. Demnach stirbt die Buche bereits nach Abdecken ihres Wurzelbereiches mit einer 1–2 cm dicken Lehmschicht ab, Baumarten der Weichholzauen und der Schluchtwälder (z. B. Weide, Pappel, Linde, Esche) vertragen auf ihren natürlichen Standorten einen geringen Bodenauftrag eher als auf anderen Standorten. Es ist davon auszugehen, daß in vielen Fällen zumindest ein Teil der alten, voll ausgebildeten Wurzeln abstirbt. Findet parallel eine erfolgreiche Adventivwurzelbildung statt, ist zwar die Wasser- und Nährstoffaufnahme annähernd gesichert, aber in folge des Wurzeltods ist mittelfristig die Gefahr einer Wurzelfäule mit Auswirkungen für die Standsicherheit gegeben (MEYER, 1982). Ein Bodenauftrag im Wurzelbereich darf daher nicht leichtfertig hingenommen werden.

6.1.2.4 Unterfahren

Wurzelschäden im Leitungsbau sind bei offener Grabenbauweise alltägliche Praxis (s. Kap. 3.6). Dabei bietet die moderne Technik der unterirdischen Leitungsverlegung wurzelschonende Alternativen. Lanzenspitzen, ferngesteuerte Erdraketen und Bohrköpfe, kleine und große Tunnelvortriebsmaschinen unterfahren oder durchbohren den Wurzelbereich eines Einzelbaumes oder über eine längere Distanz auch größere Gehölzbestände. In die Bohrung werden Mantelrohre (Schutzrohre) eingeführt, durch die anschließend die Leitungen hindurchgezogen werden. Gleichzeitig können Reserverohre für weitere Leitungen vorgesehen werden. Die Hohlräume über den Schutzrohren sind anschließend sorgfältig zu verfüllen (RAS-LG 4, 1986). Diese als „NO-DIG-System" bezeichneten Verfahren stellen einen räumlich eng begrenzten Bodeneingriff dar. Da Ver- und Entsorgungsleitungen in einer Bodentiefe von mehr als 0,80 m verlegt werden, ist bei größtenteils oberflächennaher Wurzelentwicklung die Gefahr einer mechanischen Wurzelverletzung wesentlich weniger häufig. Ferner ist die Schädigung durch Frost oder Trockenheit vermindert, da die Wurzeln nicht freigelegt werden. Die vordergründigen Kostenargumente gegen grabenlose Bauverfahren lassen sich auf Grundlage einer Gesamtkostenanalyse und der Umweltverträglichkeit als Alternative zu offenen Bauweisen nach BECKER (1997) leicht relativieren, indem man Gemeinlastkosten und Folgeschadenskosten offener Bauverfahren denen grabenloser Bauverfahren gegenüberstellt und diese bei den Gesamtbaukosten mit berücksichtigt.

6.1.2.5 Wassermanagement

Veränderungen des Grundwasserstandes bewirken nachhaltige Baumschäden (s. Kap. 3.3). Eine kurzzeitige Wasserentnahme wird von vielen Baumarten vertragen, längerfristige Absenkungen erfordern jedoch eine gesteuerte Bewässerung. Diese muß sich am tatsächlichen Bedarf orientieren, so daß ein fachgerechtes Wassermanagement gefordert ist. Eine moderne Meßtechnik ermöglicht die Beobachtung der Grundwasserstände und ein zielgerichtetes Gegensteuern (NEUMANN u. a., 1995). Die künstliche Wasserzufuhr erfolgt oberirdisch. Eine zusätzliche Tiefenbewässerung mit Hilfe

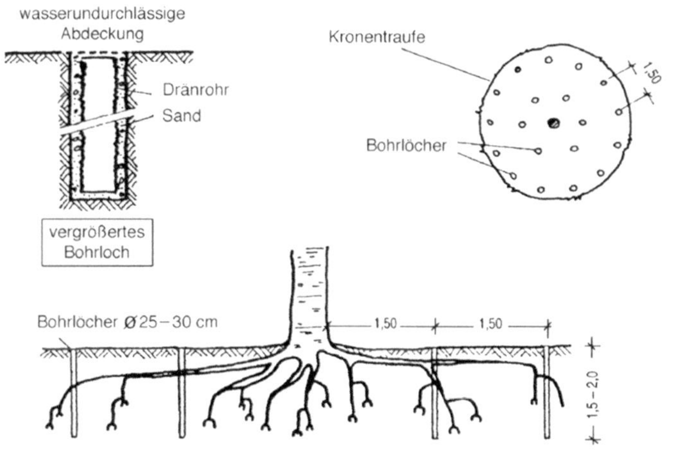

Abbildung 56: Bewässerungslöcher bei kurzfristigen Grundwasserabsenkungen (aus: LEHR, 1997)

von Bewässerungslöchern von 15–30 cm Durchmesser, mit Grobkies gefüllt, sind zusätzlich zu empfehlen (Abb. 56). Für Flachwurzler genügt eine Bohrtiefe von 0,8–1,0 m, im Normalfall sind 2,0 m anzustreben. Der Abstand der Löcher im Bereich der Baumtraufe wird mit 1,5–2,0 m angegeben. Beim Erstellen der Bohrlöcher müssen Wurzelschäden vermieden werden. Als unterstützende Maßnahmen werden Düngung, Auslichten der Krone, Verdunstungsschutz und ein Besprühen der Baumkrone empfohlen. Natürlich sind diese aufwendigen Maßnahmen nur bei vitalen und besonders erhaltenswerten Bäumen sinnvoll (RAS-LG 4, 1986; LEHR, 1997).

6.1.2.6 Trassenführung

Trassen im Rahmen von Hoch-, Straßen-, Tief- und Leitungsbaumaßnahmen werden häufig ohne Kenntnis der vorhandenen Vegetation geradlinig geplant, Konflikte mit Baumbeständen werden erst später erkannt. Dabei bietet es sich geradezu an, die Trassenführung zum Schutz erhaltenswerter Bäume in Abhängigkeit von der individuellen Standortsituation zu optimieren (BALDER, 1993f; 1995b). Dies erfordert zunächst Voruntersuchungen zur Erfassung der Ausbreitung der Wurzelsysteme. Im möglichst weiten Abstand von den Wurzeltellern muß dann die neue Trasse gefunden werden, so z. B. die Baustellenzufahrt, die Einfahrt einer Tiefgarage, Wegeführungen oder Leitungsgräben. Innerhalb von Alleen ist in der Regel die Straßenmitte die bessere Trasse. Läßt die örtliche Situation keine wurzelschonende Variante zu, so kann bei heterogenem Gehölzbestand eine Trassenführung in Richtung einer gestalterisch wertlosen oder einer bereits vorgeschädigten Vegetation gewählt werden, um gleichzeitig den erhaltswürdigeren Teil vor Schäden zu bewahren. Darüber hinaus ist die Korrektur oberirdischer Belastungen für ein Wurzelsystem zu empfehlen, indem z. B. Mauern, Lärmschutzwände o. ä. im Bereich der Wurzelteller ausgespart werden. Eine Veränderung der ursprünglichen Planung erfordert meist wenig technischen und finanziellen Mehraufwand, die Möglichkeiten werden jedoch in der Praxis wenig genutzt (s. Tafel 21).

6.2 Gezielte Wurzeleingriffe

Wurzeleingriffe sind trotz vorbeugender Maßnahmen in der Projektionsphase am späteren Baumstandort nicht immer zu vermeiden. Mit Weitblick und Fachwissen kann ein Eingriff jedoch so vorgenommen werden, daß die Folgewirkungen relativ gering bleiben und Vitalität, Gesundheit und Verkehrssicherheit des Baumes nicht gefährdet sind. Dies bezieht sich sowohl auf das schonende Freilegen von Wurzeln als auch auf gezielte Wurzelkappungen. In jedem Fall haben direkte Eingriffe jedoch nur schadensbegrenzenden Charakter, so daß sie nicht leichtfertig hingenommen werden dürfen. Lange Zeit waren ihre biologischen Grenzen und die Möglichkeiten der baumverträglichen Vorgehensweise unbekannt, so daß bei vielen Bauvorhaben durch unverträgliche Eingriffe nicht der vitale Baumerhalt erzielt wurde (BALDER u. a., 1998b). Die jüngsten Arbeiten zu Folge- und Abwehrreaktionen der Wurzel auf Verletzung (s. Kap. 4) lassen jedoch klare Empfehlungen zu.

6.2.1 Freilegen

Bei zahlreichen Baumaßnahmen ist das Freilegen der Wurzeln unabdingbar. In entsprechenden Normen und Richtlinien wird gefordert, daß bei Grabungen durchlaufende Wurzeln zu erhalten sind und nur so gearbeitet werden darf, daß Verdichtungen des Bodens und Wurzelschäden vermieden werden (DIN 18920, RAS-LG 4, ZTV-Baumpflege). Vor dem Eingriff muß daher anhand der sichtbaren Wurzelanläufe, in Kenntnis der zu erwartenden Wurzelausbildung je nach

Baumart und Standortsituation sowie mittels Suchgrabungen die schonendste Vorgehensweise festgelegt werden. Dies bedeutet im Normalfall, daß in Handarbeit gearbeitet werden muß. Nur bei nachgewiesener Wurzelentwicklung außerhalb des Arbeitsbereiches kann mit leichtem Gerät gearbeitet werden.

Das Entfernen von Oberböden, Vegetationsdecken, Versiegelungen o. ä. ist bei lokkerem Boden, Kleinstpflaster oder Platten geringer Größe mit Hilfe von Handgeräten (Grabegabel o. ä.) ohne größere Kraftaufwendung leicht möglich. Bei vorsichtiger Arbeitsweise entstehen nur geringfügig mechanische Verletzungen der Wurzeln. Mit zunehmender Bodenverdichtung, Schwere der Beläge oder Wurzelverwachsungen, z. B. in den Fugen, sind mechanische Beschädigungen der Wurzelrinde und des Holzkörpers sowie Wurzelan- und -abrisse unvermeidlich. Daher empfiehlt sich im Vorfeld das Aufweichen oder Aufbrechen der Oberböden durch Wässerung bzw. Preßluft,

Abbildung 57:
Einwickeln von Wurzeln als Schutz vor Witterungseinflüssen

Platten können vorsichtig gelockert und zerkleinert werden. Stets ist jedoch auf dem gewachsenen Boden – stehend vom Wurzelhals hin zum Außenbereich – zu arbeiten, um nicht durch Tritt die freigelegten Wurzeln zu schädigen.

Beim Ausheben von Gräben sind Wurzeln, die die Trasse kreuzen, zu erhalten. Das vorhandene Erdreich sollte nur bei Bedarf vorsichtig ober- und unterhalb der Wurzeln entfernt werden. Sinnvollerweise sind Leitungen unter den Wurzeln hindurch zu schieben (s. Kap. 6.1.2.4). Die freigelegten Wurzeln dürfen nicht als „Aussteighilfe" mißbraucht werden, alle nachfolgenden Arbeiten nicht zu weiteren mechanischen Verletzungen der Wurzeln führen.

Das vorsichtige Freilegen von Wurzeln ist nur dann erfolgreich, wenn auch nachfolgend jegliche Schädigung vermieden wird. So sind die aus dem Erdreich herausgelösten Wurzeln der Witterung ausgesetzt und müssen vor Kälte, Frost und Hitze geschützt werden. Feinst- und Feinwurzeln sterben bereits nach kurzzeitiger Belastung ab (s. Kap. 3.3). Zum Schutz können einzelne, unverletzte Wurzeln mit atmungsaktiven Materialien (Sackleinen, Baumwolltücher o. ä.) umwickelt oder mit Lehm, Wundverschlußmitteln o. ä. eingestrichen werden (Abb. 57). Verletzte Wurzeln können zuvor behandelt werden (s. Kap. 6.2.5 und 6.3). Bei größeren Wurzelsystemen ist das flächige Abdecken u. a. mit Laub, Stroh, Schilfmatten, Vlies oder Sackleinen effektiver, bei offenen Gräben empfiehlt sich die Abdekkung des gesamten Grabens an der Bodenoberkante. Eine fachgerechte Pflege muß über den gesamten Zeitraum ein Austrocknen der Wurzeln verhindern. Die deutlich sichtbare Markierung freigelegter Wurzelbereiche sollte gerade bei größeren Bauvorhaben Unachtsamkeit und Folgeschäden verhindern. Das Freilegen der Wurzelsysteme muß durch eine gute Bauleitung auf einen möglichst kurzen Zeitraum beschränkt sein, unmittelbar nach Beendigung der Arbeiten ist das Auffüllen der Fläche bzw. das Verfüllen der Gräben vorzunehmen. All diese Maßnahmen schützen auch bedingt vor Schaderregern, so z. B. vor dem Abnagen der Rinde durch Kaninchen.

6.2.2 Wurzelvorhang

Der Wurzelvorhang hat zum Ziel, unabwendbare Wurzelkappungen in ihren Auswirkungen zu lindern. Er kann sowohl bei Einzelbäumen als auch bei Baumbeständen durchgehend installiert werden. Im Regelfall sollte er mindestens eine Vegetationsperiode vor einem geplanten Eingriffen erstellt werden, z. B. im Vorfeld von Bauvorhaben (DIN 18920, RAS-LG 4, ZTV-Baumpflege). Die Dicke der Rehabilitationszone muß mindestens 25 cm betragen, um den Wurzeln genügend Raum zur Regeneration anzubieten (Abb. 58).

Der Wurzelvorhang setzt sich aus folgenden Einzelschritten zusammen (s. Tafel 22):

- Handschachtung des Grabens
- Sorgsame Kappung der Wurzeln und Nachschneiden mit scharfem Werkzeug
- Wundbehandlung der Wurzeln (s. Kap. 6.2.5)
- Errichten einer standfesten, verrottbaren, luftdurchlässigen Schalung an der Grabenseite zur späteren Baugrube, z. B. aus Pfählen, Maschendraht und Gewebe
- Einfüllen eines geeigneten Unterbodensubstrates ohne Beimischung organischer Substanz
- Einfüllen eines geeigneten wasserhaltenden und luftdurchlässigen Oberbodensubstrates ohne maschinelle Verdichtung
- Fachgerechte Pflege zur Förderung der Wurzelregeneration, d. h. Wässern, Düngen, Pflanzenschutz

Aufgrabungen zeigen, daß bei sachgerechter Wurzelkappung, Anlage und Pflege des Wurzelvorhanges eine schnelle Wurzelregeneration einsetzt. Insbesondere junge Wur-

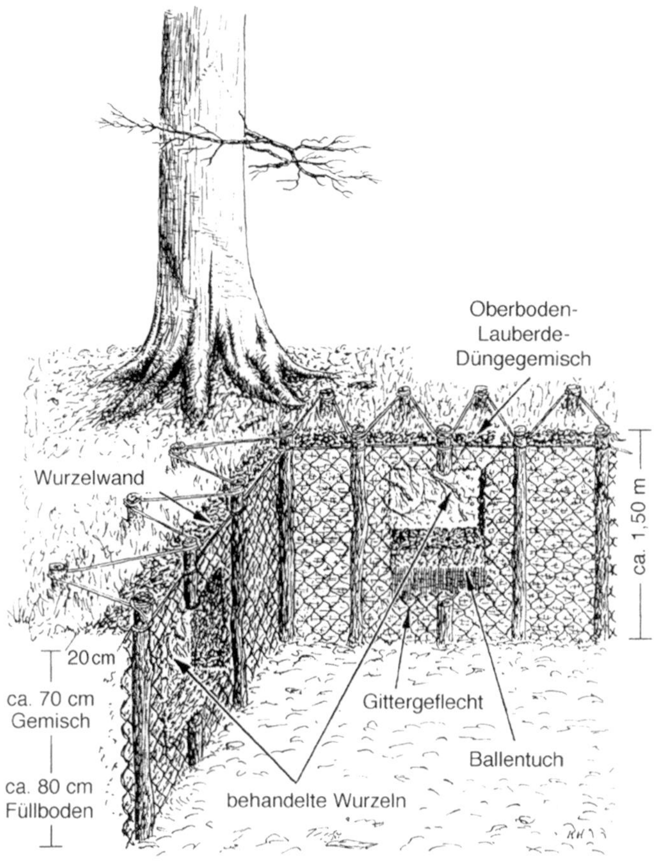

Abbildung 58:
Skizzierter Wurzelvorhang
(Zeichnung: BOLLMANN)

zeln bilden einen langen Wurzelbart, ältere Wurzeln treiben hingegen weniger aus (s. Tafel 22.3 und 22.4).

Die Empfehlung, zum Stamm einen Mindestabstand von 2,5 m einzuhalten, wird in der Praxis nicht immer eingehalten. Untersuchungen ergaben vielmehr, daß nahezu die Hälfte der Wurzelvorhänge von überprüften Praxisfällen in einem Abstand von weniger als einem Meter zum Stamm angelegt wurden, 20 % sogar unterhalb 0,5 m Stammabstand. Gleichzeitig fanden sich nur wenige in einem größeren Abstand. Analysen der Kronenzustände belegen deutlich den Zusammenhang: mit zunehmender Stammnähe nimmt die Kronenschädigung zu (Abb. 59). Demzufolge ist je nach genetischer und individueller Wurzelentwicklung ein genügend großer Kappungsabstand einzuhalten. Bei gleichmäßiger Wurzelentwicklung werden für kompakte Wurzelausprägungen mindestens 2,5 m gefordert, bei allen übrigen mindestens 3 m Stammabstand.

Stets sollten im Vorfeld zur Erfassung der realen Wurzelsituation Suchgrabungen durchgeführt werden, um die Chancen eines Wurzelvorhanges beurteilen zu können. Auch wenn bei starken Eingriffen über einen längeren Zeitraum dem Baum der Wurzelverlust anzusehen ist, so ist doch die Vitalität alsbald wieder hergestellt, sofern die biologische Verträglichkeit nicht überschritten wurde (BALDER u. a., 1994c).

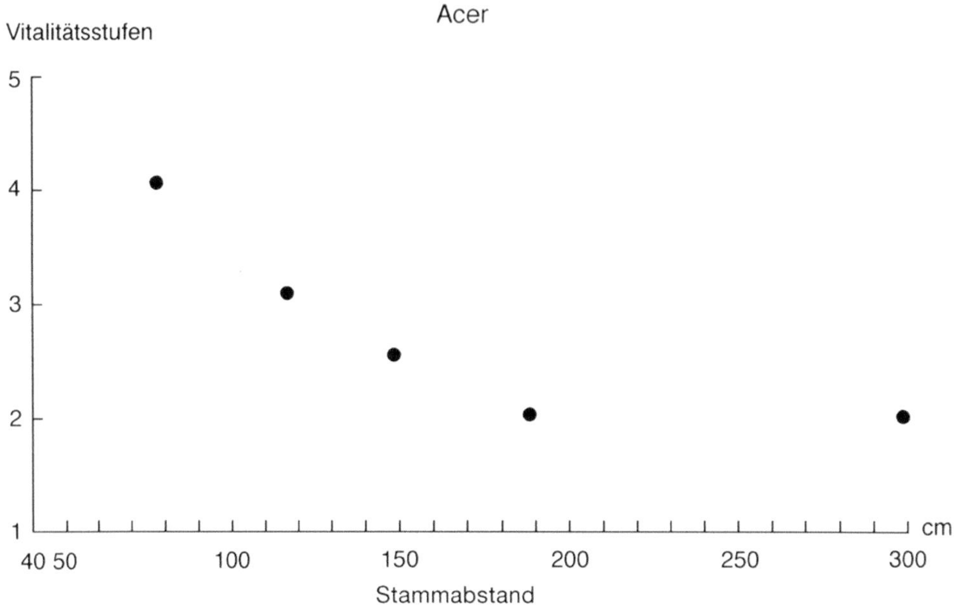

Abbildung 59: Kronenzustand von Ahorn nach Anlage eines Wurzelvorhanges in Abhängigkeit vom Stammabstand (aus: BALDER u. a., 1994c)

6.2.3 Großbaumverpflanzung

Das Verpflanzen großer Bäume aus dem freien Stand ist mit starken Verlusten des Wurzelsystemes verbunden. In der Vergangenheit wurden sowohl die Wurzelkappungen als auch der Verpflanzvorgang – mittels kombinierter Hebe- und Transportgeräte – nach gärtnerischen Vorgaben sorgsam vorgenommen, da gesunde Großbäume in Ermangelung entsprechender Baumschulware zur Gestaltung gezielt eingesetzt wurden. Heute erlauben u. a. moderne Rundspatenmaschinen technisch ein schnelles Verpflanzen auch großer Bäume (Abb. 60). Ein erfolgreiches Anwachsen setzt jedoch voraus, daß in Korrelation zur Kronenmasse ein entsprechendes Wurzelsystem ohne nachhaltige Schädigung an den neuen Standort gebracht und ein Vitalitätsverfall des Baumes verhindert werden kann.

Nach der ZTV-Großbaumverpflanzung (1995) ist die Wahl des Verpflanzverfahrens abhängig von den Eigenheiten des zu verpflanzenden Baumes und den Rahmenbedingungen (Tab. 30). Abweichend von der DIN 18916 soll der Ballen mindestens den 10fachen Durchmesser des Stammes haben, beim Verpflanzen ohne Ballen wird ein mittlerer Durchmesser des Wurzelwerkes vom 12fachen des Stammes gefordert. Diese Empfehlungen basieren rein auf empirischen Daten, wissenschaftliche Untersuchungen hierzu stehen erst am Beginn. Untersuchungen der Praxis haben jedoch bereits ergeben, daß häufig zu große Bäume mit einem zu kleinen Ballen verpflanzt werden. Dies geschieht auch deswegen, weil eine Großbaumverpflanzung vermehrt zum Räumen eines Baugrundes als Alternative zur unpopulären Fällung vorgenommen wird, der Baumerhalt steht hierbei weniger im Vordergrund.

Das Verpflanzen von Großbäumen bringt erhebliche Eingriffe in die Grob- und Starkwurzeln mit sich. Beim Einsatz von Rundspa-

Tabelle 30: Beeinflussende Faktoren und Verpflanzverfahren beim Umsetzen von Großbäumen (aus: ZTV-Großbaumverpflanzung, 1995; verändert)

Einflußfaktoren	Verpflanztechnik
• art- und sortenbedingte Eigenheiten des Baumes • Größe und Habitus des Baumes • standortbedingte Anomalien des Wurzelwerkes • Standortverhältnisse (Baumumfeld) • Jahreszeit und Witterungsverhältnisse • Verkehrsverhältnisse auf der Entnahme- bzw. Pflanzstelle • vorbereitende Maßnahmen auf die Verpflanzung • Pflegemaßnahmen nach Pflanzung (Wässerung, Düngung, Pflanzenschutz)	• mit Ballen – Spezialgroßbaumverpflanzmaschine, d. h. Herausnahme, Sicherung, Transport *und* Einpflanzen in einem Arbeitsgang (s. Abb. 60) – Sicherung des Ballen durch technische Maßnahmen (Pflanzrahmen, Draht-, Ketten-, Kistenballen) *und* Transport mit Kran, Bagger, Radlader – hängend an einem durch den Wurzelhals getriebenen Bolzen (s. Tafel 23.5) • ohne Ballen – ggf. mit Erdkern

Abbildung 60: Einsatz einer Rundspatenmaschine bei der Großbaumverpflanzung

tenmaschinen werden die Wurzeln nicht schneidend durchtrennt, sondern durch den hydraulischen Arbeitsgang mehr abgequetscht und durchgerissen. Die Schädigung ist um so größer, je problematischer die Aufnahme des Baumes bei anthropogenem Untergrund ist. Je nach individueller Situation werden zusätzlich im Innern des Ballens Wurzeln abgeknickt und aufgerissen, die Schadebene also in den zu verpflanzenden Ballen hineinverlagert (s. Tab. 23). Wurzelabrisse bewirken eine schlechtere Wundabschottung, eine geringere Wurzelneubildung und eine stärkere Fäulnis als manuell getrennte bzw. nachgearbeitete Wurzeln (s. Kap. 4.1). Daher müssen die Wurzeln am neuen Standort aufgearbeitet werden, in dem nach vorsichtiger Freilegung innere Schäden erkannt und diese Wurzeln wie auch alle übrigen mit scharfem Werkzeug (Säge, Hippe) nachgeschnitten und behandelt werden (s. Kap. 6.2.5). Durch diese notwendige Baumpflegemaßnahme verkleinert sich der Ballen nochmals, was bei der Konzeption der Verpflanzung berücksichtigt werden muß.

Eingriffe in ein Wurzelsystem sind für einen Baum erträglicher, wenn vorbereitende Maßnahmen mindestens eine, möglichst zwei Vegetationsperioden vor dem Verpflanzen vorweg gehen können (ZTV-Großbaumverpflanzung, 1995). In Anlehnung an die Produktion von Gehölzen in der Baumschule ist zur Verdichtung des stammnahen Wurzelwerkes um den künftigen Ballen ein Graben auszuheben, der so zu bemessen ist, daß sein Außenrand der späteren Ballenaußenseite entspricht. Die Wurzeln sind schneidend zu durchtrennen und zu behandeln (s. Kap. 4.1.2). Bei geringem Wurzelvolumen kann das Freigraben in einem Arbeitsgang erfolgen, ansonsten wird das abschnittsweise Vorgehen empfohlen, was eine entsprechende Vorbereitungszeit voraussetzt (Abb. 61). Der Graben ist als Rehabilitationszone auszurichten, so daß Substrat, Düngung und Pflege entsprechend gestaltet werden müssen.

Die Krone sollte zur Aufrechterhaltung des Gleichgewichtes artgerecht und mit Blick auf den Transport ausgelichtet bzw. zurückgeschnitten werden. Kroneneingriffe, bei denen die Schnittwunden nicht mehr abgeschottet werden können, sind zu vermeiden. Desweiteren dürfen durch die Baumaufnahme und den Transport keine folgenschweren Stammschäden verursacht werden. Daher ist auch das hängende Anheben des Baumes mit Hilfe eines durch den Wurzelhals getriebenen Bolzens kritisch zu beurteilen, da neben der durch die Bohrung bedingten Rinden- und Splint- bzw. Kernholzverletzung

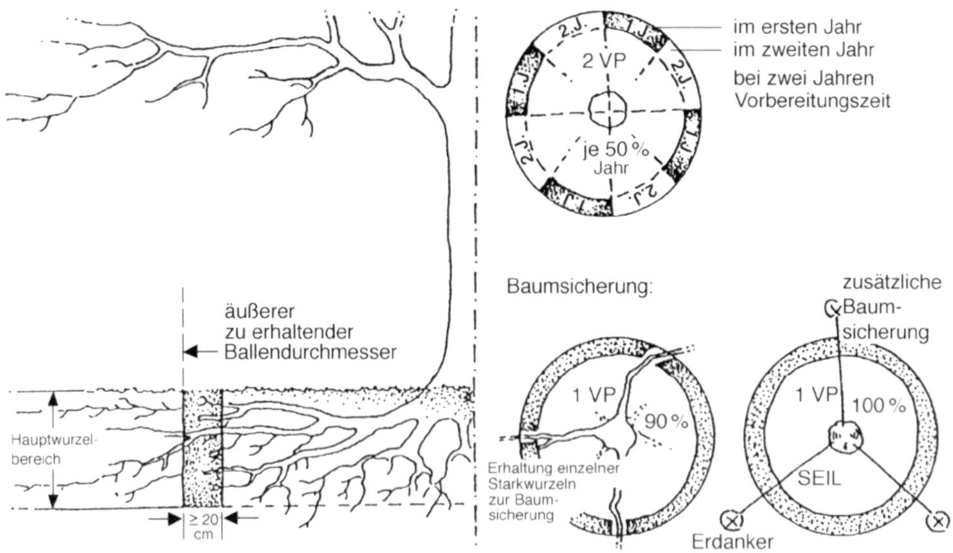

Abbildung 61: Abschnittsweises Vorbereiten einer Großbaumverpflanzung (aus: ZTV-Großbaumverpflanzung, 1995)

durch die punktuelle Lastverteilung zahlreiche Quetschungen und Stammrisse entstehen. Diese bewirken Folgeprozesse wie Rücktrocknung, unzureichende Abschottung und Stammfäule (s. Tafel 23.5).

Die Aufnahme des Baumes muß schonend nach Sicherung des Ballens durch technische Maßnahmen mit Hilfe eines Kranes, Baggers, Radladers o. ä. oder mittels einer entsprechend großen Rundspatenmachine erfolgen. Der Maschinenführer muß die Rundspaten an der äußeren Ballenkante exakt und gleichmäßig ansetzen, um nicht die zwischenzeitlich gebildeten Wurzeln abzuquetschen. Diese bilden sich an den Kappungsstellen in Abhängigkeit vom individuellen Regenerationsvermögen der Wurzeln, ein Großteil entsteht aus der Stammbasis völlig neu (s. Abb. 33).

Die Eignung der jeweiligen Baumgattungen, -arten und -sorten zur Großbaumverpflanzung ist zwangsläufig abhängig von der individuellen Wurzelentwicklung, dem Regenerationsvermögen und dem Abschottungsvermögen der gekappten Wurzeln. Nach bisherigen Erfahrungen scheinen kompaktwachsende Wurzelsysteme besser verpflanzbar zu sein als andere (Tab. 31). Eine schablonenhafte Ausführung läuft jedoch Gefahr, ihr Ziel zu verfehlen. Daher müssen durch Suchgrabungen die tatsächliche Wurzelausdehnung erkannt und die weitere Vorgehensweise vor dem Hintergrund der tatsächlichen Wurzelverluste abgeklärt werden.

Der neue Standort sollte klimatisch der Pflanzenherkunft entsprechen, um nicht Witterungsschäden zu induzieren. Auch wird das Anwachsen erleichtert, wenn Ballensubstrat und umgebendes Erdreich zur Vermeidung von Kapillarbrüchen aufeinander abgestimmt sind (s. Kap. 6.1.1.6). Beim Setzen ist auf die richtige Ballenhöhe zu achten, häufig stehen die Ballen nach dem Setzungsprozeß zu tief. Eine mehrjährige nachsorgende Pflege ist unabdingbar; sie umfaßt die fachgerechte Düngung, Bewässerung, Wildkrautbeseitigung und Pflanzenschutzmaßnahmen bei Schaderregerbefall (s. Kap. 6.2.6).

Die derzeitige Handhabung der Großbaumverpflanzung besteht offensichtlich immer häufiger in der schnellen Umsetzung von Bäumen, die von ihrem Standort kurzfristig weichen müssen. Die Folgen sind ein nur unbefriedigendes Pflanzenwachstum bis hin zum partiellen oder völligen Absterben der Bäume. Neben den massiven Wurzelschäden werden zu starke Kronenschnittmaßnahmen hingenommen und durch unsachgemäßen Transport Stammschäden hervorgerufen. Es spricht vieles dafür, daß die Verpflanzwürdigkeit der betroffenen Bäume heute weniger nach fachlichen Gesichtspunkten, wie Entwicklung von Krone und Wurzel, Alter, Vitalität, Freisein von Schaderregern u. a. entschieden wird, sondern zunehmend durch wenig fachlich geprägte Vorstellungen Dritter („politischer Baum"). Daher werden meist weder vorbereitende Maßnahmen noch eine Nachsorge des Baumes in erforderlichem Umfang ermöglicht. Die Berücksichtigung baumbiologischer Grenzen und die Optimierung der Pflanzvorgänge ermöglichen eine verbesserte Praxis. Dies bedeutet allerdings auch, daß nicht jeder Baum verpflanzt und bei zu starken Eingriffen eine begonnene Großbaumverpflanzung abgebrochen wird (BALDER u. a., 1994a, b; 1995b, 1997a; NEUMANN, 1984; WÖLLNER u. a., 1994).

Tabelle 31: Eignung der Baumarten zur Großbaumverpflanzung (aus: BALDER u. a., 1994a)

Eignung	Baumgattungen
relativ problemlos	Ahorn, Eiche, Kastanie, Linde, Pappel
widersprüchlich	Buche, Hainbuche
schwierig	Esche, Robinie

6.2.4 Schnittechnik

Wurzeln können in Abhängigkeit von ihrem Durchmesser mit unterschiedlichem Werkzeug durchtrennt werden. Stets ist darauf zu achten, daß Wurzeln dabei nicht gequetscht, sondern geradlinig geschnitten werden. Fein- und Schwachwurzeln können mit einer scharfen Baumschere durchtrennt werden, alle übrigen erfordern eine Hand- oder eine Kettensäge. Bezüglich der Schnittführung wird seit jeher empfohlen, Schwach- und Grobwurzeln leicht schräg nach unten zu schneiden. Bei Starkwurzeln ist hingegen die rechtwinkelige Führung zur Wurzelachse zu wählen (ZTV-Baumpflege, 1993; SIEWNIAK u. a., 1994). Die wissenschaftliche Überprüfung ergab bei Eiche keine eindeutige Empfehlung zur besten Schnittführung (Abb. 62). In jedem Fall sollte aber der Wundrand mit einer scharfen Hippe geglättet werden, um die Kallusentwicklung zu fördern (s. Tafel 24.1). Stets fördert aber das Nachschneiden gegenüber dem Abriß die Wurzelneubildung.

6.2.5 Wundbehandlung

Behandlungen von verletzten Wurzeln werden in der praktischen Baumpflege aus folgenden Erwägungen vorgenommen:

- Anregung der Wurzelneubildung
- Förderung der Wundabschottung
- Verhinderung einer Wurzelfäule
- Schutz vor unkontrollierten Schäden
- Verhinderung der Vitalitätsabnahme

Die eingesetzten Mittel zur Wundbehandlung sollen entweder rein mechanisch eine Wundoberfläche abdecken, Wundreaktionen fördern oder zusätzlich Schaderreger am Eindringen in die Pflanze hindern. Je nach Zielrichtung des Herstellers greifen in der Bundesrepublik Deutschland rechtliche Instrumentarien (u. a. Pflanzenschutzgesetz v. 15.9.1986; novelliert am 14.5.1998), die z. B. bei den Wundverschlußmitteln eine amtliche Zulassung erforderlich machen (Tab. 32). Auf diesem Wege werden das in den Verkehr bringen, die Anwendungsberei-

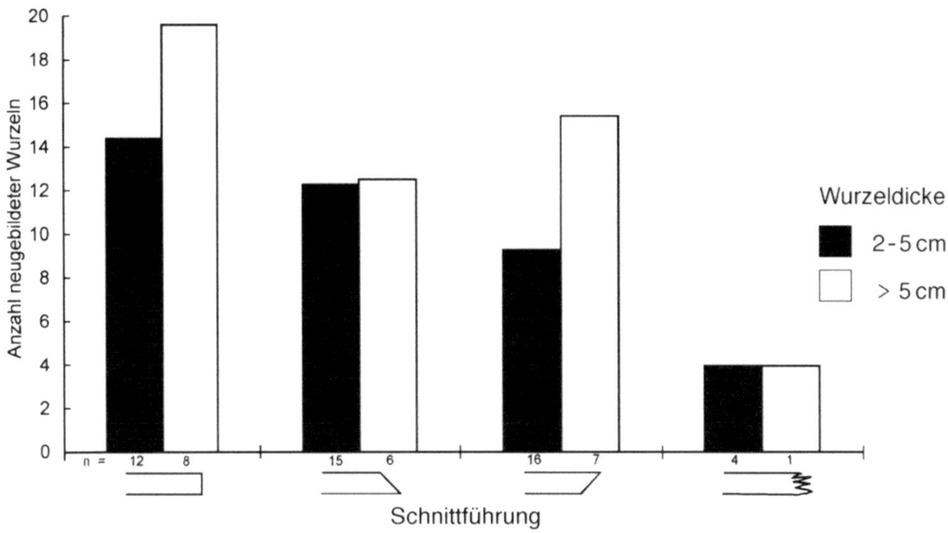

Abbildung 62: Wurzelregeneration bei unterschiedlicher Schnittführung bei Eiche (Pflanzenschutzamt Berlin, unveröffentlicht)

Tabelle 32: Mittel zur Wundbehandlung (aus: BALDER u. a., 1996d)

Mittelbezeichnung	Zielrichtung	Gesetzliche Vorgaben
Desinfektionsmittel	Stoffe zur Sterilisierung u. a. von Materialien, Räumen, Werkzeugen	i. d. R. keine, z. T. als Pflanzenschutzmittel eingestuft und damit zulassungspflichtig
Holzschutzmittel	Stoffe zur Abwehr holzzerstörender Pilze und Insekten (totes Holz)	Mittel f. tragende Bauteile: Prüfzeichenpflicht (IfBt) Mittel f. nichttrag. Bauteile: RAL-Gütezeichen
Pflanzenstärkungsmittel	keine Direktwirkung	anmeldepflichtig
Wuchsstoff	als Pflanzenschutzmittel Stoffe zur Beeinflussung des Pflanzenwachstums	zulassungspflichtig
Wundverschlußmittel	als Pflanzenschutzmittel Stoffe zum Schutz der Pflanze, u. a. vor Schadorganismen	zulasssungspflichtig

che sowie Einschränkungen in der Anwendung geregelt mit dem Ziel, ihre Wirksamkeit und Umweltverträglichkeit sicherzustellen. Derzeit sind Wundverschlußmittel für die ausgewiesenen Indikationen „Wundverschluß an Fichte im Forst" oder „Wundbehandlung an Obst- und Ziergehölzen" zugelassen, wobei sie allein auf eine oberirdische Behandlung abzielen. Für die Behandlung von lebenden Wurzeln wurde bislang kein Mittel speziell entwickelt. Mit der Novellierung des Pflanzenschutzgesetzes vom 14.5.1998 ist nur noch eine Anwendung der Mittel in den ausgewiesenen Indikationen zulässig, für bislang zugelassene Mittel gilt eine 3jährige Übergangsfrist.

Ein Wundbehandlungsstoff darf an lebenden Bäumen nur dann angewendet werden, wenn er keine pflanzenschädigende Wirkung hat. In Untersuchungen an oberirdischen Pflanzenteilen konnte bereits mehrfach belegt werden, daß Desinfektions- und Holzschutzmittel Bast und Kambium schädigen (BALDER, 1992; DUJESIEFKEN u. a. 1992). Die ZTV-Baumpflege (1993) sieht daher deren Anwendung nicht mehr vor. Auch an der Wurzel erwiesen sich geprüfte Desinfektionsmittel wie M & ENNO-TER-forte, Alkohol (70%ig), Baum-Wundbalsam, Delegol und Jod (5%ig) als phytotoxisch. Sie schädigen ebenfalls Bast und Kambium, beeinträchtigen die Kallusbildung und vergrößern die Verfärbung (s. Tafel 24) (BALDER u. a., 1995a). Ihre Anwendung kann daher nicht empfohlen werden.

Zugelassene Wundverschlußmittel sind dagegen auch an der Wurzel pflanzenverträglich. Verglichen mit der Haltbarkeit der Beläge an oberirdischen Wunden werden diese im Boden allerdings schneller abgebaut, je nach Behandlungszeitpunkt werden sie rissig oder blättern ab. Auf die Wundreaktionen und die Wurzelneubildung haben sie jedoch wenig Einfluß. Wie auch an oberirdischen Wunden können sie einen Pilzbefall nicht verhindern, der Zusatz eines Fungizides bewirkt bei bisherigen Mitteln lediglich eine gewisse Verzögerung im Holzabbau (Abb. 63). Bei ihrer Anwendung muß die Wurzel zuvor geglättet und deckend über den Rand hinaus behandelt werden (s. Tafel 24.4).

In der Praxis werden auch Alginate zur Wurzelbehandlung empfohlen und angewendet (BERNATZKY, 1988; SIEWNIAK u. a., 1994). In den Verdünnungen 1 : 10 bzw.

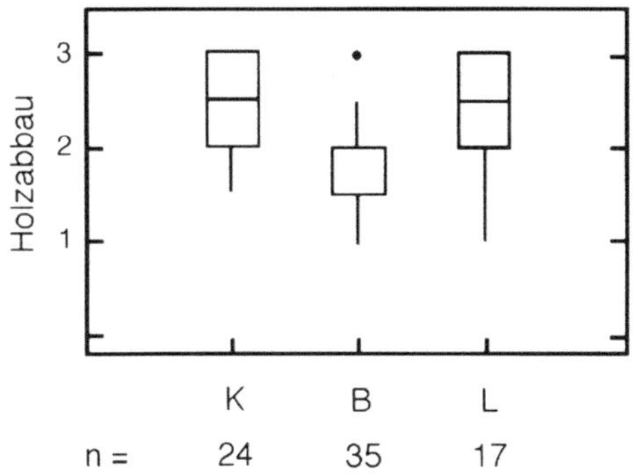

Abbildung 63: Einfluß von Wundverschlußmitteln auf die Holzfäule (aus: BALDER u. a., 1995a)
K = Kontrolle
L = Lac Balsam
B = Bayleton-Rindenwundverschluß

1 : 20 war bei Roteiche keine wesentliche Förderung der Wurzelneubildung festzustellen (BALDER u. a., 1996d).

In der Erprobung sind derzeit Wuchsstoffe, die in der gärtnerischen Pflanzenproduktion u. a. zur Stecklingsbewurzelung erfolgreich Verwendung finden. Hierbei handelt es sich um pflanzeneigene Phytohormone, so daß ihr Einsatz in diesem Bereich naheliegend ist (s. Kap. 2.4.4). Erste Untersuchungen ergaben bereits fördernde Effekte, die aber noch verbessert werden sollten (Abb. 64). Auch Huminsäuren wurden mit ersten positiven Ergebnissen erprobt (HERDT, 1997; BALDER, 1998a), ihre fördernde Wirkung auf das Wurzelwachstum ist bei entsprechenden Substraten seit langer Zeit bekannt. Wuchsstoffe versprechen über die Förderung der Wurzelregeneration auch eine verbesserte Abschottung, doch bedarf es noch intensiver Forschung, um für die Baumpflegepraxis wirksame Mittel mit klaren Empfehlungen anbieten zu können. Da auch Wuchsstoffe zu den Pflanzenschutzmitteln zählen, bedürfen sie vor der Anwendung einer amtlichen Zulassung (s. Tab. 32).

Insgesamt wird deutlich, daß die Wirkung von Wundbehandlungsstoffen stets vor dem Hintergund baumbiologischer Einflußgrößen zu sehen ist. Art, Ort und Zeitpunkt der Verletzung sowie Alter der Wurzel haben wesentlich größeren Einfluß auf die Wundreaktion als die Wirkung eines Mittels. Diese können stets nur die Reaktion unterstützen. Ihr Einsatz muß daher in der Praxis in einem integrierten Konzept gesehen werden, da ihre Anwendung nur Sinn macht, wenn sichergestellt ist, daß nachfolgend nicht erneut Schäden entstehen, z. B. durch Witterung bei unzureichender Abdeckung.

Bei Wundverschlußmitteln handelt es sich in der Bundesrepublik Deutschland um Pflanzenschutzmittel, so daß bei ihrer Anwen-

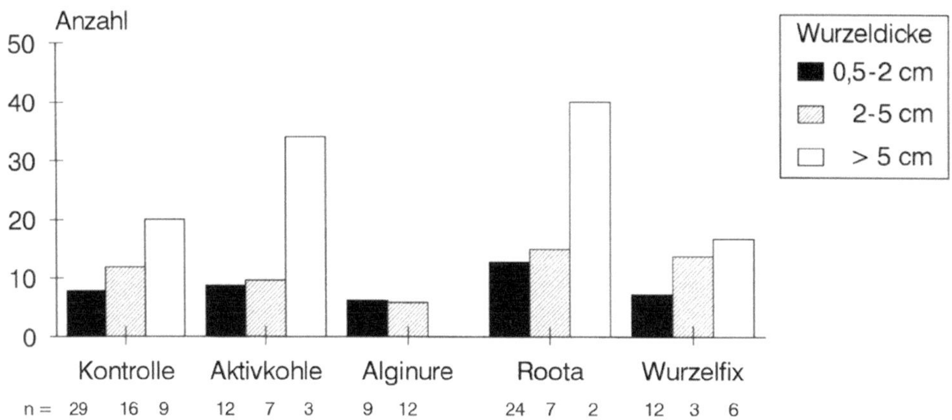

Abbildung 64: Einfluß von Wuchsstoffbehandlungen auf die Wurzelausbildung bei Roteiche (Pflanzenschutzamt Berlin, unveröffentlicht)

dung die folgenden Ausführungen des Pflanzenschutzgesetzes zu beachten sind:

- eine Anwendung ist nur auf **gärtnerisch**, **landwirtschaftlich** oder **forstwirtschaftlich genutzten Flächen** erlaubt,
- eine Anwendung darf nicht in oder **in unmittelbarer Nähe von Gewässern** erfolgen,
- eine Anwendung und Beratung zu gewerblichem Zwecke darf nur von Personal vorgenommen werden, das über die **erforderliche Zuverlässigkeit** und die dafür erforderlichen **fachlichen Kenntnisse** und **Fertigkeiten** verfügt.

Darüber hinaus gelten gelten in der Bundesrepublik Deutschland die Naturschutzgesetze der einzelnen Bundesländer, die weitergehende Einschränkungen beinhalten können. In der Baumpflegepraxis werden diese rechtlichen Vorgaben kaum eingehalten (BALDER, 1993a).

6.2.6 Pflegemaßnahmen

Nach gezielten Wurzeleingriffen müssen Pflegemaßnahmen folgen, die eine schnelle Wurzelregeneration unterstützen. Sie sind Bestandteil integrierter Pflegekonzepte, die aus Sicht des Pflanzenschutzes zunächst auf Stärkung des Baumes abzielen und erst nach gezielter Schadensdiagnose mechanische, thermische, biologische oder chemische Maßnahmen vorsehen (Abb. 65). Eine regelmäßige bedarfsgerechte Bewässerung

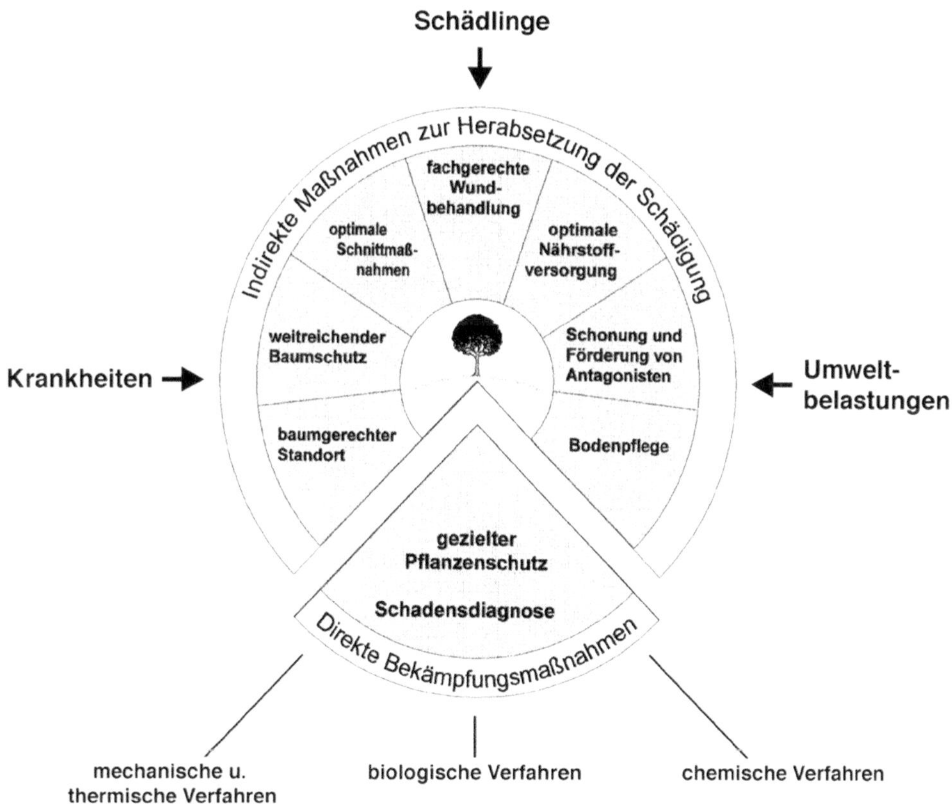

Abbildung 65: Integrierter Pflanzenschutz in der Baumpflege

und eine gleichmäßige Nährstoffversorgung, die durch eine Volldüngergabe (s. Anhang VII) im Frühjahr sichergestellt wird, fördern die Wurzelentwicklung und unterstützen die Regeneration des gesamten Baumes. Eine Mulchschicht verhindert eine Wildkrautentwicklung und sichert einen gleichmäßigen Wasserhaushalt.

Grundsätzlich prädisponieren Wurzeleingriffe viele Bäume für den Angriff durch zahlreiche Schaderreger. Eine starke Verunkrautung stellt eine zusätzliche Wasser- und Nährstoffkonkurrenz dar, desgleichen blattsaugende Schädlinge wie Spinnmilben, Gallmilben und Blattläuse. Geeignete Pflanzenschutzmaßnahmen müssen daher nach sachgerechter Diagnose und Einsatzmöglichkeit (u. a. Indikation, Wasserschutzgebiet, Bienenschutz, Sachkunde, Naturschutzgesetze) den Wildkrautdruck eindämmen und den Schädlingsbefall vermindern. Ansonsten ist die Gefahr groß, daß rindenbrütende Insekten (Bock-, Borken-, Pracht-, Splintkäfer) nachhaltige Fraßschäden am Stamm hervorrufen, die das Überleben des Baumes gefährden (Abb. 66). Eine regelmäßige Inaugenscheinnahme der Bäume ist daher geboten, um rechtzeitig gegensteuern zu können.

Die Kronenentwicklung muß in geringen Abständen begutachtet werden. Kleinblättrigkeit, Blattverfärbungen und Triebsterben sind Hinweise auf Streßsituationen infolge des Eingriffes, deren Ursachen erforscht werden müssen. Das partielle Absterben von Ästen erfordert Kronenkorrekturen, da dies häufig ein Anzeichen auf ein zu großes Ungleichgewicht zwischen Wurzel und Krone ist. Gleichzeitig kann der Entwicklung von Schaderregern bedingt durch einen Hygieneschnitt Einhalt geboten werden.

Abbildung 66: Schleimfluß an Eiche als Indikation für Befall mit Splintkäfern

6.3 Maßnahmen im Schadensfall

Im Schadensfall ergeben sich durch Schädigungsform, Verletzungsort und zwischen Schädigung und Behandlung verstrichener Zeit individuelle Maßnahmen. Belastungen durch Witterungsstreß, Schadstoffe und Schaderreger haben meist einen chronischen Verlauf, so daß individuell sowohl Schäden als auch Abwehrreaktionen der Wurzel eingetreten sind (s. Kap. 3 und 4). Gesicherte Erfahrungen zu gezielten Maßnahmen sind nicht bekannt. Bei mechanischen Eingriffen sind jedoch folgende Aspekte von Bedeutung:

- Nachbehandeln „unfachmännischer Eingriffe"
- Beseitigung von Fäulen in Abhängigkeit vom Schadensfortschritt
- Schutz vor nachträglichen Schädigungen

- Förderung der Wurzelneubildung durch Wundbehandlung, Einbau wurzelfördernder Substrate
- gärtnerische Pflege

Alle Maßnahmen haben stets den Charakter einer Schadensbegrenzung. Folgende Details sind bei **frischen Wunden** von Bedeutung:

- Bloße Rindenverletzungen sind nicht „gesundzuschneiden", sondern lediglich vorsichtig nachzuarbeiten.
- Maschinell zerrissene Wurzeln sind abgeknickt und vielfach eingerissen. Ein Nachschneiden bei vertikaler Schnittführung mit scharfem Werkzeug fördert die Abschottung, Kallus- sowie Wurzelneubildung und vermindert die Gefahr der Pilzinfektion.
- Eine Wundbehandlung darf nur mit pflanzenverträglichen Wundverschlußmitteln erfolgen. Die Schnittfläche und die angrenzende Rinde muß flächig überstrichen werden. Danach muß durch geeignete Schutzmaßnahmen eine erneute Schädigung der Wurzeln verhindert werden.
- Ist eine Wurzelneubildung erfolgt, so ist das umgebende Substrat wesentlich für ihre Weiterentwicklung verantwortlich. Die Wurzelneubildung wird gegenüber sterilem Sand, wie er in der Regel im Tiefbau Verwendung findet, durch Zusatz organischer Substanz und bei zusätzlicher Wässerung – also gärtnerischer Pflege – gefördert.

Ist seit der Schädigung ein **größerer Zeitraum** verstrichen, so ist genau abzuwägen, ob zusätzliche Maßnahmen vertretbar sind. In keinem Fall dürfen zwischenzeitlich eingetretene Abschottungsreaktionen geschädigt werden (s. Kap. 4). Wundbehandlungen sind in der Regel überflüssig, da meist eine Pilzinfektion stattgefunden hat. Sinnvoll wäre daher der Hygieneschnitt bei gut reagierenden Wurzeln, um u. a. die Wurzelneubildung anzuregen. Ergebnisse wissenschaftlicher Studien liegen hierzu nicht vor.

Bei der Anwendung von Wundverschlußmitteln, also Pflanzenschutzmitteln, sind die Vorgaben des Pflanzenschutzgesetzes zu beachten. Neben Anwendungsverboten kommt hierbei der Sachkunde sowie der Anzeige einer gewerblichen Pflanzenschutzmittelanwendung für andere bei den zuständigen Pflanzenschutzdienststellen große Bedeutung zu (s. Kap. 6.2.5).

7 Sanierung von belasteten Baumstandorten

Wachstumsbeeinträchtigungen und Schäden von Park- und Straßenbäumen haben ihre Ursachen häufig im Wurzelbereich. Sie erfordern einerseits Maßnahmen zur Behebung von Schäden an der Wurzel selbst (s. Kap. 6.3) und andererseits eine Sanierung des unmittelbaren und weiteren Baumumfeldes. In Parkanlagen können großflächig Vegetationsbestände betroffen sein, bei Platz- und Straßenbäumen auch nur einzelne Exemplare. Die im Laufe der Standzeit eingetretenen Beeinträchtigungen des Baumumfeldes müssen jedoch deutlich getrennt werden von den Problemen, die aus der Pflanzphase der Bäume stammen.

Grundlage für ein ungestörtes Wurzel- und Pflanzenwachstum ist eine weitsichtige Standortvorbereitung, die Verwendung gesunder, standortgerechter Bäume sowie die fachgerechte Pflanzung und Fertigstellungspflege (siehe Kap. 6.1). Werden wachstumsbeeinträchtigende Faktoren – insbesondere im Boden – vor der Pflanzung nicht beseitigt, geschädigte Pflanzen verwendet oder wird

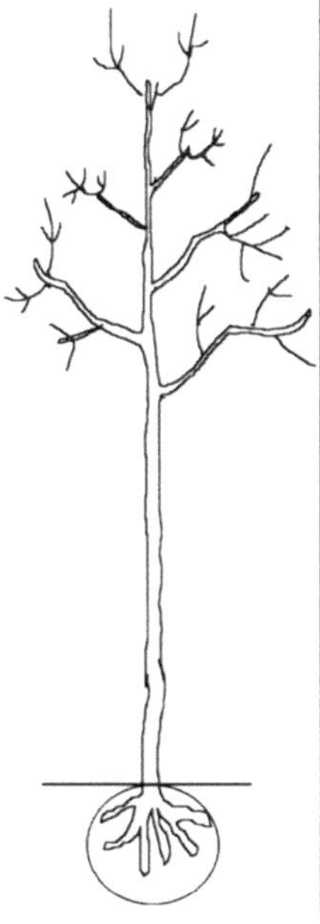

Ursachen	Folgen
Kürzen des Leittriebes	fehlender Leittrieb, schlechte Kronenentwicklung, Gabelbildung
unterlassener Schnitt	Trockenstreß, Schwächeparasiten
unsachgemäßer Rück- oder Auslichtungsschnitt	Kronenfehlentwicklung
Wasser-, Nährstoffmangel	Wuchsdepression, Kleinblättrigkeit, Schwächeparasiten
Schaderregerbefall in der Anzucht	Blattsymptome, Aststerben, Stamm- und Wurzelschäden, Wuchsdepression, Absterben, Ausbreitung von Krankheiten und Schädlingen in der Anlage
falsche Baumartenwahl	Wuchsdepression, Vergreisen, Schwächeparasiten
unsachgemäßer Transport	Astbruch, Stammschäden, Schwächeparasiten
mangelnde Akklimatisierung	Sonnenbrand am Stamm, geringe Winterhärte
falsches Mulchen Nichtöffnen der Ballierung	Sauerstoff-, Nährstoffmangel, Gerbsäuren, Wuchsdepression, geringe Wildkrautunterdrückung Wurzelneubildung und Anwachsen behindert, Einschnürungen am Stamm
zu tiefes Pflanzen	Wurzelschäden, Wuchsdepression, Absterben
ungenügendes Verpflanzen in der Anzucht	wenig Saugwurzeln, Trockenstreß, Schwächeparasiten
Bodenverdichtung	Staunässe, Sauerstoffmangel, Wuchsdepression, Schwächeparasiten
Schadstoffe im Substrat oder Unterboden	Wurzelschäden, Blattsymptome, Schwächeparasiten
organische Substanz im Unterboden	Sauerstoffarmut durch humuszersetzende Bakterien, Methan- und Kohlendioxidproduktion, Wurzelschäden

Abbildung 67: Zusammenstellung der wesentlichen Fehler bei Neupflanzungen (aus: BALDER u. a., 1997a)

unsachgemäß gepflanzt, so haben Jungbäume kaum eine Chance, sich gut zu entwickeln (Abb. 67). Bereits in diesem Stadium müssen daher unzureichende Wurzelentwicklungen rechtzeitig erkannt und ihre Ursachen zielgerichtet beseitigt werden, um eine nachhaltige Schädigung der Wurzelsysteme zu verhindern.

Die Erfahrung mit der Sanierung geschädigter Jungbäume ist gering. Es liegt nahe, daß der Erfolg abhängig ist von den Auswirkungen der jeweils schädigenden Faktoren, von der Regenerationsfähigkeit der Baumart und der Standzeit der Bäume. Zu empfehlen ist ein schrittweises Vorgehen, wobei die umfassende Ermittlung von Wachstumsbeeinträchtigungen und Schadensursachen sowie ihre konsequente Beseitigung zentrale Ziele sein müssen (Tab. 33). Im Gegensatz zur Altbaumsanierung ist jedoch beim Jungbaum die Behebung von Mängeln, die aus einer mangelnden Pflanzenqualität und Pflanztechnik stammen, eher umsetzbar. So kann nach zu tiefer Pflanzung die Pflanzhöhe korrigiert, Bodenbeeinträchtigungen nach Herausnahme des Jungbaumes auch unterhalb des Wurzelsystemes beseitigt werden. Grundsätzlich bieten sich die gleichen Problemlösungen an.

Im Vorfeld geplanter Sanierungsmaßnahmen ist in Abhängigkeit von der Standortsituation, der Baumart und dem Baumalter abzuwägen, ob eine Verbesserung des Standortes sinnvoll ist und technisch umgesetzt werden kann. In jedem Fall ist auszuschließen, daß bei ihrer Realisierung zusätzliche Beeinträchtigungen des Baumes entstehen, z. B. durch mechanische Verletzungen oder

Tabelle 33: Schrittweises Vorgehen bezüglich der Behebung von Mängeln bei Neupflanzungen (aus: Balder u. a., 1997a)

1. Analyse der Situation
- Baum: Krankheits- und Schädlingsbefall; mechanische Verletzungen; Kronenaufbau
- Umfeld: physikalische Bodeneigenschaften (Bodenverdichtung, Stauhorizont, Korngröße); chemische Bodeneigenschaften (Nährstoffe, pH-Wert, Schadstoffe); Bodenlufthaushalt; Bodenwasserhaushalt; Raumverhältnisse; Mikroklima

2. Abwägung der Sanierungsmöglichkeiten in Abhängigkeit
- von dem Schädigungsgrad
- von dem Regenerationsvermögen der Pflanze
- von den Erfolgsaussichten der jeweiligen Maßnahme
- von der geschätzten Reststandzeit des Baumes

3. Beseitigung von Schadfaktoren
- Optimierung der Standortverhältnisse *ohne* Herausnahme des Baumes (Düngung, Korrektur des pH-Wertes, Behebung der Staunässe u. a.)

oder
- Beseitigung von Wachstumsbeeinträchtigungen *bei* Herausnahme des Baumes (Korrektur der Pflanzhöhe, Öffnen der Ballierung, Behebung der Staunässe, Beseitigung von Bodenverdichtungen, Schutt oder Schadstoffen u. a.)

4. Optimierung der Pflege

Witterungsstreß. Desweiteren müssen die Kosten im Verhältnis zum jeweiligen Nutzen stehen. Eine kostenintensive Erhaltung von abgängigen Altbäumen ist nicht immer gerechtfertigt und verhindert die Pflanzung von Jungbäumen.

7.1 Düngung

Straßenbäume leiden aufgrund der spezifischen Standortsituation vielfach unter Nährstoffmangel (s. Abb. 15), für Parkbäume liegen hierzu nur wenig Erkenntnisse vor. Eine mangelhafte Versorgung mit Nährstoffen kann unterschiedlich bedingt sein, so durch eine Festlegung der Nährstoffe bei alkalischer Bodenreaktion oder Ionenantagonismus, durch unzureichende Verfügbarkeit der Elemente bei trockenen Böden oder durch geringe Aufnahmemöglichkeiten aufgrund eines inaktiven Feinwurzelsystems infolge parasitärer oder nichtparasitärer Belastungsfaktoren (s. Kap. 3). In der Regel liegen komplexe Schadensverläufe vor, so daß eine Verbesserung der Nährstoffversorgung allein durch Düngung erst nach Sicherstellung von Aufnahmefähigkeit und Verfügbarkeit der Elemente vorgenommen werden sollte.

Bei Park- und Straßenbäumen ist die Ausbringung von Düngern lediglich als Bodenapplikation möglich; Blattapplikationen sind technisch aufwendig, Stamminjektionen und -infusionen mit Stammverletzungen verbunden. Während in Parkanlagen die Nährstoffgabe durch manuelles oder maschinelles Ausbringen großflächig erfolgen kann, sind vorrangig auf versiegelten Platz- und Straßenbaumstandorten andere Applikationstechniken erforderlich. Zur Tiefendüngung von Bäumen werden in der Praxis punktuell Kavernen mittels Spüllanzen angelegt oder die Dünger pneumatisch mit Belüftungsgerä-

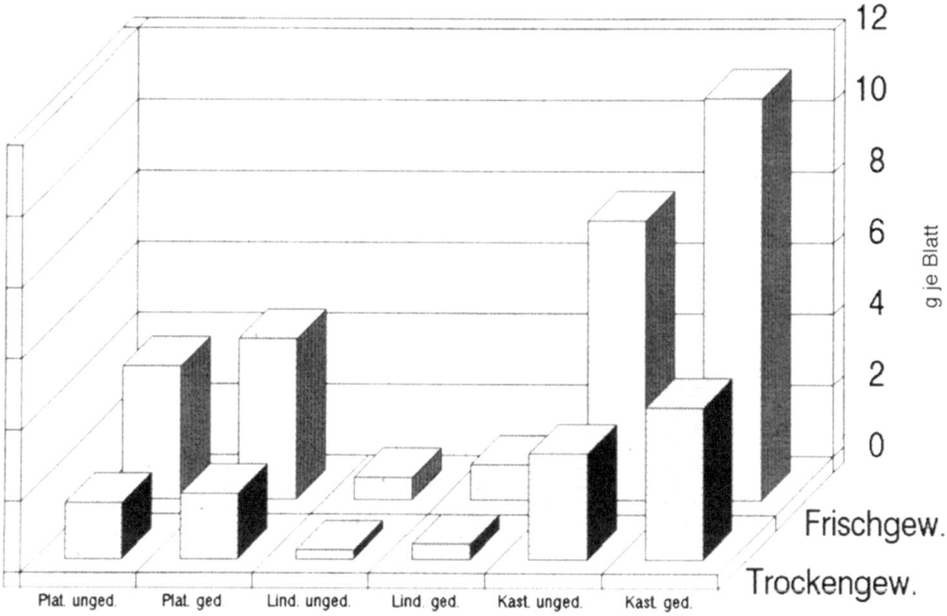

Abbildung 68: Einfluß einer Nährstoffzufuhr auf die Blatttrockengewichte bei Platane, Linde und Kastanie (aus: BALDER u. a., 1997a)

ten ausgebracht. Bei größeren Baumscheiben ist nach wie vor das Aufstreuen und ein oberflächiges Einarbeiten praktikabel. Eine schnelle Wirkung ist jedoch bei Altbäumen nicht zu erwarten, da das Wurzelsystem meist nur eingeschränkt erreicht werden kann und Bäume häufig erst nach zwei bis drei Jahren reagieren (MEYER, 1982). Ferner reicht nach bisheriger Kenntnis eine einmalige Düngung bei Straßenbäumen nicht aus, um die Wachstumsbedingungen nachhaltig zu verbessern.

Wissenschaftliche Untersuchungen zum Nährstoffbedarf von Altbäumen liegen derzeit nur wenige vor. Bei Düngungsversuchen mit Linde, Platane und Roßkastanie wurde am Straßenstandort über 5 Jahre wiederholt im Spüllanzenverfahren ein mineralischer Baumdünger (10 % Stickstoff, 8 % Phosphat, 18 % Kalium, 4 % Magnesium und Spurenelemente – 100 g pro cm Stammdurchmesser) im Baumscheibenbereich ausgebracht (BALDER u. a., 1997a). Die Blätter nahmen im Vergleich zu ungedüngten Kontrollen an Größe zu, die Färbung war intensiver und sie verblieben auch im 8. Versuchsjahr im Herbst länger an den Bäumen. Die Blatttrokkengewichte waren deutlich erhöht: bei Platane trat eine Steigerung um 20,8 %, bei Linde um 58,7 % und bei Kastanie um 43,2 % ein (Abb. 68). Die Werte der Blattanalysen schwankten in den untersuchten Jahren erheblich, ließen aber eine verbesserte Stickstoff-, Phosphat-, Kalium- und Magnesiumversorgung bei gleichzeitiger Abnahme von Calzium erkennen (Abb. 69). Ähnliche Effekte erzielte auch HABERMANN (1989), der die Schwankungen der Ergebnisse auf die Heterogenität des Unterbodens zurückführte. In Ermangelung von Ausgrabungsexperimenten ist die gleichzeitige Wirkung auf die Wurzelentwicklung unbekannt. Kritisch muß

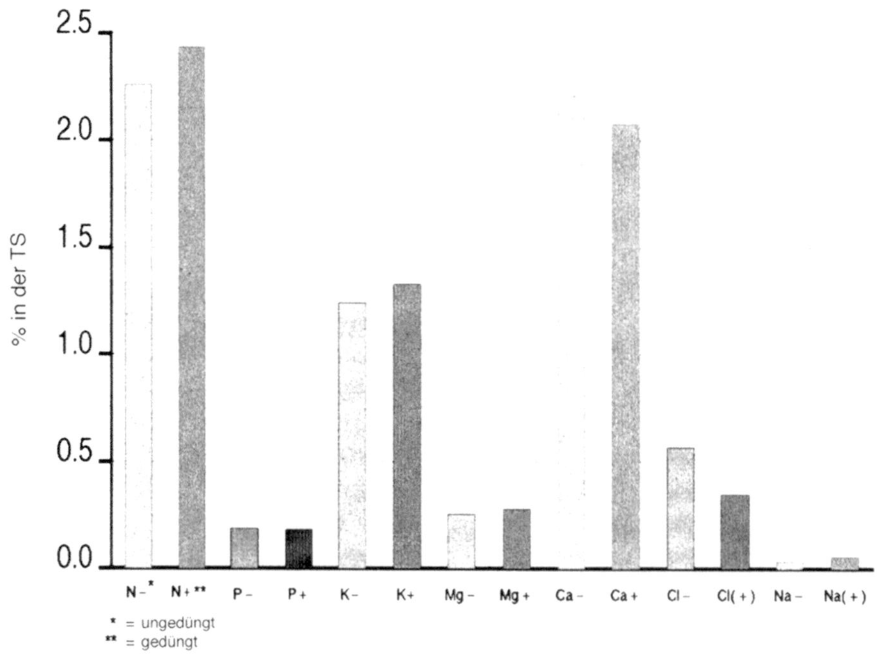

Abbildung 69: Erhöhung der Blattspiegelwerte nach mehrjähriger Düngung bei Linde (aus: BALDER u. a., 1997a)

Tabelle 34: Ausreichende Blattspiegelwerte verschiedener Baumarten (aus: BERGMANN, 1983)

Baumart	N (%)	P (%)	K (%)	Ca (%)	Mg (%)
Buche	1,90–2,50	0,15–0,30	1,0–1,50	0,30–1,50	0,15–0,30
Eiche	2,0–3,00	0,15–0,30	1,0–1,50	0,30–1,50	0,15–0,30
Esche	1,70–2,20	0,15–0,30	1,10–1,50	0,30–1,50	0,20–0,40
Linde	2,30–2,80	0,15–0,30	1,0–1,50	0,20–1,20	0,15–0,30
Pappel	1,80–2,50	0,18–0,30	1,20–1,80	0,30–1,50	0,20–0,30

daher angenommen werden, daß die Zunahme der Blattmasse das Verhältnis zwischen transpirierender Blatt- und wasseraufnehmender Wurzelmasse vergrößert, so daß in Hitze- und Trockenstreßsituationen die Laubkrone möglicherweise nicht ausreichend mit Wasser versorgt werden kann. Die anzustrebenden Blattspiegelwerte für eine ausgeglichene Versorgung sind derzeit für die häufigsten Straßenbaumarten nicht endgültig geklärt, sie können lediglich aus gezielten Experimenten mit Jungpflanzen übernommen werden (Tab. 34).

Grundsätzlich können die Nährstoffe sowohl in rein mineralischer Form als Einzel- oder Mehrkomponentendünger als auch in organischer bzw. organisch-mineralischer Form als Volldünger zugeführt werden. Die Angebotspalette ist groß (s. Anhang VII), doch sind auf den speziellen Bedarf von Altbäumen abgestimmte Dünger zur Zeit noch nicht optimal entwickelt und in ihrer Wirkung durch wissenschaftliche Untersuchungen nicht bestätigt. LEH u. a. (1989) empfehlen, grundsätzlich Langzeit- oder Depotdünger zu verwenden, um den Baum über längere Zeit mit Nährstoffen zu versorgen. Die Freisetzung von Nährstoffen ist bei derartigen Düngern abhängig von Bodentemperatur, Bodenfeuchtigkeit und biologischer Aktivität, so daß bei unsachgemäßer Anwendung u. a. eine verstärkte Auswaschung und eine erhöhte Frostempfindlichkeit zu erwarten ist (BALDER, 1998b).

Durch die Verbesserung der Nährstoffversorgung wird auch die Abwehrfähigkeit eines Baumes gegenüber Schaderregern beeinflußt. Bei Linde als auch bei Kastanie wurde der Befall mit blattsaugenden Spinnmilben (*Tetranychus urticae, Eotetranychus tiliarum*) durch eine verbesserte Nährstoffversorgung leicht vermindert, das Auftreten der Blattbräune (*Apiognomonia veneta* (Sacc. & Speg.)) bei der Platane dagegen etwas erhöht. Als Ursachen werden sowohl die veränderte Reaktionslage des Baumes als auch Veränderungen des Mikroklimas in der dichteren Krone (Absenkung der Temperatur bei gleichzeitiger Anhebung der relativen Luftfeuchte) mit Auswirkungen gleichermaßen auf Schädlinge und Nützlinge diskutiert. Bezüglich eines veränderten Gesundheitszustandes der Wurzeln liegen keine Erkenntnisse vor. Zu diesen komplexen Zusammenhängen sind weitergehende Forschungen notwendig, um künftig durch eine gezielte Düngung sowohl eine gute Nährstoffversorgung als auch eine Verminderung des Schaderregerauftretens zu erreichen (BALDER u. a., 1997a).

7.2 Kalkung

Innerstädtische Straßenbaumstandorte sind häufig durch eine Bodenreaktion im alkalischen Bereich charakterisiert (s. Abb. 15). Dies führt zur Festlegung potentieller Nährstoffe und bei entsprechender Baumartenwahl zu Wachstumsbeeinträchtigungen, schützt aber umgekehrt bei Emissionseinträgen vor einer Bodenversauerung mit komplexen Schadensverläufen, wie sie im Rahmen der neuartigen Waldschäden erkannt wurden. Parkanlagen fanden in der Vergangenheit wenig Beachtung. Aus Berliner Parkanlagen, die überwiegend auf kalk- und steinreichen Böden aus Trümmerschutt stokken, wird von einer hohen Schwermetallkontamination berichtet (BLUME, 1982; SUKOPP, 1990). In Hamburger Parks wurden starke Versauerungen festgestellt: 77% der untersuchten Böden befanden sich 1985 im Aluminium- und Eisenpufferbereich (pH < 4,2). Bei diesen Versauerungsgraden besteht die Gefahr von Vergiftungen der Pflanzen und Bodentiere durch freie Aluminium- und Schwermetallkationen. Erwartungsgemäß wurden daher auch bei histologischen Untersuchungen Schäden an Mykorrhizen, Rhizodermis und Wurzelspitzen festgestellt (MEYER-STEINBRENNER u. a., 1991).

Maßnahmen zur Korrektur der Bodenreaktion beziehen sich nahezu ausschließlich auf eine Anhebung des pH-Wertes, eine nennenswerte Absenkung ist nur in einem gewissen Rahmen durchführbar. Eine immissionsbedingte Bodenversauerung ist ab pH-Werten < 5 durch eine Kalkung sanierungswürdig. Auf größeren Flächen wie Parkanlagen ist zuvor durch eine bodenkundliche Kartierung die Heterogenität der Bestände zu ermitteln, um differenziert Maßnahmen vornehmen zu können. Als wirksam haben sich Kalkmengen von 3 bis max. 5 t/ha erwiesen, die gewünschte langsame Löslichkeit wird u. a. durch Aufstreuen eines Hartkalkes in Grießform (Körnung < 0,4 mm) erzielt. Pellierte Kalke sind noch nach 5–7 Jahren in nur wenig aufgelöster Form nachweisbar, wie Untersuchungen in Hamburger Parkanlagen gezeigt haben. Die Ausbringung kann manuell erfolgen, ein Einarbeiten ist nicht von Vorteil. Die bewußte Beimengung von Magnesium und der Zusatz weiterer Dünger bei nachgewiesenem Nährstoffmangel (Kalium, Phosphor) ergänzen eine derartige Sanierung auf sinnvolle Weise. Hierdurch wird der ph-Wert zunächst in der Streu, später auch im Mineralboden erhöht. Dies führt durch das verstärkte Auftreten streuzersetzender Arten zu veränderten Humusformen vom ungünstigen Rohhumus bzw. rohhumusartigen Moder zu günstigeren Moderformen mit stellenweisen Krümelgefügen. Säureschübe und eine zu schnelle Stickstofffreisetzung sind nicht zu erwarten. Die Nährelemente Kalium und Magnesium werden in ihrer Verfügbarkeit meist erhöht. Gleichzeitig nimmt das Bodenleben wieder zu (MEYER-STEINBRENNER u. a., 1991).

Kalkungsmaßnahmen sollten in ihrer Wirkung boden- und vegetationskundlich verfolgt werden. Eine Dauerwirkung ist nicht gegeben, insbesondere dann nicht, wenn weiterhin entsprechende Schadstoffeinträge stattfinden. Sie müssen in entsprechenden Zeitabständen wiederholt werden, um eine stabile Verbesserung eines Gehölzbestandes zu erzielen.

7.3 Bodenlockerung und Belüftung

Bodenverdichtungen beeinträchtigen den Wasser- und Lufthaushalt des Bodens, so daß eine vitale Wurzelentwicklung nicht möglich ist (s. Kap. 3.4.1). Diese können auf baumlosen Arealen mittels spezieller Maschinen mechanisch zumindest im Makrobereich aufgebrochen werden, wobei der Erfolg vorrangig abhängig ist von der Bodenfeuchtigkeit. Im Vorfeld von Baumpflanzungen sind diese Verfahren sinnvoll, sie ermöglichen den Jungbäumen ein Einwurzeln auch des vormals verdichteten Bodens. Diese Verfahren sind im Bereich vorhandener Wurzeln jedoch nicht einsetzbar.

Im Baumumfeld werden mit Druckluft betriebene Lanzen eingesetzt, die entweder explosionsartig oder bei kontinuierlichem Fluß individuell Luft in den Boden pressen (Abb. 70). Sie erlauben auch das Vordringen in größere Bodentiefen. Bodenbelüf-

Abbildung 70:
Bodenbelüftungsgerät im praktischen Einsatz

tungsverfahren im Baumumfeld zielen darauf ab, den Lufthaushalt im Boden für eine bestimmte Zeit zu stabilisieren bzw. Verdichtungsprozesse zu verlangsamen (DOBNER u. a., 1993; HÖSTER, 1993). Die durch Druckluft geschaffenen Hohlräume im Boden können mit geeigneten Stoffen (Blähton, Perlite, Lecadan o. ä.) ausgefüllt werden, um dadurch laut Angaben der Hersteller den Luft- und Wasserhaushalt der Standorte dauerhaft zu verbessern. Darüber hinaus wird empfohlen, gleichzeitig eine Bodendüngung durchzuführen (LEH, 1993).

Wissenschaftliche Untersuchungen zum Nachweis der Wirksamkeit von Bodenlockerungen und -belüftungen bei Baumstandorten fehlen, exakte Angaben zur Anwendungshäufigkeit und -tiefe sowie Aussagen zur Gefahr der Wurzelschädigung liegen nicht vor. Vielmehr belegen bisherige Praxisversuche mit den marktgängigen Geräten, daß zwar für einen kurzen Zeitraum eine Bodenlockerung eintreten kann, aber schon bald der bisherige Zustand wieder erreicht wird. Auch bezüglich der Bodenluft ließ sich bei einmaliger Anwendung keine nachhaltige Verbesserung erzielen (BALDER u. a., 1997a; WIESNER, 1998). Der Einsatz von Druckluftgeräten zur Tiefenlockerung wird daher zur Zeit nicht empfohlen (Merkblatt Alleen, Der Bundesminister für Verkehr, 1992).

Zur Sanierung von gasbelasteten Böden wird ebenfalls der Einsatz von Druckluft empfohlen. Versuche zur Belüftung mit der Kompressormethode in der Praxis zeigen immer wieder, daß nach einer künstlichen Belüftung der Sauerstoffstoffgehalt sprunghaft ansteigt und der Kohlendioxidgehalt gleichzeitig abnimmt (Abb. 71). Doch bereits nach wenigen Tagen sinkt der Sauerstoffgehalt wieder ab, so daß eine stabile Verbesserung der Bodenluft offensichtlich nicht eintritt. Verdichtungen und Versiegelungen des Bodens wirken sich zusätzlich erschwerend aus. Es wird vermutet, daß durch das Eindringen von Druckluft unkontrollierte Bodenluftverfrachtungen stattfinden. Die verfrachtete Luft strömt nach Beendigung der Injektion wieder in die belasteten Bereiche zurück, vor allem auch dann, wenn nur ein Teil einer beeinträchtigten Fläche behandelt werden kann (HOEKS, 1972; KRÖGER, 1975; KRÜGER u. a., 1997).

Eine Belüftung von gasbelastetem Boden kann nach Herausnahme des Bodens auch durch Vergrößerung der Kontaktoberfläche und häufiges Wenden erzielt werden. Anläßlich von Straßen- und Tiefbauarbeiten werden u. a. Bodenversiegelungen entfernt, Bodenbewegungen vorgenommen und Leitungsgräben erstellt, so daß als Nebeneffekt eine verbesserte Belüftung des Bodens auftritt wird. Die gezielte Anlage von Belüftungsgräben beschleunigt die Sauerstoffzufuhr. Baumscheiben sollten nach Beendigung von Straßenbauarbeiten in gasbelasteten Arealen zur Regeneration mit grobporigem Material verfüllt und zwischenbegrünt werden (NOÉ u. a., 1995).

Insgesamt belegen die Untersuchungen, daß eine einmalige künstliche Luftzufuhr nicht ausreicht, um günstige Bodenluftverhältnisse zu schaffen. Es müssen vielmehr die jeweiligen sauerstoffzehrenden Ursachen erkannt und großflächig zielgerichtet beseitigt werden. Vor einer Neupflanzung auf vormals gasbelastetem Boden muß in jedem Fall eine Bodenluftmessung (Sauerstoff, Kohlendioxid, Methan) den Erfolg der jeweiligen Sanierungsmaßnahme bestätigen.

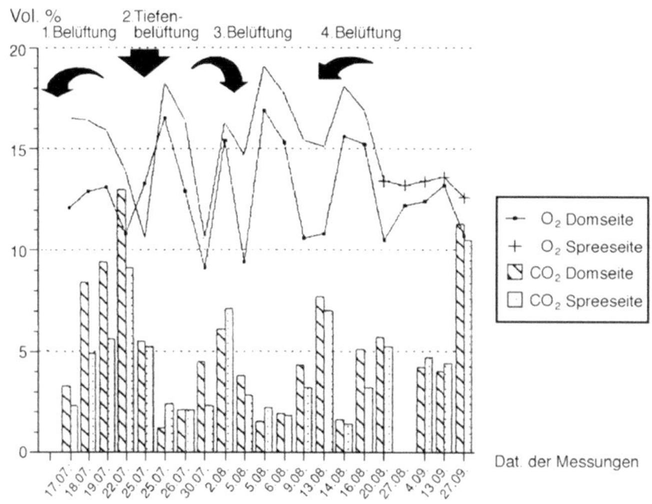

Abbildung 71:
Meßergebnisse der Bodenluft (Sauerstoff, Kohlendioxid) nach künstlicher Bodenbelüftung bei gasbelasteten Böden (aus: KRÜGER u. a., 1997)

7.4 Entsiegelung

Die großflächige Versiegelung innerstädtischer Baumstandorte mit lediglich kleinen Baumscheiben ist trotz zwischenzeitlich erkannter negativer Auswirkungen nach wie vor die weit verbreitete Realität (s. Kap. 3.4.2). Eine Entsiegelung der Oberfläche in größtmöglichem Umfang bewirkt eine deutliche Verbesserung der Lebensbedingungen der Bäume hinsichtlich des Wasserhaushaltes, der Nährstoffversorgung, der kapillaren Beweglichkeit von Bodenwasser und Bodenluft, der essentiellen Symbionten, des Bodenlebens, des Bodendruckes, der Pufferung und der Ausfällung von Schadstoffen. Sie ist jedoch nur sinnvoll, wenn in der Folge der Baumstandort nicht durch eine erhöhte Kontamination mit Schadstoffen (Streusalz, Bauchemikalien, Hunde-Urin, Motoröl u. a.) sowie durch Bodenverdichtungen (Betreten und Befahren der Baumscheibe) verschlechtert wird. Wirksame Schutzmaßnahmen sind daher im Bedarfsfall zwingend (s. Tafel 19).

Die Aufnahme der Beläge muß so erfolgen, daß hierbei weder an den Wurzelsystemen noch am Bodenkörper nachhaltige Beeinträchtigungen oder Schäden hervorgerufen werden. Kleinpflaster, Platten o. ä. können rel. problemlos in Handarbeit aufgenommen werden, bei festen Belägen wie Asphalt, Beton und Bitumen ist trotz vorheriger Zerkleinerung diese Vorgehensweise nur eingeschränkt umsetzbar. Daher ist leider der Einsatz von Maschinen praxisüblich, so daß bei unsachgemäßer Vorgehensweise Bodenverdichtungen sowie Stamm- und Wurzelschäden (Quetschungen, Wurzelan- und Abrisse) verursacht werden, die häufig eine Vitalitätsabnahme der Gehölze bis hin zu ihrem Absterben auslösen (s. Tafel 9). Vielerorts hat unmittelbar unter den Belägen ein intensives Wurzelwachstum stattgefunden (s. Tafel 15), bei ihrer Offenlegung sind zum Schutz vor Witterungseinflüssen entsprechende Vorsorgemaßnahmen zwingend.

Die Planung von Entsiegelungsmaßnahmen muß daher weitsichtig erfolgen und klare Ausführungsvorgaben verbindlich formulieren (Handarbeit, gezielter Maschineneinsatz, Witterungsschutz). Ihre Durchführung muß ständig vor Ort kontrolliert werden. Ist durch eine Entsiegelung keine Verbesserung der Standortsituation zu erwarten, sollte die Maßnahme unterbleiben (Meyer-Spasche, 1987; ZTV-Baumpflege 1993).

Die Entsiegelung bildet in der Praxis häufig keine Einzelmaßnahme, sondern wird mit weiteren Bodenverbesserungsmaßnahmen kombiniert. Die häufig oberflächennahe Wurzelentwicklung erfordert eine neue Flächengestaltung. Das Aufbringen von vegetationsgeeignetem Oberboden und/oder Mulchmaterialien ist als wurzelfreundliche Maßnahme empfehlenswert.

7.5 Bodenaustausch

Anthropogene Bodenbelastungen können im Wurzelbereich lediglich den Oberboden betreffen, aber auch tiefere Bodenschichten erfassen. So sind Bodenverdichtungen häufig auf die oberen Bereiche beschränkt, während mobile phytotoxische Stoffe (Streusalz, Öle, Laugen, Hunde-Urin) durch Versickerung auch in den Unterboden vordringen oder im Bereich von Ver- und Entsorgungsleitungen nach Leckagen (Gas, Abwässer, Öle) erst freigesetzt werden. Durch einen Bodenaustausch wird angestrebt, bestehende Schadstoffbelastungen zu reduzieren, die Mikroflora des Bodens zu fördern und den Wasser-, Luft- und Nährstoffhaushalt zu verbessern. Je nach individueller Wurzelentwicklung und Standortsituation ist der vollständige Austausch des belasteten Bodens möglich, meist kann jedoch zum Schutz der Wurzeln nur der Oberboden entfernt werden.

Die Durchführung eines Oberbodenaustausches muß unter größtmöglicher Wurzelschonung erfolgen. Mechanische Schäden durch Befahren des Wurzelraumes mit Baumaschinen und Witterungsschäden durch längeres Offenhalten der abgesaugten Flächen sind daher unbedingt zu vermeiden. Der wurzelschonende Abtrag des Bodens ist in Handarbeit oder mittels Wasserdruck durch Abschwemmung möglich, es bieten sich aber auch maschinelle Absaugverfahren an. Dabei wird der mit einer Grabegabel oder einem Druckluftgerät gelockerte Boden durch ein von Hand gesteuertes Saugrohr in einen außerhalb des Wurzelbereiches stehenden LKW-Aufbau gesaugt (Abb. 72). Bei vorsichtiger Arbeitsweise beschränken sich die unvermeidlichen Wurzelschäden vorwiegend auf den Rinden- und Feinwurzelbereich. Das rückwärtige Abtragen des Bodens, beginnend am Wurzelhals, verhindert, daß die freigelegten Wurzeln nicht zusätzlich durch Betreten Schäden erfahren. Anschließend wird ein verbesserter Oberboden aufgefüllt und meist zusätzlich gedüngt, gewässert und gemulcht. Auch diese Vorgänge müssen zum Wurzelschutz von außerhalb der zu sanierenden Fläche erfolgen (Tafel 25).

In mehreren Städten (u. a. Berlin, Hamburg, Krefeld, Münster) wurden derartige Sanierungsmaßnahmen bereits realisiert. Aufgrabungen belegen, daß schon nach kurzer Zeit eine intensive Feinwurzelbildung einsetzt. Gleichzeitig verbessert sich die Blattentwicklung, so daß eine Steigerung der Photosyntheserate eintritt und mehr Assimilate zu den Wurzeln transportiert werden. Blattrandnekrosen durch Streusalz nehmen deutlich ab (Tafel 25). Im Folgejahr tritt ein verstärkter Wasserentzug im Oberboden ein, die Feinwurzelentwicklung wird auch im Unterboden intensiviert. Durch die verbesserte Versorgung der Bäume verstärkt sich auch das Dickenwachstum. Die Wirkung zusätzlicher Gaben an Bodenhilfsstoffen oder/ und Düngern tritt dabei in der Bedeutung weit hinter denen des Bodenaustausches zu-

Abbildung 72: Wurzelschonendes Lockern des Bodens und Absaugen des Oberbodens

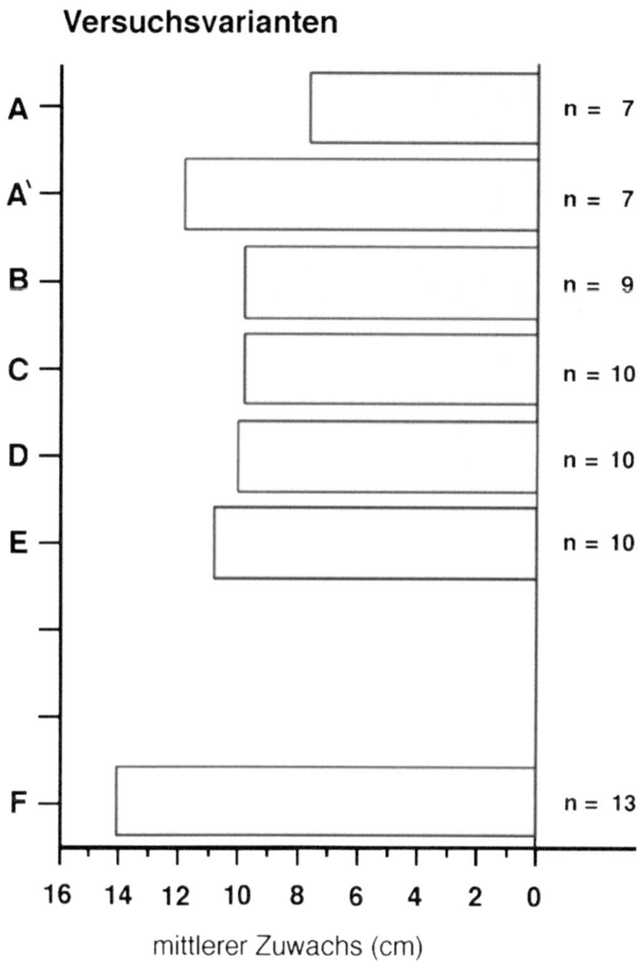

Abbildung 73:
Auswirkung von Oberbodenaustausch und Düngung auf das Dickenwachstum der Kastanie 4 Jahre nach Sanierung (aus: BALDER u. a., 1997a)
A = unbehandelte Kontrolle
A' = Oberbodenaustausch (OBA)
B = Baumalginatgranulat + OBA
C = Nitrophoska permanent + OBA
D = Nitrophoska permanent + Baumalginatgranulat + OBA
E = Compo-Baumkraft + OBA (Düngung 1992)
F = Compo-Baumkraft + OBA (Düngung 1991/1992)

rück (Abb. 73). In der Folge nimmt die Wurzelmasse im Oberboden wieder ab.

Der Oberbodenaustausch leitet als kurzfristig realisierbare Maßnahme eine Verbesserung der Bodenfunktionen ein und fördert offensichtlich die Entwicklung eines kräftigen Wurzelsystems. Es fehlen allerdings Langzeitstudien, denn anfänglich positive Entwicklungen können sich mit den Jahren in ihrem Effekt umkehren. So wird befürchtet, daß eine Förderung der Wurzeln im Oberboden zu einem Abbau der Wurzeln im Unterboden führen kann. Eine einmalige Sanierung verändert jedoch nach bisherigen Erkenntnissen nicht dauerhaft den Wurzelraum, so daß eine Wiederholung ca. alle 5 Jahre empfohlen wird (MEYER-SPASCHE, 1987; 1991; DOOBE u. a., 1991; BALDER u. a., 1997a; HEUERDING, 1997).

In Verbindung mit einem Oberbodenaustausch werden viele Wurzelbereiche abschließend mit einer Mulchschicht aus organischer oder nicht-organischer Herkunft bedeckt (s. Anhang IX). Eine Mulchschicht hat vielfache positive Wirkungen, hervorzuheben ist ein verbesserter Temperatur- und Feuchtigkeitshaushalt sowie die Aktivierung des Bodenlebens. Einige Mulchmaterialien bringen aber auch Probleme mit sich und erfordern fachgerechte Begleitmaßnahmen

Tabelle 35: Wirkung von Mulchmaterialien

Vorteile	Probleme
• Unterdrückung der Wildkrautflora • ausgeglichene Bodentemperatur, d. h. – verzögerte Erwärmung im Frühjahr – keine Überhitzung im Sommer – geringerer Bodenfrost • reduzierte Verdunstung • erhöhtes Wasserspeichervermögen • stabilisierter bzw. leicht erhöhter pH-Wert • Anregung des Bodenlebens • Auflockerung des Bodens • Nährstoffzufuhr	• Stickstoffbindung bei C : N > 60 : 1 • Stickstofffreisetzung bei engem C : N-Verhältnis • phytotoxische Wirkung durch Gerbstoffe und Phenole • Verfilzung (Rasenschnitt, Blätter, Stroh) • Bindung von Niederschlägen • Einschleppen von Schaderregern • Sameneintrag • verzögerte Auftauwirkung des gefrorenen Bodens durch Isolierung

(Tab. 35). So muß der biologischen Stickstofffixierung durch eine zusätzliche Stickstoffgabe entgegengewirkt werden, insbesondere Rindenmulch und Holzhäcksel sind nach einer Empfehlung der Forschungsgesellschaft Landschaftsentwicklung, Landschaftsbau (FLL) wegen der Gerbstoffe erst nach Lagerung und damit verbundener Selbsterhitzung verwendbar. Werden Mulchmaterialien mit engem C : N-Verhältnis eingesetzt, so ist wegen des schnellen Abbaus der Substanz eine geringere Menge aufzutragen, um eine Auswaschung von Stickstoff mit daraus resultierenden Belastungen des Bodens und des Grundwassers zu vermeiden. Niederschläge werden in der Mulchschicht gebunden, bei trockenem Unterboden ist daher zusätzlich zu wässern. Ferner dürfen Mulchmaterialien keine aggressiven Schaderreger beinhalten, z. B. den Feuerbrand (*Erwinia amylovora*). Die Gütegemeinschaft Rinde für Pflanzenbau e. V. hat in Gütebestimmungen die Merkmale u. a. für Rindenmulch definiert (Anhang X). Dieser wird im Straßenbereich häufig eingesetzt.

7.6 Maßnahmen zur Schadstoffreduktion

Bei Schadstoffbelastung können Sanierungsmaßnahmen unterschiedliche Ansätze haben. Sie richten sich nach den Eigenschaften des jeweiligen Stoffes, nach der Kontinuität des Eintrages sowie den individuellen Wirkungsbereichen (Tab. 36). Bei kontinuierlicher Belastung ist eine Sanierung wenig sinnvoll, wenn nicht gleichzeitig die künftige Schadstoffzufuhr auf ein verträgliches Maß reduziert oder sogar möglichst völlig unterbunden wird. Die Betriebssicherheit von Ver- und Entsorgungsleitungen ist daher zu

Tabelle 36: Maßnahmen zur Reduktion von Schadstoffen im Wurzelbereich von Bäumen

Verhinderung von Schadstoffeinträgen	Beseitigung von Schadstoffen
• Einschränkung/Verhinderung der Ausbringung • Betriebssicherheit von Leitungssystemen • Schutzmaßnahmen des Wurzelbereiches	• Be- und Entlüftungsmaßnahmen • Auswaschen wässeriger Substanzen • Fixierung durch pH-Wert-Korrektur • mikrobieller Schadstoffabbau • Bodenaustausch

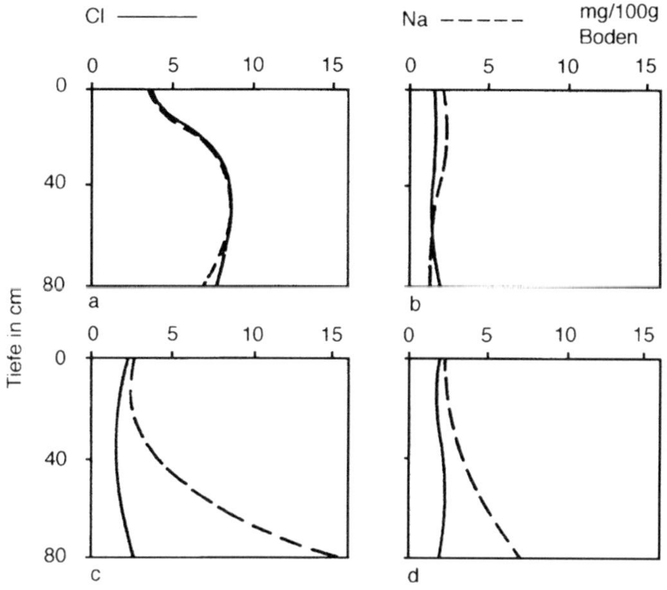

Abbildung 74: Gehalt an wasserlöslichem Chlorid und Natrium in unterschiedlichen Böden in Abhängigkeit vom Winterdienst (a = konventionelle Streusalzanwendung auf geschiebehaltigem Sand; b = Feinsand, nach 6jährigem Tausalzverzicht; c = Geschiebemergel nach 6jährigem Tausalzverzicht; d = Geschiebemergel nach 12jährigem Tausalzverzicht) (aus: BALDER, 1990b)

erhöhen, um z. B. Gasleckagen völlig auszuschließen. Die Ausbringung phytotoxischer Substanzen im Bereich von Bäumen kann durch eine optimierte Anwendung eingeschränkt oder durch eine gesetzliche Regelung völlig unterbunden werden. Hierfür ist die Reduzierung des Tausalzeinsatzes im Winterdienst vieler Städte beispielhaft: die verminderte Ausbringung bzw. das völlige Anwendungsverbot bewirkte aufgrund der Mobilität des Natriums und des Chlorids mit den Jahren eine Regeneration salzgeschädigter Bäume und Böden (Abb. 74). Ist dies alles nicht möglich, so können Schutzmaßnahmen den Eintrag von Stoffen in den Wurzelbereich verhindern, z. B. vor Streusalz oder Hunde-Urin (s. Tafel 19).

Maßnahmen zur Beseitigung von Schadstoffen sind u. a. abhängig von ihrer Löslichkeit und Flüchtigkeit. Wasserlösliche Substanzen können bei Einzelbäumen durch eine künstliche Wässerung aus dem Wurzelbereich in tiefere Bodenschichten gespült werden, sofern sie nicht nachhaltige Boden- und Grundwasserbelastungen hervorrufen. Gasförmige Substanzen entweichen dem Bodenkörper mit der Zeit nach Entfernung der Versiegelung und Lockerung bzw. Vergrößerung der Oberfläche, z. B. durch seitliche Gräben (s. Kap. 7.3). Schwermetalle sind in ihrer Verfügbarkeit vom pH-Wert abhängig, so daß eine Anhebung des pH-Wertes durch Kalkung (s. Kap. 7.2) zu ihrer Festlegung führt. Öle können durch den Zusatz spezifischer Mikroorganismen im Boden abgebaut werden. Letztlich ermöglicht ein Bodenaustausch die Beseitigung sämtlicher Schadstoffe bei gleichzeitiger Bodenbelebung (s. Kap. 7.5).

7.7 Beimpfung mit Symbionten

Vielen Baumgattungen ist ein vitales Wachstum nur mit Hilfe individueller Symbionten möglich (s. Kap. 2.4.6). Die widrigen Bedingungen vieler innerstädtischer Baumstandorte bilden nur in beschränktem Rahmen einen Lebensraum für viele Symbionten, so daß sich u. a. die Population essentieller Mykorrhizapilze mit zunehmender Belastung quantitativ und qualitativ vermindert (MEYER, 1982). Bei Neupflanzungen findet erst sehr verzögert eine ausreichende Mykorrhizierung statt, da die Jungbäume in der Regel aus der Anzucht nur einen geringen Besatz mitbringen und in ein mykorrhizafreies Substrat gepflanzt werden. Die isolierte Lage vieler Straßenbaumstandorte erschwert das Zuwandern entsprechender Pilze.

Bei der Aufforstung von Extremstandorten werden seit Jahren erfolgreich in der Anzucht mykorrhizierte Jungpflanzen verwendet oder die Flächen vorher mit mykorrhizahaltigen Substraten angereichert. Seit wenigen Jahren wird ihr gezielt Einsatz auch für den innerstädtischen Baumstandort diskutiert. Unterschiedliche Verfahren bieten sich an (Tab. 37), doch ist ihre Anwendbarkeit und Wirksamkeit bislang nicht belegt. Einer Beimpfung vorausgehend muß stets eine umfassende Standortuntersuchung, bei der erkannt werden muß, ob die Rahmenbedingungen für eine derartige Maßnahme überhaupt gegeben sind. In vielen Fällen dürften Schadstoffbelastungen und Sauerstoffarmut eine Mykorrhizierung verhindern, so daß ein alleiniges Beimpfen auf vielen Standorten wenig effektiv erscheint. Daher werden bei laufenden Praxisexperimenten auch Beimpfungen in Verbindung mit einem Oberbodenaustausch, Lockern des Unterbodens und Entsiegelungen vorgenommen. Die begleitenden Maßnahmen bewirken selbst eine Regeneration der Wurzelsysteme der Bäume, so daß die reinen Mykorrhizaeffekte bislang kaum zu ermitteln sind. Auch werden bei einem Oberbodenaustausch und dem Mulchen mit dem organischen Material individuell Mykorrhizapilze eingeschleppt. Umgekehrt wird bei zu hohen Stickstoffgehalten bei gleichzeitiger Düngung die Mykorrhizierung eher behindert (FITTJE, 1996; KUTSCHEIDT, 1996).

Die Beimpfung mit Symbionten zeigt ein weites Forschungsfeld auf. Es sollte in wenigen Jahren gelingen, leistungsfähige Pilzstämme für die Baumsanierung zu finden und für die Praxis anwendbar zu machen. Sie wird aber stets nur ein Bestandteil eines integrierten Maßnahmekonzeptes sein.

Tabelle 37: Ausbringungsverfahren von Mykorrhizapilzen

Beimpfungsverfahren	Vorteile	Nachteile
Waldboden	• natürlicher Pilzbesatz • einfache Ausbringung • geringe Kosten	• ungleichmäßig • nicht optimiert • Einschleppen von Schaderregern
Sporen	• einfache Sporengewinnung • einfache Handhabung • kein Einschleppen von Schaderregern	• nicht von jedem Pilz verfügbar • nicht optimiert
Mykorrhizen	• leistungsfähige Pilzstämme • gleichmäßige Wirkung	• aufwendig
vegetatives Myzel	• leichte Vermehrung • leistungsfähige Pilzstämme • gleichmäßige Wirkung • sichere Anwendung • einfache Handhabung • viele Trägermaterialien	keine
Depotpflanzen	• leichte Vermehrung • leistungsfähige Pilzstämme	• aufwendig • Schädigung der Depotpflanzen • pflegeintensiv

8 Wurzel und Recht

Rechtliche Aspekte zu Wurzelsystemen von Bäumen sind in mehrfacher Hinsicht von Interesse. Sie betreffen den Schutz der Baumwurzeln vor Beeinträchtigungen, Schäden durch die Wurzeln an technischen Einrichtungen sowie die Problematik der Verkehrssicherungspflicht.

8.1 Wurzelschutz

In zahlreichen Gesetzen, Normen und Richtlinien finden sich Aussagen zum Wurzelschutz (Tab. 38). Die Naturschutzgesetze sind in ihren Formulierungen sehr allgemein, in dem sie lediglich den „Erhalt der Leistungsfähigkeit des Naturhaushaltes" und die „Unterlassung von Beeinträchtigungen" fordern (§ 2 BNatSchG). Kommunale Baumschutzverordnungen definieren bereits exakter die zu schützenden Bäume nach Gattung und Stammumfang und machen zum Wurzelschutz konkretere Vorgaben. So heißt es z. B. in der Verordnung zum Schutze des Baumbestandes in Berlin vom 11. Januar 1982:

§ 2 – Erhaltungspflicht

(1) Jeder Eigentümer oder jeder sonstige Nutzungsberechtigte von Grundflächen ist verpflichtet, die auf dem Grundstück befindlichen geschützten Bäume zu erhalten und zu pflegen; hierzu gehören insbesondere die Beseitigung von Schäden und Schutzmaßnahmen gegen Schadeinwirkung. Als Schutzmaßnahmen gelten insbesondere

Tabelle 38: Gesetze, Normen und Richtlinien zum Wurzelschutz

Bundesnaturschutzgesetz, 1987	
Naturschutzgesetze der Länder	
Baumschutzverordnungen	
Merkblatt über Baumstandorte und unterirdische Ver- und Entsorgungsanlagen, 1989, Forschungsgesellschaft für Straßen- u. Verkehrswesen, Köln	
Merkblatt Alleen an Straßen (MAST-92), 1992, Der Bundesminister für Verkehr	
DIN 18920, 1990	Vegetationstechnik im Landschaftsbau. Schutz von Bäumen, Pflanzenbeständen und Vegetationsflächen bei Baumaßnahmen
RAS-LG 4, 1986	Richtlinie für die Anlage von Straßen. Teil: Landschaftsgestaltung Abschnitt 4: Schutz von Bäumen und Sträuchern im Bereich von Baustellen
ZTV A-StB, 1989	Zusätzliche Technische Vertragsbedingungen und Richtlinien für Aufgrabungen in Verkehrsflächen
ZTV-Baumpflege, 1993	Zusätzliche Technische Vorschriften und Richtlinien für Baumpflege und Baumsanierung

1. Einzäunungen und Bohlenummantelungen als Schutz des Stammes gegen mechanische Schäden bei der Durchführung von Bauarbeiten,
2. Abdeckung des Wurzelbereichs mit wasserdurchlässigem Material als Schutz gegen Verfestigungen durch Befahren oder durch Materiallagerungen,
3. Bewässerung von Bäumen im unmittelbaren Bereich von Grund- und Schichtwasserabsenkungen soweit erforderlich,
4. Verwendung geeigneter Böden bei nicht zu vermeidenden Bodenüberdeckungen im Wurzelbereich von Bäumen zur Sicherung des Luftaustausches und des Wasserhaushalts,
5. Verwendung von nährstoffreichem Oberboden bei der Verfüllung von Aufgrabungen im Wurzelbereich von Bäumen zur Sicherung des Nährstoffhaushalts.

§ 3 – Verbotene Maßnahmen

(1) Es ist verboten, geschützte Bäume oder Teile von ihnen ohne die nach § 4 erforderliche Genehmigung zu beseitigen, zu zerstören, zu beschädigen, abzuschneiden oder auf sonstige Weise in ihrem Weiterbestand zu beeinträchtigen.

(2) Als Beschädigungen oder Beeinträchtigungen im Sinne des Absatzes 1 gelten ***auch Störungen des Wurzelbereichs*** *unter der Baumkrone geschützter Bäume insbesondere durch*
1. Befestigen der Bodenoberfläche mit einer wasserundurchlässigen Decke,
2. Waschen von Kraftfahrzeugen und Maschinen,
3. Verfestigen der Bodenoberfläche oder Verschmutzung des Bodens mit Öl durch das Abstellen von Kraftfahrzeugen und anderen Maschinen,
4. Lagern und Ausbringen wachstumsbeeinträchtigender Stoffe und Materialien.
Nummer 1 gilt nicht für Bäume auf öffentlichen Straßen, wenn auf andere Art und Weise Vorsorge gegen eine Beschädigung der Bäume getroffen wird; Nummern 2 und 3 gelten für Bäume auf befestigten Flächen öffentlicher Straßen nur für den Bereich der Baumscheiben.

In Normen und Richtlinien, insbesondere in der RAS-LG 4 und der ZTV-Baumpflege, finden sich Ausführungsvorgaben, wie ein Wurzelschutz technisch umzusetzen ist. Der zwischenzeitliche Wissensfortschritt in der Baumbiologie gibt zusätzliche Hinweise, z. B. zur optimalen Wurzelkappung (s. Kap. 4 und 6), die bei einer Novellierung der Normen und Richtlinien eine weitere Verbesserung ermöglichen.

Eingriffe in das Baumfeld und in ein Wurzelsystem bedürfen vorrangig im Gültigkeitsbereich von Baumschutzsatzungen einer Genehmigung durch die behördlichen Institutionen. Bei Bauvorhaben werden in der Praxis in der Abstimmung zwischen Bauherren, Behörden und Verbänden immer wieder Eingriffe zugelassen, die das verträgliche Maß überschreiten und nicht dem Baumerhalt dienen (BALDER u. a., 1998b). Bei Nichtbeachtung begeht der Verursacher eine Ordnungswidrigkeit, z. B. nach der Verordnung zum Schutze des Baumbestandes in Berlin vom 11. Januar 1982:

§ 9 – Ordnungswidrigkeiten

Ordnungswidrig im Sinne des § 49 Abs. 1 Nr. 18 des Berliner Naturschutzgesetzes handelt, wer vorsätzlich oder fahrlässig
1. entgegen § 3 Abs. 1 geschützte Bäume oder Teile von ihnen beseitigt, zerstört, beschädigt, abschneidet oder auf sonstige Weise in ihrem Weiterbestand beeinträchtigt, ohne im Besitz einer nach § 4 erforderlichen Ausnahmegenehmigung zu sein,
2. entgegen § 3 Abs. 2 den Wurzelbereich geschützter Bäume schädigt oder beeinträchtigt.

8.2 Schäden durch Wurzeln

Wurzeln sind in der Lage, durch ihr aggressives Wachstum u. a. Verkehrswege und Mauerwerk zu beschädigen sowie Ver- und Entsorgungsleitungen zu verstopfen (s. Kap. 5). Die Diskussion um Schuldfrage und Schadenersatzforderung wird sehr kontrovers geführt, die Gerichtsurteile sind häufig sehr widersprüchlich. Nach Artikel 14 des GG Abs. 266 muß der Eigentümer eines Baumgrundstückes generell Einwirkungen hinnehmen, die sich aus dem Vorhandensein geschützter Bäume ergeben (OTTO, 1991; 1992). Schäden durch Baumwurzeln rechtfertigen nicht generell den Verzicht auf geschützte Bäume. Es gilt, daß bei Hebung von Wegen, Platten, Beton und Asphalt der Baumschutz Vorrang hat, wenn das Problem durch räumliche Verlegung des Weges oder durch eine andere Bodenabdeckung behoben werden kann.

Sind Wurzeln in Leitungen und Kanäle eingedrungen und ist es bei Sanierung möglich, das neue System gegen das Eindringen von Baumwurzeln zu schützen, besteht kein Anspruch auf Entfernung des Baumes. Zeichnen sich dagegen Kanalverstopfungen durch Wurzeln ab, die entfernt werden müssen, ist wegen der Wiederholungsgefahr der Anspruch auf Baumentfernung zu bejahen. Nach OTTO (1992) hat jeder Grundstückseigentümer das Recht, Wurzeln eines Baumes, die vom Nachbargrundstück eingedrungen sind, zu entfernen. Nach einer Entscheidung des Bundesgerichtshofes vom 8.12.91 – VZR 346/89 – hat der Baumeigentümer für die Schäden bei Kanalverstopfung aufzukommen. Kritiker halten dem entgegen, daß Wurzeln z. B. nur in schadhafte Abwasserleitungen eindringen. Jeder Besitzer eines Abwasserkanals ist deshalb verpflichtet, diesen so anzulegen, daß keine Probleme entstehen (WAWRIK, 1992). BRELOER (1995) stellt fest, daß die durch eindringende Baumwurzeln geschädigten Leitungseigentümer eine mangelhafte Ausführung der Kanalverlegung ihrer eigenen Risikosphäre zurechnen lassen und dementsprechend den Schaden mittragen müssen.

8.3 Verkehrssicherungspflicht

Die Verkehrssicherungspflicht bei Bäumen bedeutet, daß der Baumeigentümer oder der auf andere Weise für den Baum Verantwortliche grundsätzlich verpflichtet ist, Schäden durch den Baum an Personen und Sachen zu verhindern. Als Anspruchsgrundlage für Schadensersatzansprüche bei Schäden durch Bäume dient § 823 Abs. 1 BGB, der hier in der Rechtssprechung analoge Anwendung findet. Eine Haftung wird auf Häufigkeit und Umfang der Kontrolle der Verkehrssicherheit, auf die Sicherheitsmaßnahmen zur Erhaltung derselben und auf Zumutbarkeit der Maßnahmen begründet (BRELOER, 1996). Eine Hochrechnung für Stadtbäume in der Bundesrepublik Deutschland, bezogen auf eine Umfrage von WILDE (1997) in 209 Städten mit 45 440 Bäumen, ergab nur einen Schadensfall/Jahr durch Bäume mit Sach- und Personenschaden.

Art und Umfang der Anforderungen an die Verkehrssicherungsmaßnahmen sind abhängig

- vom Zustand des Baumes
- vom Standort des Baumes
- von der Art des Verkehrs und
- von den Verkehrserwartungen.

Der Wurzelzustand ist weniger für die Bruch- als für die Standsicherheit eines Baumes verantwortlich. Entscheidend sind für die Standsicherheit die Längen- und Dickenverhältnisse im stammnahen Wurzelbereich, sie bilden den effektiven Gegenhebel zur Windkraft. Durch aufmerksame Sichtkontrollen können mechanische Defekte an Wurzelanläufen, eine Wulstbildung sowie Bodenrisse festgestellt werden. Die Vitalität der

Krone und sichtbare Pilzfruchtkörper lassen Rückschlüsse auf den Wurzelzustand zu. Bei festgestellten Defektsymptomen müssen eingehende Untersuchungen erfolgen, die insbesondere auch ein Freilegen der Wurzelsysteme erforderlich machen. Zur weiteren Abwägung des Risikos müssen unter Zuhilfenahme geeigneter Technik die Restwandstärke im Wurzelhals- und Wurzelanlaufbereich sowie der statisch wirksame Wurzeltellerradius ermittelt werden. Das Wissen um die Vorgehensweise bei Tiefbauarbeiten rundet das Bild ab. Nur wenn keine äußerlich erkennbaren Defektsymptome im Rahmen der Sichtkontrolle keinerlei Verdachtsmomente ergeben, ist eine eingehende fachmännische Untersuchung nicht erforderlich (MATTHECK u. a., 1994; WESSOLLY u. a., 1998).

Richtungweisend für den Umfang der Verkehrssicherungspflicht bei Bäumen im Öffentlichen Grün ist bis heute das Urteil des Bundesgerichtshofes vom 21.4.1965, das sich um einen Kompromiß zwischen den berechtigten Schadensersatzansprüchen einerseits und den Grenzen praxisnaher Überwachungsmöglichkeiten andrerseits bemüht. Darin wird sowohl berücksichtigt, daß eine Straße nicht völlig frei von Mängeln und Gefahren sein kann, als auch daß die Sicherungsmaßnahmen dem jeweiligen Stand der Technik und Erfahrungen angepaßt sein müssen. Eine schuldhafte Verletzung der Verkehrssicherungspflicht liegt vor, wenn Anzeichen verkannt oder übersehen worden sind. Wenn dagegen ein Baum durch Materialverschlechterung, ohne äußerlich erkennbares Symptom bei Vorliegen der Optimalgestalt versagt, liegt höhere Gewalt vor.

Bei der Verkehrssicherungspflicht von geschützten Bäumen ist zu unterscheiden zwischen Bäumen, die Naturschutzdenkmal sind und solchen, die der Baumschutzsatzung unterliegen.

Bei Naturschutzdenkmalen ist die Naturschutzbehörde verantwortlich. Gehört das Naturdenkmal einem privaten Besitzer, so ist dieser bei Erkennen oder Vermuten einer Verkehrsgefährdung durch seinen Baum der Naturschutzbehörde meldepflichtig. Nach Meldung ist er von der Verkehrssicherungspflicht entbunden.

Im Zivilrecht ist Fahrlässigkeit bei der Prüfung von Schadensersatzansprüchen nach objektivem Maßstab zu messen. Es kommt darauf an, was der Verkehrssicherheitspflichtige seiner Position entsprechend wissen müßte, nicht was er tatsächlich vorhersehbar wußte. Bei Behörden gelten entsprechend strengere Maßstäbe an Art und Umfang der Baumkontrolle. Rechts-, Verwaltungs- und Fachkenntnisse müssen dem derzeitigen Erfahrungsstand entsprechen. Das gilt bis zu dem vor Ort tätigen Bediensteten. Finanziell haftet der Staat, außer es liegt grobe Fahrlässigkeit durch offensichtliche Mängel bei der Beurteilung durch den Einzelnen vor (BRELOER, 1996).

Die Zumutbarkeit von Kontrollmaßnahmen wird dahingehend interpretiert, daß der Verkehrssicherungspflichtige sich in der Regel auf eine äußere Zustandsprüfung beschränken kann, bei der er nicht verpflichtet ist, das Laub für eine nähere Wurzeluntersuchung zu beseitigen. Dies gilt jedenfalls dann, wenn derartig aufwendige Maßnahmen in Anbetracht der Vielzahl der zu untersuchenden Bäume unzumutbar sind.

Anhang

I. Wurzelformen von Straßen- und Parkbäumen

(nach Sinn, 1982; Bruns 1993; Lorberg; 1994)
(Verwendete Abkürzungen bei Wurzelformen: H – Herzwurzel, P – Pfahlwurzel, S – Senker, W – Wechsel im Laufe der Lebensalter, M – Mischformen).

Baumart	**Wurzelform**					**Wurzelmerkmale**
	H	P	S	W	M	**Beschreibung**
Acer campestre Feldahorn	×		×			Unregelmäßige Herz-/Senkerw., auf gutem Boden flach, sonst betont horizontal, innerhalb der Kronentraufe. Dicht verzweigt mit hohem Feinwurzelanteil.
Acer negundo Eschenahorn						Hauptwurzeln tief, weitstreichend, mit viel Feinwurzeln im Oberboden.
Acer platanoides Spitzahorn	×		×			Flach, Hauptmasse im oberen Horizontalbereich, intensives Feinwurzelwerk. Auf trockenem Standort intensivere tiefere Durchwurzelung.
Acer pseudoplatanus Bergahorn	×		×			Starkes Horizontalwurzelwerk, intensive Oberbodendurchwurzelung bei hohem Feinwurzelanteil, insges. mitteltief.
Acer rubrum Rotahorn	×					Hoher Feinwurzelanteil im Oberboden.
Acer saccharinum Silberahorn					×	Etwas aggressiv, Hauptwurzel weitstreichend flach, Oberboden stark durchwurzelt mit hohem Feinwurzelanteil.
Aesculus × carnea Rotblühende Kastanie	×					Tiefgehend, dicht verzweigt, hoher Feinwurzelanteil.
Aesculus hippocastanum Roßkastanie	×					Tiefgehend, weitstreichend mit hohem Feinwurzelanteil. Stärkere Seitenwurzeln im Oberboden.
Ailanthus altissima Götterbaum	×					Fleischig, grobfaserig, Hauptwurzeln tiefgehend, wenig Feinwurzeln, flach. Ausläuferbildung im Jugendalter.
Alnus cordata Italien. Erle	×					Flach, weitverzweigt mit viel Feinwurzeln. Stickstoffsammler.

Baumart	Wurzelform H	P	S	W	M	Wurzelmerkmale Beschreibung
Alnus glutinosa Schwarzerle	×				×	Am tiefsten von allen heimischen Baumarten. Glockenförmig, viel mittelstarke sehr tief gehende Senker, kaum Horizontalwurzeln. Widersprüchlich dazu (Lorberg): flach, weitverzweigt, überwiegend Feinwurzeln.
Alnus incana Grau-/Weißerle	×					Flacher wurzelnd, ausläuferbildend, dichtverzweigte Wurzelbrut.
Betula pendula Sandbirke, Weißbirke	×		×		×	Senker auf schweren Böden engräumig, weiträumig flachstreichend bis brettartige Seitenwurzeln auf sandigen Böden. Feinwurzelkonzentration im Oberboden.
Carpinus betulus Hainbuche	×					Sehr anpassungsfähig an wechselnde Bodenverhältnisse. Regelmäßig, strahlenförmig. Oberboden mit Feinwurzeln gut durchwurzelt.
Castanea sativa Edelkastanie/Eßkastanie		×				Tiefwurzelnd, weitstreichend.
Catalpa bignonioides Trompetenbaum	×					Fleischig dick, wenig Standsicherheit bietend.
Corylus colurna Baumhasel	×					Hauptwurzeln tiefgehend, Feinwurzeln oberflächennah.
Crataegus Weißdorn					×	Dicke, sehr harte Hauptwurzeln, tiefgehend, grob verzweigt, weitstreichend, wenig Feinwurzeln.
Crataegus laevigata Rotdorn					×	Tiefgehendes weitstreichendes Wurzelwerk, sehr hart.
Fagus silvatica Rotbuche	×					Sehr kräftige, weitstreichende, stark miteinander verwachsene Haupt-/Seitenwurzeln. Oberboden intensiv durchwurzelt. Auf leichtem Sand Wurzelteller bis doppelte Kronenbreite, starke Wurzelanläufe. Tiefe von Verdichtung und Grundwasserstand abhängig. Stark empfindlich gegen alle Boden- und Umfeldveränderungen.
Fraxinus excelsior Gemeine Esche	×	×	×		×	Weiteste Wurzelausbreitung von allen heim. Laubbäumen. Von kräftigen, flach liegenden stark brettartigen Hauptseitenwurzeln gehen vertikal Senker in die Tiefe. Starke Wurzelanläufe. Tolerant gegen leichte Überschüttung, nicht gegen Grundwasserabsenkung.
Gleditsia triacanthos Gleditsie, Dreidorniger Lederhülsenbaum		×				Dick, fleischig, sehr tief- und weitstreichend, wenig verzweigt. Kein Stickstoffsammler.

Baumart	**Wurzelform**					**Wurzelmerkmale**
	H	P	S	W	M	**Beschreibung**
Larix decidua Europ. Lärche		×				Hauptwurzeln Tiefwurzler, Seitenwurzeln weitstreichend außerhalb der Kronentraufe mit oberflächennahen Wurzelbärten.
Liquidambar styraciflua Amberbaum	×					Tief- und sehr weitstreichend, hoher Raumbedarf.
Liriodendron tulipifera Tulpenbaum	×					Fleischig, weitstreichend, hoher Raumbedarf.
Magnolia kobus Baum-Magnolie						Fleischig, kräftig, weitstreichend horizontal und vertikal. Insgesamt empfindlich gegen jegliche Veränderungen.
Malus Mill. Zierapfel	×					Starke Hauptwurzeln, auf Lehm bis in 1 m Tiefe, auf Sand bis 1, 50 m horizontal wachsende, lokker verzweigte Seitenwurzeln. Sehr tolerant gegen Unterpflanzung.
Picea abies Fichte, Rottanne					×	Flach, weitstreichend, dicht verzweigt. Auf nassen schweren Böden tellerförmig, auf gut durchlüfteten unregelmäßig. Oft tiefgehend und standfest.
Pinus L. Kiefer		×				Hauptwurzeln kräftig, tiefgehend bei allen Species außer *P. mugo* – da flachstreichend.
Platanus × *acerifolia* Platane	×					Hauptwurzeln tiefgehend und dichtverzweigt, hohe Wurzelmenge, Hauptseitenwurzeln heben Wege- und Straßenbelag. Tolerant sowohl gegen Überflutung als auch Trockenstreß.
Populus alba Silberpappel			×		×	Ausdehnung abhängig von Nährstoffangebot und Grundwasserstand, auf trocknen Böden tiefer reichend. Starke Adventivwurzelbildung und Ausläufer aus Wurzelbrut.
Populus balsamifera Balsampappel				×		Kräftig, stark verzweigt, flach ausgebreitet weit über Kronentraufe, dichte Wurzelbärte.
Populus berolinensis Berliner Lorbeer-Pappel				×		Kräftig, Brettwurzeln, flach ausgebreitet, kaum über Kronenbereich.
Populus × *canensis* Grau-Pappel		×				Kräftige tiefgehende Hauptwurzel, auf trockenen Standorten reichlich Wurzelbrut.
Populus nigra Schwarz-Pappel						Flache, aber intensive Durchwurzelung, tolerant gegen Überschattung, periodische Überschwemmung.
Populus tremula Aspe	×					Standortabhängige intensive Durchwurzelung, bei Eingriffen in den Wurzelbereich starke Ausläuferbildung, Wurzelsprosse aus Wurzelbrut.

Baumart	Wurzelform H	P	S	W	M	Wurzelmerkmale Beschreibung
Populus simonii Birken-Pappel					×	Flachwurzelnd, weitstreichend, nur Hauptwurzeln tiefgehend.
Prunus avium Vogel-Kirsche	×					Sehr starke Hauptwurzeln, überwiegend flach, häufig brettartig. Auf tiefgründigem Sand jedoch > 3 m Tiefe erreichbar.
Prunus padus Trauben-Kirsche	×					Kräftig, dicht und weitverzweigt. Starkes Ausschlagvermögen, Stockausschlag, Wurzelbrut, bes. nach Verletzung. Tolerant gegen Überflutung.
Prunus serotina Spätblühende Traubenkirsche	×					Kräftig, tiefgehend, dicht und weit verzweigt. Tolerant gegen Überflutung.
Pseudotsuga Douglasfichte	×				×	Bodenerschließung halbkuglig bis zu 1,4 m Tiefe. Intensive Feinwurzelbildung.
Pterocarya Flügelnuß						Weit ausgebreitet, Hauptseitenwurzeln sehr stark verzweigt, brettartig, sehr flach bis tief. Bes. auf feuchten Standorten starke bis über Kronentraufe hinausreichende Ausläuferbildung.
Pyrus L. Birne		×				Kräftig und tiefreichend, fleischig.
Quercus cerris Zerreiche		×				Hauptwurzeln tiefgehend, weitstreichend über Kronentraufe hinaus.
Quercus coccinea Scharlach-Eiche						Flach, dicht, unter der Oberfläche streichend.
Quercus frainetto Ungar. Eiche						Hauptwurzeln tiefgehend, kräftig, weitstreichend über Kronentraufe hinaus.
Quercus palustris Sumpf-Eiche		×				Flach, kräftig weitstreichend über Kronentraufe hinaus.
Quercus petraea Trauben-Eiche	×	×	×		×	30 ... 50 Jahre Pfahlwurzel, ab 30 J. Senker, in hohem Alter Herz-Senker, die selbst sauerstoffarme Böden erschließen können.
Quercus robur Stieleiche	×	×	×		×	Tiefwurzler in der Jugend, Herz-Senker im Alter. Dicht und fester Wurzelballen.
Quercus rubra Amerik. Roteiche	×					Überwiegend flach bis oberflächennah, weit ausgebreitet, zum Teil auch tiefgehend.
Robinia L. Robinie/ Scheinakazie			×		×	Tiefwurzler. Kräftig, dicht, weit unter der Oberfläche streichende Seitenwurzeln über Kronentraufe hinaus, Wurzelausläufer innerhalb des Traufenbereiches.
Salix alba Silberweide						Flach, bei O_2-Mangel sehr weitstreichende Hauptwurzeln, außerordentlich dichtes Feinwurzelwerk, Wurzelbärte.

Baumart	**Wurzelform** H	P	S	W	M	**Wurzelmerkmale Beschreibung**
Sophora japonica Schnurbaum						Fleischig, weiträumig und stark verzweigt über Kronentraufe hinaus.
Sorbus aria Mehlbeere	×	×				Tiefgehende Senker, sonst dicht und flach innerhalb der Kronentraufe.
Sorbus aucuparia Eberesche						Dicht und flachstreichende von Mykorrhiza umgebene Seitenwurzeln, bis 2 m tiefgehende Senker.
Sorbus intermedia Oxelbeere	×					Tiefreichende Senker, sonst dicht und flach innerhalb der Kronentraufe.
Tilia cordata Winterlinde	×	×			×	Intensiver als alle heim. Laubbäume außer Bergahorn. 7 ... 8 Jahre Pfahlwurzel, später kräftiges unregelmäßiges Herzwurzelsystem. Hoher Feinwurzelanteil, Wurzelbärte.
Tilia × intermedia Holl. Linde	×	×			×	Wie *T. cordata*.
Tilia platyphyllos Großblättrige Sommerlinde	×	×			×	Kräftig, tiefgehend, Seitenwurzeln über Kronentraufe reichend, oberflächennahe Wurzelbärte.
Tilia tomentosa Silberlinde	×	×			×	Wie *T. cordata*
Ulmus glabra Berg-Ulme	×	×			×	Pfahlwurzel in der Jugend, Herzwurzel im Alter. Kräftig weitstreichende, zahlreiche flache Seitenwurzeln und Wurzelbrut.

aus:

BRUNS, JOH., 1993/94: Pflanzen, Sortimentskatalog
LORBERG, H., 1994: Der Gehölzberater
SINN, G., 1982: Wurzelsysteme der Straßenbäume. Eine Literaturauswertung. Das Gartenamt **31**: 241–244

II. Schaderreger an Wurzeln

Wurzelbürtige Fäuleerreger

Erreger	Wirt	Symptome	Biologie	Maßnahmen
Hallimasch (*Armillaria mellea, A. obscura, A. bulbosa, A. borealis, A. cepistipes, A. ostoyae*)	Laub- u. Nadelgehölze, bes. Ahorn, Pappel, Eiche, Fichte	Fruchtkörper im Spätherbst an Stubben u. Wurzelanläufen; schwarze Rhizomorphen in Boden u. am Baum; Laub- u. Nadelverfärbung; Harzfluß; zwischen Rinde u. Holz weiße Myzellappen; Stock- u. Weißfäule	Schwächeparasit; als Saprophyt an Holzresten im Boden; Myzel an Totholz u. gesunden Wurzeln; Wundinfektionen; Primärinfektion gesunder Wurzeln über Rhizomorphen	Streß vermeiden; Stubben befallener Bäume roden
Wurzelschwamm (*Heterobasidion annosum*, Syn. *Fomes annosus*)	Nadelgehölze, bes. Kiefer, Fichte, Lärche, Douglasie	Fruchtkörper an Stammbasis u. flachstreichenden Wurzeln; im Stamm aufsteigend grau bis violette Streifen; rotbraune ringförmige Fäule im Stamm; Bruchgefahr	Basidiosporen werden mit Regen eingewaschen; keimen auf Wurzeln oder Wurzelanläufen aus; Parasit, im Stamm aufsteigend saprophytisch; Infektion über Wurzelkontakt	keine verseuchten Flächen mit Nadelbäumen bepflanzen; Vermeidung von Wurzelverletzungen
Sparriger Schüppling (*Pholiota squarrosa*)	Nadel- u. Laubgehölze, bes. Fichte, Ahorn, Birke, Buche, Esche, Erle, Linde, Pappel, Weide, Apfel	rotgelbe, büschelig wachsende Fruchtkörper im Spätherbst am Stammgrund; Wurzelfäule	Parasit an Wurzeln, Saprohyt im Stamm; Infektion auch über Wurzelverwachsung	keine Angaben
Hochthronender Schüppling (*Pholiota aurivella*)	Laubgehölze, bes. Buche, Erle, Birke	rostgelbe, klebrig-schleimige Fruchtkörper mit dunklen Schuppen, hoch am Stamm sitzend von April bis November; Holzzerstörer	Saprophyt vom Wurzelanlauf in den Stamm; Bruchgefahr	keine Angaben
Pappelschüppling (*Pholiota destruens*)	Laubbäume, bes. Pappel	große derbe holzfarbene Fruchtkörper mit lang eingerollt bleibendem Hutrand; weißliche Schuppen auf Hut und Stiel; Holzzerstörer	Parasit an lebenden u. frisch gefällten Pappeln	keine Angaben

Erreger	Wirt	Symptome	Biologie	Maßnahmen
Riesenporling *(Meripilus giganteus)*	Laubgehölze, bes. Buche, Linde, Eiche, Vogelbeere, Platane	gelbbraune, vielschichtige Fruchtkörper, bis 1 m groß, von Juli bis Oktober, an Stubben u. am Stammgrund; Störung der Wasseraufnahme und -leitung, Weißfäule; Bruch	Schwäche- und Wundparasit; Myzel anfangs im zentralen Wurzelbereich tieferer Wurzeln, von da bis in äußere Rindenteile geringe Ausdehnung, aber stammaufwärts	Versiegelungen und Wurzelschäden vermeiden
Klapperschwamm *(Grifola frondosa)*	ältere Laubgehölze, bes. Eiche, Edelkastanie	zahlreiche 20 bis 40 cm große bräunliche, buschartige Fruchtkörper; Weißfäule; Bruch	Parasit an Wurzeln und Saprophyt, Weißfäuleerreger am Stammgrund	keine Angaben
Krause Glucke *(Sparassis crispa)*	Nadelgehölze, bes. Kiefer, weniger Douglasie, Fichte, Tanne	blumenkohlartige, cremeweiße bis ockergelbe Fruchtkörper an Stammbasis u. Stubben von August bis November., Braunfäule im Kernbereich bis 3 m hoch im Stamm; Holz gelbbraun bis rötlichbraun verfärbt, Würfelbruch. Stammholzzerstörer	Wurzelparasit, im Stamm bis 3 m Höhe aufsteigend. Vorkommen an Einzelbäumen	keine Angaben
Kiefernbraunporling *(Phaeolus schweinitzii)*	Nadelgehölze, bes. Kiefer, Douglasie	Fruchtkörper von Mai bis Oktober am Boden in Wurzelnähe, bis 30 cm groß, gelb bis kastanienbraun, Oberseite mit rotem wolligen Filz, Unterseite gelblichgrün; Terpentingeruch, Braunfäule im Kernholz	Umstände der Infektion ungeklärt; vergesellschaftet mit Hallimasch	keine Angaben
Gestielter Wurzelporling *(Omnia tomentosa)*	Nadelgehölze, bes. Kiefer	Fruchtkörper dickfleischig, gelb bis zimtrötlich, 6–12 cm groß, gestielt, weichporig; Wurzel- und Stockfäule		keine Angaben
Klebriger Hörnling *(Calcera viscosa)*	Nadelgehölze, bes. Kiefer, Douglasie, Fichte	ziegenbartähnlicher Fruchtkörper, goldgelb auf Stubben, klebrig; Wurzel-, Stockfäule; Kernfäule	Saprophyt auf Nadelgehölzen; Stubben	keine Angaben
Wurzellorchel *(Rhizina undulata)*	Nadelgehölze, bes. an Sämlingen von Stechfichte, Schwarzkiefer	Fruchtkörper halbkugelig gewölbt auf dem Boden sitzend; Myzel im Wurzelbereich; kurze Neutriebe, Nadeln gelb verfärbend, Baumtod; ringförmige Sterbelücken im Bestand	Dauersporen latent im Wurzelbereich. Keimung nach Hitzeschock im sauren Medium. Parasit greift gesunde Wurzeln an	Feuerstellen, Bodenerhitzung vermeiden. Myzelausbreitung zu Entwicklungsbeginn durch Gräben zu stoppen

Gefäß- und Welkekrankheiten

Erreger	Wirt	Symptome	Biologie	Maßnahmen
Holländische Ulmenkrankheit, Ulmensterben, -welke *(Ophiostoma ulmi)*	Ulme, bes. Bergulme, Feldulme, Flatterulme	astweise Welke; Absterben; Gefäßverfärbung; Thyllenbildung	Verbreitung über Pilzsporen durch den Kleinen u. Großen Ulmensplintkäfer beim Reifefraß in der Krone; über Wurzelverwachsungen von kranken zu gesunden; pilzliche Konidien sowie Welketoxine u. Abwehrreaktionen der Ulme in Gefäßen (Thyllen) beeinträchtigen den Wasserhaushalt	Astschnitt im frühen Befallsstadium; frühzeitige Fällung und Rodung im Bestand; Wurzelkappung zu gesunden Bäumen; Verwendung wenig anfälliger Hybriden; keine Reihenpflanzung; Stamminfusion oder -injektion mit Fungiziden u. Insektiziden gegen den Vektor im Anfangsstadium; Bakterienantagonist gegen Vektor
Amerikanische Eichenwelke *(Ceratocystis fagacearum)*	Rot- u. Weißeichen in Nordamerika, **noch nicht in Europa!**	im oberen Kronenbereich beginnendes Schlaffwerden u. Welken der Blätter; Blattverbräunung von den Rändern ausgehend; vorzeitiger Blattwurf, Absterben innerhalb weniger Wochen bei Roteichen, bei Weißeichen Astverlust u. Erholung möglich	Übertragung der Sporen durch saftleckende Insekten u. Wurzelverwachsungen; Pilzliche Konidien werden mit Transpirationsstrom im jüngsten Jahrring aufwärts transportiert; Thyllenbildung; Störung des Wasserhaushaltes; sporenbildende Myzelmatten	Einhaltung der Quarantänebestimmungen
Platanenkrebs Platanenwelke *(Ceratocystis fimbriata* f. *platani)*	Platane regional in F, Sp, I, Ch, Verbreitung nach Norden	violette Einsenkungen der Rinde; Rindennekrosen; Aufplatzen der Rinde; streifenartige Verfärbungen im Holz; astweises Welken; Absterben	Wundparasit, Übertragung bei Ästungen u. Wurzelverwachsungen; zunächst Rindeninfektion, folgend Ausbreitung über Markstrahlen	Hygiene bei Ästungen; Fällung u. Rodung befallener Bäume; Beachtung der Einfuhrbestimmungen bei Jungbäumen

Erreger	Wirt	Symptome	Biologie	Maßnahmen
Verticillium-Welke *(Verticillium albo-atrum, V. dahliae)*	weit verbreitet an Laubgehölzen, bes. Ahorn, Esche, Essigbaum, Kastanie, Linde, Robinie, Trompetenbaum, Judasbaum, Vogelbeere	Welken der Blätter und Triebspitzen, später absterbend; bräunliche Verfärbungen der Gefäße; jüngere Bäume sterben rasch, ältere schüttere Belaubung, langsames Absterben	Wundparasit; Infektion erfolgt über Zweig- u. Wurzelschnitte; dunkelbraune Hyphen als Dauerzellen im Boden und an Pflanzenresten werden bei Berührung mit Wund- oder Schnittflächen aktiviert; Hyphen u. Welketoxine beeinträchtigen Gefäße des Frühholzes u. folglich den Wasserhaushalt	Vermeidung von Verletzungen; hygienisches Arbeiten bei der Pflege; keine Neupflanzungen auf verseuchte Standorte (Kartoffelflächen); Pflanzenbezug kontrollieren
Rindenfäule der Roßkastanie *(Phytophthora cactorum; P. citricola)*	lokales Auftreten an Kastanie	Blattvergilbung, vorzeitiger Blattfall, braune bis schwarze Rindenverfärbung vom Stammgrund ausgehend, Wundgummi, Absterben	Erreger latent im Wurzelraum; Zoosporen werden im Wasser freigesetzt u. schwärmen aus; Infektion der Rinde über Wurzel oder Wurzelhals	Bäume roden und Pflanzgrube offen über Winter ausfrieren lassen; Baumart wechseln
Wurzelhalsfäule der Schwarz-Erle, Erlensterben *(Phytophthora cambivorum)*	Schwarzerle	Rindennekrosen, die sich von den oberen Hauptwurzeln zungenförmig am Stammfuß aufwärts entwickeln, schüttere Krone, Wundgummi, Ast- und Zweigsterben; Absterben	bodenbürtiger Pilz bildet in freiem Bodenwasser Zoosporen aus, die vorwiegend im Oberboden aktiv sind und gesunde Wurzeln infizieren können	periodisch oder dauernd vernäßte Moor- und Anmoorgleystandorte meiden

Gallenbildner und Schädlinge an Wurzelsystemen

Erreger	Wirt	Symptome	Biologie	Maßnahmen
Wurzelkropf *(Agrobacterium tumefaciens)*	Laub- u. Nadelgehölze, bes. Ahorn, Apfel, Birke, Pappel, Weide, Eibe, Scheinzypresse	krebsartige Wucherungen an ober- u. unterirdischen Teilen; rundliche oder kropfartige, warzige Auswüchse bis Faustgröße	Wundparasit; Bakterien induzieren ungehemmtes Zellwachstum; veränderte Stoffwechseleigenschaften entziehen sich der Kontrolle durch die Pflanze	Verletzungen im Wurzelbereich vermeiden; erkankte Bäume mit Wurzeln roden
Nematoden, Wurzelgallenälchen *(Meloidogyne)*	Laubgehölze, bes. Berg-Ahorn, Hainbuche, Kirsche, Pflaume, Mandel, Schlehe	bräunliche Gallen ohne Kammern, an Wurzeln und Stammgrund knötchenartige Anschwellungen (Älchen nur unterm Mikroskop sichtbar)	freilebend; Älchen schlüpfen aus dem Ei, wandern durch den Boden, dringen in junge Wurzeln durch das Rindengewebe, werden stationär; durch Injektion von Sekret in Wurzelzellen Bildung von 4 … 6 Riesenzellen, die besonders viele Nährstoffe erzeugen, von denen Älchen leben; sackartige Anschwellung der Älchen, nur Männchen wieder freibeweglich im Boden; nach Begattung Ablage von einigen 100 Eiern in Schleimhülle	erkrankte Jungbäume roden; Boden entseuchen mit Nematiziden oder biologisch mit Feindpflanzen (Tagetes)
Wandernde Wurzelnematoden *(Pratylenchus*-Arten, *Paratylenchus, Trichodorus, Rotylenchus Tylenchorhynchus)*	Laubgehölze, bes. Birne, Esche, Flieder, Haselnuß, Kirsche, Linde, Pappel, Platane, Ulme, Weide, Weißdorn	Saugwurzeln verbräunt u. absterbend; Nekrosen an älteren Wurzeln; nesterartig im Bestand; Wurzelverletzungen sind Eintrittspforten für Pilze	freilebend; als Endoparasiten in Wurzeln eindringend; als Ektoparasiten von außen saugend; Eiablage im Boden	Bodenentseuchung; Anbau von Feindpflanzen
Eichenwurzelknotengallwespe *(Andricus testaceoipes; A. quercuscalis)*	Laubgehölze, bes. Ahorn, Eiche	anfangs rötliche und weiche, später braune und harte, tief längsgeriefte, erbsengroße Rindengallen in Nähe des Wurzelhalses; Krüppelwuchs; Absterben	Larven induzieren lokale Gewebewucherung; Gallen dringen tief in den Holzkörper ein, reifen nur langsam und werden von den Wespen durch ein seitliches Flugloch verlassen	kontrollierter Pflanzeneinkauf

Erreger	Wirt	Symptome	Biologie	Maßnahmen
Eichenschwamm-gallwespe *(Biorrhiza pallida)*	Eiche	erst gelblich, dann rötlich bis dunkel gefärbte, ledrige Galläpfel an Eichenblättern im Frühjahr, später Gallen an jungen Wurzeln	zweijähriger Entwicklungszyklus; 1. Gallenform (traubig gehäuft bis verschmelzend) in Eichenwurzeln, kuglig, erbsen- bis kirschengroß, einkammrig, erst fleischfarben, weich, später holzig, dunkelbraun. Nach 16 ... 18 Mon. Schlupf ungeflügelter Weibchen im Winter; diese klettern baumaufwärts, legen unbefruchtete Eier in Endknospen, Blattgallen (2. GF.) Männchen u. Weibchen, Schlupf im Juli. Weibchen graben sich ein; Eiablage in Wurzeln	kontrollierter Pflanzeneinkauf
Schwarzer Kiefernbastkäfer *(Hylastes ater)*	Kiefer	Fraßgänge in flachstreichenden Wurzeln und Wurzelhals, kreuz und quer; Brutfraß und Larvenfraß in abgestorbenen Wurzeln	Käfer schwärmen März – April; Eiablage unter der Rinde von flachstreichenden Stockwurzeln oder Stöcken in Längsgängen; hiervon ausgehend kreuz u. quer Larvenfraß, oft in totem Holz; Käfer fressen Rinde über und unter dem Wurzelhals junger Bäume. Harzausfluß stark	befallene Bäume mit Stubben beseitigen
Schwarzer Fichtenbastkäfer *(Hylastes cunucularis)*	Fichte	s. o.	s. o.	
Maikäfer *(Melolontha melolontha)*	Laub- und Nadelgehölze, bes. Eiche, Buche, Apfel	Kahlfraß der Krone; Wuchsdepression; Wurzelfraß;	Käfer schwärmen im Mai; Eiablage erfolgt im Boden; nach etwa 5 Wochen schlüpfen die Engerlinge; Verpuppung erfolgt im Hochsommer vor dem Flugjahr; Generation meist 4-, in wärmeren Regionen 3-, in rauhen 5jährig	Probegrabungen Mai bis Oktober (Kritische Werte: L1 5–15, L2 3–5 und L3 1–2 Engerlinge/m^2); Bekämpfung mit biologischen und chemischen Pflanzenschutzmitteln

Erreger	Wirt	Symptome	Biologie	Maßnahmen
Polyphylla fullo LINNÉ WALKER	*Pinus,* Laubhölzer *Betula, Acacia*	Engerlinge befressen Wurzeln von Dünengräsern, jungen Kiefern, Akazien und Birken. Er schwärmt und frißt im Juni/Juli in warmen Nächten bes. in Kiefern	Käfer ist dunkel- oder hellbraun gefärbt mit weißfleckigem Halsschild und Flügeldecken. Unterseite filzig behaart. Die Fühlerkeule beim Männchen ist sehr groß. Er liebt sandige Gegenden, bes. Dünen. Er kann laut zirpen. Die Eiablage erfolgt im Boden	
Amphimallus (Rhizotrogus) solstitialis LINNÉ	Gras u. andere Wurzeln		Käfer ist maikäferähnlich, viel kleiner, braungelb mit gelbbraunem Halsschild und Brust und Bauch gelbbraun behaart. Er schwärmt und frißt im Juni/Juli oft in Massen an Laub- und Nadelbäumen. Er liebt sandige, spärlich bestandene Gebiete. Eiablage erfolgt im Boden. Generationsfolge 2jährig. Engerlinge fressen	biologische und chemische Pflanzenschutzmittel
Gefurchter Dickmaulrüßler *(Otiorrhyncus sulcatus)*		Larven fressen an Wurzeln u. Wurzelhals, Käfer am Blatt; Welke	Eiablage Juli bis September; Larven ab Anfang August im Boden; Käfer ab Ende Mai	chemische und biologische Pflanzenschutzmittel

III. Checkliste zur Erfassung der Standortsituation bei Baumpflanzungen

Gibt der Standort räumliche Einschränkungen vor?

• Leitungstrassen	ja	nein	
• unterirdische Bauwerke	ja	nein	
• Wege- und Straßenbeläge	ja	nein	
• Sonstiges:			

Wie ist die Bodenbeschaffenheit?

• natürlich gewachsener Boden	ja	nein	
• anthropogen belasteter Boden	ja	nein	
• Bodenkörnung	Sand	Schluff	Ton
• Humusgehalt	gering	mittel	hoch
• pH-Wert	sauer	neutral	basisch
• Schadstoffbelastung			
• Gas	nein	gering	hoch
• Streusalz	nein	gering	hoch
• Hunde-Urin	nein	gering	hoch
• Kalkstäube	nein	gering	hoch
• Öle	nein	gering	hoch
• Sonstige	nein	gering	hoch
• organische Substanz im Unterboden	ja	nein	
• Schutt im Unterboden	ja	nein	
• Verdichtung	ja	nein	
• Sonstiges			

Wie ist die Wasserversorgung, wie die Wasserentsorgung?

• Grundwasserstand	hoch	niedrig
• Regenwasserzufuhr	ja	nein
• Stauwasser	ja	nein
• Versiegelung	ja	nein
• Sonstiges		

Gehen vom vorhandenen Pflanzenbestand Belastungen aus?

- Lichtmangel
- Konkurrenz um Wasser und Nährstoffe
- Schaderregerbefall
- Sonstiges

Welche Belastungen ergeben sich aus der künftigen Umfeldgestaltung?

- Behinderung der Wasserversorgung
- Behinderung der Wasserentsorgung
- Behinderung des Bodenluftaustausches
- keine natürliche Nährstoffzufuhr
- Einschränkungen in der Wurzelausdehnung
- Einschränkung in der Standsicherheit

IV. Formblatt als Wegweiser und Checkliste zur Bauabnahme von Pflanzungen

Wegweiser und Checkliste zur Bauabnahme von Pflanzungen

Fertigstellung gem. DIN 18916

für die Baumaßnahme: Planung/Bauüberwachung

der ausführenden Firma: Lieferant(en):

1. Angaben zur Pflanzenlieferung:

→ Gehölze geliefert wie bestellt?	❑ ja	❑ nein
→ Liefernachweise vollständig?	❑ ja	❑ nein
→ Gütebestimmungen eingehalten?	❑ ja	❑ nein
→ Ursprungsbescheinigungen vorhanden?	❑ ja	❑ nein
→ Pflanzenpaß vorhanden?	❑ ja	❑ nein

2. Gesamteindruck der Pflanzung:

❑ gut gepflegt	❑ vital + wüchsig	❑ normal entwickelt	❑ keine/geringe Ausfälle
❑ schlecht gepflegt	❑ schwachwüchsig	❑ ungleich entwickelt	❑ sichtbare Ausfälle
❑ ungepflegt	❑ stagnierend	❑ Farb- und Wuchsveränderungen	❑ erhebliche Ausfälle
❑ Sonstiges:		❑ Planungsfehler erkannt und beseitigt	

3. Bäume und Solitärgehölze: *Bemerkungen/Skizzen*

			Bemerkungen/Skizzen
Belaubung	❑ normal entwickelt/keine sichtbaren Schäden		zutreffend für Bereich -(Nr.) (siehe beiliegender Lageplan) zutreffend für Pflanzenart:
	❑ kleinblättrig	❑ Insektenfraß	
	❑ schütter	❑ saugende Insekten	
	❑ Austrieb vertrocknet	❑ Pilzbefall	
	❑ Nekrosen		
	❑ Farbveränderung	❑	
Triebe	❑ normal entwickelt/keine sichtbaren Schäden		
	❑ abgestorben	❑ Fraßschäden	
	❑ abgebrochen	❑ Pilzfruchtkörper	
	❑ mech. Rindenschäden	❑	
Stamm	❑ ohne Befund/keine sichtbaren Schäden		
	❑ Transportschäden	❑ gr. Schnittstellen	
	❑ Frostrisse	❑ schwache Kallusbildung	
	❑ Nekrosen	❑ Fraßschäden	
	❑ Rindenablösungen	❑ Pilzfruchtkörper	
	❑ Hitzeplatten	❑ Bohrlöcher	
Wurzel	❑ ohne Befund/keine erkennbaren Schäden		
	❑ Ballenbindung nicht/unzureichend geöffnet		
	❑ Wurzelabrisse	❑ Fraßschäden	Ausfälle gem. Liste Anhang Nr.:
	❑ Nachschnitt fehlt	❑ Pilzfruchtkörper	
	❑ keine Wurzelneubildung	❑ Wucherungen	

Pflanzung	❑ mängelfrei/fachgerecht durchgeführt ❑ Verankerung … ❑ falsche Pflanzhöhe … … ❑ fehlt ❑ falsch … ❑ zu hoch ❑ zu tief ❑ Bindung … ❑ locker ❑ falscher Schnitt … ❑ einschnürend ❑ fehlende Terminale ❑ Stammschutz … ❑ Bodenbearbeitung/… … ❑ fehlt ❑ falsch ❑ Mulchung mangelhaft ❑ Verdunstungsschutz … ❑ Bewässerungsset … … ❑ fehlt ❑ falsch … ❑ fehlt ❑ falsch	

4. Flächenpflanzungen (Gehölze, Stauden, Gräser): — *Bemerkungen/Skizzen*

❑ normal entwickelt/keine sichtbaren Schäden – keine/geringe Ausfälle bis 5 %
❑ unnormal entwickelt/sichtbare Schäden – Ausfälle über 5 %

❑ falsche Pflanzhöhe	❑ falscher Schnitt	❑ Ast-/Triebbruch
❑ Wildkrautaufwuchs	❑ Bodenbearbeitung/…	❑ Schaderreger
❑ Nährstoffmangel	❑ Mulchung mangelhaft	
❑ abgestorbene Triebe	❑ Austrieb vertrocknet/	
❑ schwachwüchsig	… ❑ kleinblättrig	❑

zutreffend für Bereich -(Nr.)
(siehe beiliegender Lageplan)
zutreffend für Pflanzenart:

5. Hecken und geschnittene Pflanzungen:

❑ normal entwickelt/keine sichtbaren Schäden – keine Ausfälle
❑ unnormal entwickelt/sichtbare Schäden – Ausfälle gem. Liste

❑ falsche Pflanzhöhe	❑ falscher Schnitt	❑ Ast-/Triebbruch
❑ Wildkrautaufwuchs	❑ Bodenbearbeitung/…	❑ Schaderreger
❑ Nährstoffmangel	❑ Mulchung mangelhaft	
❑ abgestorbene Triebe	❑ Austrieb vertrocknet/	
❑ schwachwüchsig	… ❑ kleinblättrig	❑

Ausfälle gem. Liste Anhang Nr.:

6. Ranker und Kletterpflanzen:

❑ normal entwickelt/keine sichtbaren Schäden – keine Ausfälle
❑ unnormal entwickelt/sichtbare Schäden – Ausfälle gem. Liste
❑ Rankhilfe … ❑ fehlt ❑ unsachgemäß

❑ falsche Pflanzhöhe	❑ falscher Schnitt	❑ Ast-/Triebbruch
❑ Wildkrautaufwuchs	❑ Bodenbearbeitung/…	❑ Schaderreger
❑ Nährstoffmangel	❑ Mulchung mangelhaft	
❑ abgestorbene Triebe	❑ Austrieb vertrocknet/	
❑ schwachwüchsig	… ❑ kleinblättrig	❑

7. Folgerungen: — *Maßnahmen:*

❑ mängelfreie Abnahme	❑ Fehlerkorrektur
❑ Abnahme vorbehaltlich Mängelbeseitigung ❑ bis zum	❑ Bodenverbesserung
❑ Abnahmeverweigerung wg. wesentlicher Mängel ❑ Verlängerung der Fertigstellungspflege	❑ Pflanzenschutz
❑ neuer Abnahmeversuch frühestens ❑ am	❑ Pflanzenaustausch/ Pflanzenersatz

Ort/Datum: Unterschrift(en):

(aus: BALDER u. a. 1996a, verändert)

V. Baustoffe zur wurzelfreundlichen Versiegelung (Beispiele)

(Angaben nach Herstellerinformationen)

Eigenschaften	Produkte	Hersteller
Abstandhalter	• Herbaflor • Rasen-Mohr • Tristac	KANN GmbH, Bendorf u. a. SF-Kooperation, Bremen SF-Kooperation, Bremen
Pflasterstein mit Abstandhalter	• Grafu • Bel Aqua • Rima • Pentalith • Prato • UNI-Decoflor • Forulith	KANN GmbH, Bendorf KANN GmbH, Bendorf SF-Kooperation, Bremen SF-Kooperation, Bremen SF-Kooperation, Bremen UNI-International Rüdersdorfer Betonwerk GmbH
Pflasterstein mit Seitenprofil	• Ökoplatte „Casca"	SCHWENK Betontechnik, Eggenstein
Drän-Pflasterstein	• Filterstein • Vanoton • Hydroform	KANN GmbH, Bendorf SF-Kooperation, Bremen Rüdersdorfer Betonwerk GmbH
Rasengitterstein (Kammersystem)	• Ragit • MEBA-Gitterstein • UNNI-2N	KANN GmbH, Bendorf Rüdersdorfer Betonwerk GmbH UNI-International
Sickeröffnung	• UNI-Ökostein • UNI-Ökoloc • Arborkron • MatoroDrän	KANN GmbH, Bendorf UNI-International Kronimus AG, Iffezheim SF-Kooperation, Bremen
Drän-Belag	• Geolen-Belag • Terralen We	SIPRA Ökobaustoffe GmbH, Meppen Hyper Dämmtechnik, Berlin
Eigene Ergänzungen		

VI. Baustoffe zum Wurzelschutz

(Angaben nach Herstellerinformationen)

Einsatzbereich	**Produkt**	**Hersteller**
Baumscheibenabdeckung	• Gußeiserne Baumroste Buderus • Robers Baumscheiben (Gußeisen) • Baumschutzrost WOTAN • Kronimus-Baumscheiben (Edelsplitbeton) • Baumscheibenplatten • Schwabengitter 2000	Buderus Guss GmbH, Limburg Robers Leuchten Kunstschmiede GmbH & Co KG, Südlohn SCHWENK Betontechnik, Eggenstein Kronimus AG, Iffezheim Kronimus AG, Iffezheim H. Schwab GmbH, Ingolstadt
Abdeckung wiederver-wendbar	• Sechseckverbundplatten • Faltstraße	UmTech – Ges. f. umweltgerechte Technik mbH Kraus-Maffei
Wurzelbrücke	• Baumscheiben-Wurzelbrücke	G. Langer Blechwarenfabrik u. Stahlbau GmbH, Langelsheim
Pflanzcontainer	• Baumglocke • Baumkorb	Kronimus AG, Iffezheim Weinzierl, Ingolstadt
Eigene Ergänzungen		

VII. Düngemittel für Baumpflanzungen

(Düngerart: M = mineralisch; O = organisch; O/M = organisch-mineralisch)

Mehrkomponentendünger

Produkt	Nährstoffgehalt N	P	K	Mg	Sp	Dünger-art	Besonderheit	Empfehlung (lt. Hersteller)	Hersteller/ Vertrieb
Floranid Permanent	15	9	15	2		M		6–8 kg/100 m²	BASF Compo GmbH
Floranid Baumkraft	9	5	20	4		M	Universal-Langzeit-Volldünger	60–100 g/1 cm Stamm-durchmesser	BASF Compo GmbH
Floranid Club	10	5	20	(4)		M	Langzeitdünger	4–8 kg/100 m²	BASF Compo GmbH
Nitrophoska spezial Blau-Dünger	12	12	17	(2)	(6)	M	Spezial-Mineraldünger chloridfrei	2–5 kg/100 m²	BASF Compo GmbH
Nitrophoska perfekt	15	5	20	(2)	(8)	M	Spezial-Mineraldünger chloridarm	1,5–4 kg/ 100 m²	BASF Compo GmbH
Nitrophoska stabil	12	8	17	(2)	(7)	M	Volldünger	3–8 kg/100 m²	BASF Compo GmbH
Hakaphos plus	14	6	24	(3)		M	wasserlösliches Nährsalz chloridarm	1–3 ‰	BASF Compo GmbH
Hakaphos grün	20	5	10	(2)		M	wasserlösliches Nährsalz chloridarm	1–3 ‰	BASF Compo GmbH
Hakaphos blau	15	10	15	(2)		M	wasserlösliches Standard-Nährsalz chloridarm	1–3 ‰	BASF Compo GmbH
Hakaphos rot	8	12	24	(4)		M	wasserlösliches Nährsalz chloridarm	1–3 ‰	BASF Compo GmbH
Kamasol grün	10	4	7			M	flüssiger Volldünger chloridarm	0,5–3 ‰	BASF Compo GmbH
Kamasol rot	5	8	10			M	flüssiger Volldünger	1–3 ‰	BASF Compo GmbH

Produkt	Nährstoffgehalt N	P	K	Mg	Sp	Dünger-art	Besonderheit	Empfehlung (lt. Hersteller)	Hersteller/ Vertrieb
Kamasol blau	8	8	6			M	flüssiger Volldünger chloridarm	1–3 ‰	BASF Compo GmbH
Compo Baumkraft fluid	6	5	11			M	flüssiger Spezialdünger chloridarm	1–5 l der 1%igen Nährlösung	BASF Compo GmbH
Basacote 6M	14	10	13	2		M	Langzeitdünger chloridarm	1,5–2,0 kg/m^3	BASF Compo GmbH
Basacote 9M	15	11	13			M	Langzeitdünger chloridarm	2,0–2,5 kg/m^3	BASF Compo GmbH
Triabon	16	8	12	(4)		M	Langzeitdünger chloridarm	1–2 kg/m^3	BASF Compo GmbH
Plantacote Depot 4M	14	9	15			M	Langzeitdünger	2 kg/m^3	Spiess Urania
Plantacote Depot 6M	14	9	15			M	Langzeitdünger	2 kg/m^3	Spiess Urania
Plantacote Depot 8M	14	9	15			M	Langzeitdünger	2 kg/m^3	Spiess Urania
Plantacote Depot 12M	14	9	15			M	Langzeitdünger	100–250 g/Baum	Spiess Urania
Plantacote Start	18	11	11	(8)		M	Startdünger	0,5–2,0 kg/m^3	Spiess Urania
Plantacote Mix 4 M	15	10	15	(2)		M	Langzeitdünger	1,5–2,5 kg/m^3	Spiess Urania
Plantacote Mix 6 M	15	10	15	(2)		M	Langzeitdünger und Startkomponente	2,5–3,5 kg/m^3	Spiess Urania
Plantacote Mix 8 M	15	10	15	(2)		M	Langzeitdünger und Startkomponente	2,5–3,5 kg/m^3	Spiess Urania
Plantosan	20	10	15	(6)		M	Langzeitdünger und Startkomponente	50g/m^2 1–2 Anwendungen	Spiess Urania
Osmocote	16 17 16	10 10 8	13 10 9	 3		M M M	Langzeitdünger Langzeitdünger Langzeitdünger	100 g/Baum 100 g/Baum 100 g/Baum	Scotts Deutschland GmbH
Osmocote plus	15	10	12	2		M	Langzeitdünger	100 g/Baum	Scotts Deutschland GmbH
Ferticote	14	9	15			M			Spiess Urania

Produkt	Nährstoffgehalt N P K Mg Sp	Dünger-art	Besonderheit	Empfehlung (lt. Hersteller)	Hersteller/ Vertrieb
Manna Perm	18 9 16 2	M	Langzeitdünger	4–9 kg/100 m²	Haug GmbH & Co KG Manna Dünge-werk
Manna Cote 4M	20 10 20	M	Langzeitdünger	1,5–4,5 kg/m³	Haug GmbH & Co KG Manna Dünge-werk
Manna Long	16 8 10 3	M	kompakter Langzeitdünger	0,5–3 kg/m³	Haug GmbH & Co KG Manna Dünge-werk
Manna Baum-dünger flüssig	5 6 10 + Spurenelemente	M	Flüssigdünger	10–20 ‰	Haug GmbH & Co KG Manna Dünge-werk
Sanagran Depot	16 8 9 3	M	Langzeitdünger		Spiess Urania
Urasan Depot	16 8 9 3	M	Langzeitdünger	0,7–4 kg/Baum	Spiess Urania
Wuxal Basis	27 – 5 + Spurenelemente	M	Blattdünger	6 l/ha auf 200 l Wasser	Aglukon
Wuxal Super	8 8 6 + Spurenelemente	M	Blattdünger	0,1–0,2 %	Aglukon
Arbostrat	4 6 8	O/M		0,5 l/10 l Wasser	Günther
Fellmann Dünger	9 5 10 3	O/M	chloridfrei	8 kg/Ar	Trock-nungs- u. Mahlwerk Brehm GmbH & Ko. KG
Fellmann Troma-K	7 5 8 3	O/M		9–10 kg/m³	Trock-nungs- u. Mahlwerk Brehm GmbH & Ko. KG

Produkt	Nährstoffgehalt N	P	K	Mg	Sp	Düngerart	Besonderheit	Empfehlung (lt. Hersteller)	Hersteller/ Vertrieb
Fellmann Tromamin	4	4	6	3		O/M		5–8 kg/100 m²	Trocknungs- u. Mahlwerk Brehm GmbH & Ko. KG
Fellmann Tromadur	9	2	8	3		O		5–8 kg/100 m²	Trocknungs- u. Mahlwerk Brehm GmbH & Ko. KG
Baumfutter	6	8	10	2		O/M		1 kg/2 cm Stammdurchmesser	Günther
Baumfit	10	7	11	2		O/M		0,5 kg/1 cm Stammdurchmesser	Spiess Urania
Baumuran	16	1	1			O/M		650 g/10 cm Stammdurchmesser	Spiess Urania

Einzelkomponentendünger

Produkt	Nährstoffgehalt N	P	K	Mg	Sp	Düngerart	Besonderheit	Empfehlung	Hersteller
Basammon stabil	25					M		1,5–5 dt/ha	BASF Compo GmbH
Floranid N 32	32					M	Langzeitdünger	3–5 kg/100 m² je Gabe	BASF Compo GmbH
Kalkammonsalpeter	27,5					M		3–4,5 kg/200 m²	BASF Compo GmbH
Schwefelsaures Ammoniak	21					M	mit 24 % Schwefel, pH-Wert senkend	4–5,5 dt/ha	BASF Compo GmbH
Hakaphos gelb	20		16			M	wasserlösliches Nährsalz	1–2 ‰	BASF Compo GmbH
Floranid NK	14		19	3		M	phosphatfreier Langzeitdünger	4–5 kg/100 m²	BASF Compo GmbH

Produkt	Nährstoffgehalt					Düngerart	Besonderheit	Empfehlung	Hersteller
	N	P	K	Mg	Sp				
Nitroka plus	12		18	(6)	(6)	M	phosphatfreier Langzeitdünger	2–5 kg/100 m²	BASF Compo GmbH
Kaliumsulfat granuliert			50			M	chloridarm	2,5–3,5 dt/ha	Kali und Salz AG
Kali-magnesia			30	10		M	chloridarm	4–6 dt/ha	Kali und Salz AG
Thomas-sulfatkali		8	14	4		M	chloridfrei	7–10 dt/ha	Thomas-dünger
Thomas-phosphat		15,3		2,3	Sp	M	hochbasisch	15–20 dt/ha	Thomas-dünger
ESTA Kiese-rit „fein"				27		M		5–20 dt/ha	Kali und Salz AG
ESTA Kiese-rit „gran."				26		M		5–20 dt/ha	Kali und Salz AG
Exello Magnesium				35		M		3–4,5 dt/ha	Terraflor GmbH
Kieserit fein				27		M		5–20 dt/ha	Kali und Salz AG
Kieserit granuliert				26		M		5–20 dt/ha	Kali und Salz AG
Flory 10 Spuren				10		M		50–100 g/2–5 l Wasser auf 1 m³	Euflor GmbH
Urania-Magnesium-Spezial				20,7		M		2,5–5,5 dt/ha	Urania-Agro-chemie GmbH
Fetrilon, 13%						M	13% Eisen	3,5–5 g/m²	BASF Compo GmbH
Bitter Salz				16		M	Magnesium-Dünger	80–100 g/m²	Terra san
Hornspäne, Cornusol	14					O		2–4 kg/m³	Günther
Bio-Rinderdung	3	1,4	3,7	0,14		O			Terra san
Fellmann Troma	6	6				O/M		8–10 kg/100 m²	Trock-nungs- u. Mahlwerk Brehm GmbH & Ko. KG

VIII. Bodenhilfsstoffe für Baumpflanzungen

Produkt	Inhaltsstoffe (lt. Hersteller)	Zielrichtung (lt. Hersteller)	Anwendungsempfehlung (lt. Hersteller)	Hersteller
Agricol	braune Meeresalgen	Wasserspeicherung Oberflächenbefestigung	5–10 g/m^2	Stähler Agrochemie
Agrofix	Polyvinylpropionat	Oberflächenbefestigung Verdunstungsschutz	30–150 g/m^2	Compo GmbH
Agriperl/Perlite	Lavastein	Bodenbelüftung, Wasserspeicherung	3–5 l/10 l Bodenaushub	Perlite-Dämmstoff GmbH & Co.
Agrosil LR	Silikat-Kolloid	Wasser- und Nährstoffspeicherung	70–150 g/m^2	Compo GmbH
Agrarbentonit	Montmorillonit, Illit, Kaolinit, Feldspat, Glimmer	Wasserspeicherung, Erhöhung des Puffervermögens	10–15 kg/m^3	Süd-Chemie AG
Alginure Bodengranulat 1	Polyuronsäuren aus Braunalgen	Wasserspeicherung	30–50 g/m^2	Tilco Biochemie GmbH
Alginure Bodengranulat S	Polyuronsäuren aus Braunalgen + 40 % Nährhumus	verbesserte Nährstoffaufnahme, Wasserspeicherung	10–100 g/m^2	Tilco Biochemie GmbH
Baumalginat Granulat	mineralische Nährstoffe (N: 2,5 %, P: 1 %, K: 2 %), Polyuronsäuren u. 19,9 % Trockensubstanz	Boden-, Wurzelaktivität	0,5–1,0 kg/m^2	Tilco Biochemie GmbH
Bio-Algihum	Braunalgen	Verbesserung der Bodenstruktur	50–100 g/m^2	Aquaterra Bioprodukt GmbH
Bio-Algihum „Flüssig-konzentrat"	Braunalgen	Verbesserung der Bodenstruktur, Wasserspeicherung	100–150 g/m^2	Aquaterra Bioprodukt GmbH
GEFA Arbovit	organisches Copolymer	Wasserspeicherung	400–600 g/m^2	GEFA-Produkte Fabritz GmbH
Gesteinsmehl	Quarzporphyrmehl	Kaliversorgung, stabilisiert Wasserhaushalt u. Nährstoffversorgung	5–25 kg/Baum	Neudorff
Grodanwolle BU 10 und BU 20	wasserabweisendes Steinwollgranulat	Bodenbelüftung	25 Vol.-% Zuschlag zu Substraten	Grodania A/S
Hygromull	geflockter, offenzelliger Harzschaum	Wasserspeicherung	15–20 l/m^2	Compo GmbH

Produkt	**Inhaltsstoffe (lt. Hersteller)**	**Zielrichtung (lt. Hersteller)**	**Anwendungs-empfehlung (lt. Hersteller)**	**Hersteller**
Hygropor	70 % offenzelliges Hygromoll, 30 % geschlossenzelliges Styromull	Bodenbelüftung	15–20 l/m^2	Compo GmbH
Lecadan	Lamstedter Blähton, Berleburger Blähschiefer	strukturstabil, wasserspeichernd, vitalisierend	Nachfrage beim Hersteller	Leca Deutschland GmbH
Stockosorb	Acrylamid, Acrylsäure Copolymere auf Kaliumsalzbasis	Wasserspeicherung	200–300 g/m^2 20 cm Tiefe	Stockhausen
TurbaSoil	Polyuronsäuren u. 19,9 % Trockensubstanz	Boden-, Wurzelaktivität	Nachfrage beim Hersteller	Tilco Biochemie GmbH
Urasan braun	16 % organ. Trockensubstanz	Verbesserung d. Bodenstruktur, Aktivierung d. Mikroorganismen im Wurzelbereich	1,5 kg/10 cm Stamm-durchmesser	Urania GmbH
Urasan gelb	15 % organ. Trockensubstanz	Verbesserung d. Bodenstruktur, Aktivierung d. Mikroorganismen im Wurzelbereich	1,5 kg/10 cm Stamm-durchmesser	Urania GmbH
Vulkaperl	Lava, Bims, Perlite	Wasserspeicherung	nach Absprache mit dem Hersteller	Deutsche Perlite GmbH
Eigene Ergänzungen				

IX. Mulchmaterialien und ihre Eigenschaften

(verändert und ergänzt nach: DREISTADT u. a., 1994: Pests of Landscape Trees and Shrubs. University of California – Publication No. 3359)

Einstufung	Bezeichnung	Eigenschaften
organisch	Rindenschnitzel	• langsame Zersetzung, je nach C/N-Verhältnis • bindet Stickstoff • erhöht den pH-Wert des Unterbodens • z. T. phenolhaltig • z. T. mit Schaderregern behaftet • stetige Bodenverbesserung • langsame Temperaturanpassung des Bodens • dekorativ
	Holzschnitzel	• kostengünstig • je nach Größe nicht verwehfest • z. T. mit Schaderregern behaftet • bindet Stickstoff • erhöht den pH-Wert des Unterbodens • langsame Temperaturanpassung des Bodens
	Sägemehl	• kostengünstig • verbessert den Humusanteil • verfilzt • behindert die Wasserinfiltration • bindet Stickstoff • erhöht den pH-Wert des Unterbodens • nicht verwehfest • schnell kompostierbar • schädigt Jungpflanzen • langsame Temperaturanpassung des Bodens
	Reisspelzen	• begünstigt Bodengare • beinhaltet z. T. keimfähige Samen • langsame Temperaturanpassung des Bodens • bindet Stickstoff
	Rasenschnitt	• häufig verfügbar • Mehrfachgabe möglich • schnell verfügbare Nährstoffe • beinhaltet z. T. keimfähige Samen • verfilzt • behindert Wasserinfiltration • nicht frisch verwendbar • langsame Temperaturanpassung des Bodens
	Blätter	• häufig verfügbar • Mehrfachgabe möglich • unterschiedlich verfügbare Nährstoffe • erhöht oder senkt je nach Art den pH-Wert • beinhaltet z. T. keimfähige Samen • verfilzt • z. T. mit Schaderregern durchsetzt • je nach Größe nicht verwehfest • langsame Temperaturanpassung des Bodens

Einstufung	Bezeichnung	Eigenschaften
organisch	Kompost	• häufig verfügbar oder herstellbar • hohe Salzgehalte • schnell verfügbare Nährstoffe • beinhaltet z. T. keimfähige Samen • beinhaltet z. T. Schadstoffe • z. T. mit Schaderregern durchsetzt • dekorativ
	Papier, Pappe	• günstig • z. T. toxische Stoffe beinhaltend • langsame Temperaturanpassung des Bodens • wasserspeichernd • beinhaltet keine Samen • nicht verwehfest • attraktiv für Bodeninsekten • langsame Temperaturanpassung des Bodens • wenig dekorativ
	Heu, Stroh	• ermöglicht gute Wasserinfiltration • beinhaltet meist keimfähige Samen • bindet Stickstoff • langsame Temperaturanpassung des Bodens • verfilzt • dekorativ
	Torf	• Mehrfachgabe möglich • wasserspeichernd • unterschiedlich verfügbare Nährstoffe • beinhaltet z. T. keimfähige Samen • pH-Wert senkend • langsame Temperaturanpassung des Bodens • dekorativ
nichtorganisch	schwarze Folie (Polyethylen)	• sehr effektiv • leicht handhabbar • undurchdringlich für Wasser und Luft • künstliche Bewässerung erforderlich • erwärmt den Boden • wird nach wenigen Monaten brüchig • Wildkrautwachstum aus Löchern und Rissen • wenig dekorativ
	durchsichtige Folie (Polyethylen)	• Eigenschaften wie schwarze PE-Folie • begünstigt Lichtkeimung von Samen • Wildkrautwachstum aus Löchern und Rissen • wenig dekorativ
	gewebtes Polypropylen (Flies)	• sehr effektiv • langlebig • durchdringlich für Wasser und Luft • wenig dekorativ

Einstufung	Bezeichnung	Eigenschaften
nichtorganisch	Steine, Kies	• mit der Zeit Wildkrautwachstum • stark aufheizend • kostenintensiv • dekorativ
Eigene Ergänzungen		

X. Gütebestimmungen für Rindenmulch (RM)

(Gütegemeinschaft Rinde für Pflanzenbau e. V.)

Gütemerkmale		Wertebereiche		
		RM 1	RM 2	RM 3 (Dekorrinde)
1.	Physikalische Eigenschaften			
1.1	Körnung	10–40 mm	10–80 mm	20–80 mm
1.1.1	Feinanteil	< 10 mm = < 10 Vol.-%	< 10 mm = < 10 Vol.-%	< 10 mm = < 5 Vol.-%
1.1.2	Anteil Übergrößen	höchstens wenig auffällig		
1.2	Holzanteil			
1.3	Artfremde Stoffe	keine		
2.	Deklaration			
2.1	Typ und Körnung	wird beurteilt		
2.2	Baumart			
2.3	Verwendungszweck	Bodenabdeckung		
3.	Biologische Eigenschaften			
3.1	Flüchtige pflanzenschädliche Stoffe	nach Keimpflanzentest frei von flüchtigen pflanzenschädlichen Stoffen		
4.	Chemische Eigenschaften			
4.1	Gesamt-Kohlenstoff (Ct)	wird analysiert		
4.2	Gesamt-Stickstoff (Nt)			
4.3	C/N-Verhältnis	> 60		
4.4	Insektizidrückstände (Lindan oder Cypermethrin)	≤ 0,5 mg/l Frischsubstanz pro Wirkstoffgruppe		

Literatur

Amann, G., 1965: Kerfe des Waldes. Neumann-Verlag, 284 S.

ATV (Abwassertechnische Vereinigung) (Hrsg.), 1990: Bau und Bemessung von Anlagen zur dezentralen Versickerung von nicht schädlich verunreinigtem Niederschlagswasser. Arbeitsblatt A 138

Balder, H., 1988: Wurzelverletzungen als häufige Ursache von Baumschäden in der Stadt. Das Gartenamt 37, 625–627

Balder, H., 1990a: Wurzelschutz von Bäumen – Theorie und Praxis. Neue Landschaft 35, 538–543

Balder, H., 1990b: Untersuchungen zur Revitalisierung streusalzgeschädigter Straßenbäume. Gesunde Pflanzen 42, 356–361

Balder, H. und Bernhard, N., 1991: Wildverbiß in Berliner Parkanlagen. Das Gartenamt 40, 532–533

Balder, H., 1992a: Pflanzenverträglichkeit von Wundbehandlungen in der Baumpflege. Gesunde Pflanzen 44, 296–302

Balder, H., 1992b: Erkennen von Frostschäden. Das Gartenamt 41, 848–852

Balder, H. und Krüger, G., 1992: Vitalität des Öffentlichen Grüns – ein Ost-West-Vergleich. Gesunde Pflanzen 44, 291–295

Balder, H., 1993a: Aspekte des Pflanzenschutzrechtes bei der Wundbehandlung in der Baumpflege. Gesunde Pflanzen 45, 308–311

Balder, H., 1993b: Optimierung der Grünpolitik – Konsequenzen aus einem Ost-West-Vergleich. Das Gartenamt 42, 172–176

Balder, H., 1993c: Vitalität des Öffentlichen Grüns – ein Ost-West-Vergleich und Folgerungen für die Zukunft. Nachrichtenbl. Deut. Pflanzenschutzd. 45, 208–213

Balder, H., 1993d: Zunehmende Transportschäden an Gehölzen im GaLaBau. Landschaftsarchitektur 23, 60–62

Balder, H., 1993e: Absterbeerscheinungen an Eichen – Symptome, Ursachen und Verbreitung. In: Rundgespräche der Kommission für Ökologie, Bd. 5, Zustand und Gefährdung der Laubwälder. Verlag Dr. F. Pfeil, München, S. 33–44

Balder, H., 1993f: Effektive Maßnahmen zum Schutz der Wurzeln von Bäumen. Das Gartenamt 42, 740–743

Balder, H., 1994a: Zur Gesundheit des Öffentlichen Grüns im urbanen Bereich. Habilitationsschrift Universität Hannover

Balder, H., 1994b: Untersuchungen zur Wirkung von Hunde-Urin auf Pflanzen. Gesunde Pflanzen 46, 93–102

Balder, H., 1994c: Schäden durch Hunde-Urin im öffentlichen Grün. Das Gartenamt 43, 621–624

Balder, H. und Wöllner, F., 1994a: Untersuchungen zur Handhabung und Auswirkung von Großbaumverpflanzungen. Gesunde Pflanzen 46, 202–208

Balder, H. und Wöllner, F., 1994b: Großbaumverpflanzungen: Technik allein genügt nicht. Landschaftsarchitektur 24, 51–53

BALDER, H., WÖLLNER, F. und BOLLMANN, G., 1994c: Befunde zur Baumreaktion bei Wurzelvorhängen. Das Gartenamt 43, 250–256

BALDER, H., 1995a: Wurzelschutzmaßnahmen – zukünftig ein verstärktes Tätigkeitsfeld für den Baumpfleger? Landschaftsarchitektur 25, 53–55

BALDER, H., 1995b: Behandlung von Baumwurzeln – Möglichkeiten zum Wurzelschutz. In: DUJESIEFKEN, D. (Hrsg.), 1995: Wundbehandlung an Bäumen. B. Thalacker Verlag, Braunschweig, 111–116

BALDER, H., 1995c: Zur Verbreitung aggressiver Welkeerreger der Gattung *Ceratocystis* in Europa. Gesunde Pflanzen 47, 83–93

BALDER, H., DUJESIEFKEN, D., KOWOL, T. und SCHMITZ-FELTEN, E., 1995a: Zur Wirkung von Wundbehandlungen an Wurzeln bei Eiche und Linde. Nachrichtenbl. Dtsch. Pflanzenschutzd. 47, 28–35

BALDER, H. und WÖLLNER, F., 1995b: Wohin steuert die Großbaumverpflanzung? Neue Landschaft 40, 676–681

BALDER, H., FLECHNER, H.-P., KLEIN, W. und KRÜGER, G., 1996a: Fachgerechte Bauleitung. Der krönende Abschluß – die Bauabnahme. Landschaftsarchitektur 26, 41–42

BALDER, H., SCHWARZ, B., WÖLLNER, F. und YURDAKUL, O., 1996b: Neue Erkenntnisse der Baumpflege in der praktischen Erprobung. Stadt und Grün 45, 865–868

BALDER, H. und STRAUCH, K.-H., 1996c: Untersuchungen zum Einfluß des Ballensubstrates auf die Wasserversorgung von Jungbäumen. Mitt. a. d. Biol. Bundesanstalt H. 321, S. 306

BALDER, H. und WÖLLNER, F., 1996d: Zum Kenntnisstand der Wurzelbehandlung an Wurzeln von Laubbäumen. Stadt und Grün 45, 263–267

BALDER, H., EHLEBRACHT, K. und MAHLER, E., 1997a: Straßenbäume – Planen, Pflanzen, Pflegen – am Beispiel Berlin. Patzer Verlag, Berlin, 240 S.

BALDER, H. und WÖLLNER, F., 1997b: Grenzen und Möglichkeiten der Großbaumverpflanzung. In: BREUSTE, J.: UFZ-Bericht 7, 92–94

BALDER, H., 1998a: Zur Wirkung von Wuchsstoffen bei der Wurzelbehandlung in der Baumpflege. Stadt und Grün (im Druck)

BALDER, H., 1998b: Zur Verwendung von Depotdüngern bei Straßenbaumpflanzungen. Stadt und Grün (im Druck)

BALDER, H. und STRAUCH, K.-H., 1998a: Untersuchungen zur Wasserversorgung von Jungbäumen in Abhängigkeit von Pflanz- und Ballensubstrat. Deutsche Baumschule (im Druck)

BALDER, H. und WÖLLNER, F., 1998b: Untersuchungen zur Handhabung der Baumerhaltung bei Bauvorhaben. Gesunde Pflanzen 50, 7–11

BARTH, U., 1991: Freilanduntersuchungen zur Wirkung von Hundeurin auf Pflanzen an ausgewählten Beispielen und Untersuchungen zur Wirkung von Hundeurin auf Pflanzen im städtischen Raum am Beispiel Berlin unter besonderer Berücksichtigung von Straßenbäumen. Dipl.-Arbeit, FU Berlin

BECKER, K., 1997: Baumschutz durch grabenloses Bauen. In: GSTT (Hrsg.): Grabenloses Bauen und Instandhalten von Leitungen in Deutschland. Bertelsmann Fachzeitschriften GmbH, Gütersloh, 149–153

BEIER, H.-E., 1986: Einfluß des Maschineneinsatzes auf die Bodenstruktur. 4. Osnabrücker Baumpflegetage, Tagungsband

BEIER, H.-E., 1993: Bodenmechanische Faktoren und deren Bedeutung für die Optimierung und Sanierung von Straßenbaumstandorten. 11. Osnabrücker Baumpflegetage. Tagungsband

BEISSNER, L., 1887: Der Straßen-Gärtner. P. Parey Verlag, Berlin

BERGMANN, W. (Hrsg.), 1988: Ernährungsstörungen bei Kulturpflanzen. Entstehung, visuelle und analytische Diagnose. 2. Auflage. G. Fischer Verlag, Stuttgart

BERNATZKY, A., 1988: Baumchirurgie und Baumpflege. 4. Auflage. B. Thalacker Verlag, Braunschweig

BISP (Bundesinstitut für Sportwissenschaften, Hrsg.), 1993: Richtlinien über die Durchführung und Bewertung von Eignungsprüfungen an einbaufertigen Tragschichtgemischen für Rasensportflächen in Anlehnung an die DIN 18035, Teil 4, REBR. Ausgabe 1993. Selbstverlag, Köln

BLAUERMEL, G., 1982: Maßnahmen zur Verbesserung der Lebensbedingungen der Stadtbäume. In: MEYER, F. H. (Hrsg.), 1982: Bäume in der Stadt. 2. Auflage. E. Ulmer Verlag, Stuttgart

BLUME, H. P., 1982: Böden des Verdichtungsraumes Berlin. Mittlgn. Deutsche Bodenkundl. Ges. 33, 269–280

BLUME, H.-P. (Hrsg.), 1992: Handbuch des Bodenschutzes. 2. Auflage. Ecomed Verlagsgesellschaft mbH, Landsberg/Lech, 794 S.

BMRS (Bundesminist. f. Raumordnung, Boden und Städtebau), 1986: Grundwasser Schriftenreihe 06, Bonn

BORGWARDT, S., 1992: Entsiegelung im Straßenraum. Das Gartenamt 41, 420–428

BORGWARDT, S., 1994: Zur „Umweltfreundlichkeit" von Oberflächenbefestigungen. Das Gartenamt 43, 244–259

BRAUN, C., 1990: Der Zustand der Wiener Stadtbäume. Magistrat der Stadt Wien (Hrsg.), MA 22, 118 S.

BRAUN, H. J., 1988: Bau und Leben der Bäume. 2. Auflage. Rombach Verlag, Freiburg, 295 S.

BRAUNE, W., LEMAN, A. und TAUBERT, H., 1987: Pflanzenanatomisches Praktikum I., 5. Auflage. G. Fischer Verlag, Stuttgart

BRELOER, H., 1995: Minderung des Ersatzanspruches bei Eindringen von Wurzeln in schadhafte Leitungen. Stadt und Grün 44, 404–406

BRELOER, H., 1996: Verkehrssicherungspflicht bei Bäumen aus rechtlicher und fachlicher Sicht., 5. Auflage. B. Thalacker Verlag, Braunschweig

BROD, H.-G., 1984: Auswirkungen der Auftausalze auf physikalische, chemische und biologische Bodenparameter. Z. Kulturt., Flurber. 25, 236–242

BROD, H.-G. (Hrsg.), 1991: Straßenbaumschäden – Ursachen und Wirkungen. Ecomed Verlagsgesellschaft mbH, Landsberg/Lech

BROD, H.-G., 1993: Langzeitwirkung von Streusalz auf die Umwelt. Berichte der Bundesanstalt für Straßenwesen. Verkehrstechnik, Heft V 2. Wirtschaftsverlag NW, Bremerhaven, 165 S.

BRÖTZENBERGER, H. und PASS, F., 1987: Untersuchungen zur Ausbreitung von Erdgas im Boden. GWF – Gas/Erdgas 128, 69–75

BUNDESANSTALT FÜR STRASSENWESEN, 1987

BUTIN, H., 1996: Krankheiten der Wald- und Parkbäume. 3. Auflage. G. Thieme Verlag, Stuttgart, 261 S.

CORDSEN, E., 1992: Bodenüberformung und -versiegelung. In: BLUME, H.-P. (Hrsg.), 1992: Handbuch des Bodenschutzes. 2. Auflage. Ecomed Verlagsgesellschaft mbH, Landsberg/Lech, 131–153

DIN 18916, 1990: Vegetationstechnik im Landschaftsbau; Pflanzen und Pflanzarbeiten. Beuth Verlag, Berlin

DIN 18920, 1990: Vegetationstechnik im Landschaftsbau; Schutz von Bäumen, Pflanzenbeständen und Vegetationsflächen bei Baumaßnahmen. Beuth Verlag, Berlin

DOBNER, M., SCHINDELE, F. und SCHNEIDER, U., 1993: Maßnahmen zur Pflege, Entwicklung und Erhaltung eines gesunden Baumbestandes an Straßen. In: Bäume im Lebensraum Stadt. Augsburger Ökologische Schriften 3, 169–188. Dr. Wißner Verlag, Augsburg

DOOBE, G. und TIEDEMANN, H., 1991: Stadtbäume – Erfassung. Das Gartenamt 40, 460–466

DUJESIEFKEN, D. und LIESE, W., 1992: Holzschutzmittel zur Wundbehandlung bei Bäumen? Gesunde Pflanzen 44, 303–306

DUJESIEFKEN, D. und LEHMANN, I., 1993: Die Alleen in Mecklenburg-Vorpommern. Teil 1: Gefährdungen und Schäden. Das Gartenamt 42, 596–599

DUJESIEFKEN, D. (Hrsg.), 1995: Wundbehandlung an Bäumen. B. Thalacker Verlag, Braunschweig

DUJESIEFKEN, D. und KOCKERBECK, P., 1997: Jahrbuch der Baumpflege 1997. B. Thalakker Verlag, Braunschweig

ECKSTEIN, D., FRISSE, E. und LIESE, W., 1974: Holzanatomische Untersuchungen an umweltgeschädigten Straßenbäumen der Hamburger Innenstadt. Eur. J. Forest Pathol. 4, 232–244

ECKSTEIN, D., BREYNE, A., ANIOL, R. W. und LIESE, W., 1981: Dendroklimatologische Untersuchungen zur Entwicklung von Straßenbäumen. Forstwiss. Cbl. 100, 381–396

EHREN, L. v., 1997: Bäume und Grün ... natürlich geplant. Baumschulkatalog. Pflanzenhandel Lorenz von Ehren GmbH, Hamburg

EHSEN, B., 1995: Zur Düngung innerstädtischer Straßenbäume. Neue Landschaft 40, 601–604

EPPEL, J., 1996: Versickerungsfähige Beläge. Stadt und Grün 45, 89–91

FIEDLER, H.-J. und REISSIG, H.,1964: Lehrbuch der Bodenkunde. G. Fischer Verlag, Jena

FINCK, A. und SCHLEIFF, U., 1976: Untersuchung zur Bedeutung des Ernährungszustandes von Kulturpflanzen für ihre Salztoleranz. Z. Pflanzenern. u. Bodenkde. 139, 281–291

FINK, S., 1993: Der Einfluß von Phytohormonen auf das Trieb- und Wurzelwachstum von Bäumen. 11. Osnabrücker Baumpflegetage, Tagungsband

FINTELMANN, L., 1877: Über Baumpflanzungen in den Städten, deren Bedeutung, Gedeihen, Pflege und Schutz. J. U. Kern's Verlag, Breslau

FITTJE, S., 1996: Vergleichende Untersuchungen zum Einfluß von Standortsanierungsmaßnahmen auf die Wurzelentwicklung von Straßenbäumen am Beispiel der Holländischen Linde (*Tilia × intermedia*) unter Berücksichtigung der Ektomykorrhiza. Dipl.-Arbeit Universität Hannover

FLL (Forschungsgesellschaft Landschaftsentwicklung Landschaftsbau), 1990: Richtlinien für die Ausführung, Planung und Pflege von Dachbegrünungen. Selbstverlag, Bonn

FLURBACHER, K., 1996: Wasserdurchlässige Bodenbeläge. Landschaftsarchitektur 26, 10–11

Gesetz über forstliches Saat- und Pflanzgut v. 26.7.1979 (BGBl. I, S. 1242)

GLATZEL, G. und KRAPFENBAUER, A., 1975: Streusalzschäden am Baumbestand der Straßen in Wien. Inst. f. forstl. Standortsforschung der Hochschule f. Bodenkultur, Wien

GÖDDE, W., 1996: Versiegelung – Entsiegelung – Versickerung. Neue Landschaft 41, 505–509

GUTTAY, A. J. R., 1976: Impact of deincing salts upon the endomycorrhizae of roadside sugar maples. Soil Sci. Soc. Am. J. 40, 952–954

HABERMANN, P.-M., 1989: Untersuchungen zur Wirksamkeit verschiedener Düngerformen im Bereich verkehrsexponierter Baumstandorte. Diss. Universität Bayreuth

HAMPEL, C., 1893: Stadtbäume. Anleitung zum Pflanzen und Pflegen der Bäume in Städten, Vororten und auf Landstraßen. P. Parey Verlag, Berlin

HANISCH, B. und KILZ, E., 1990: Waldschäden erkennen. E. Ulmer Verlag, Stuttgart

HERDT, T., 1997: Möglichkeiten zur Stimulierung des regenerativen Wurzelwachstums. 15. Osnabrücker Baumpflegetage, Tagungsband

HEUERDING, E., 1997: Grün statt Asphalt. Der Gartenbau (CH) 118, 8–11

HOCK, B. und ELSTNER, E. F., 1995: Schadwirkungen auf Pflanzen. 3. Auflage. Spektrum Akademischer Verlag, Heidelberg

HOEKS, H., 1972: Effect of leaking natural gas on soil and vegetation in urban areas. Diss. Wageningen

HOFFMANN, A., 1954: Der Straßenbaum in der Großstadt unter besonderer Berücksichtigung der Berliner Verhältnisse. Diss. Humboldt Universität Berlin

HOFFMANN, A., 1956: Zur Ökologie des Straßenbaumes. Das Gartenamt 5, S. 14

HOLST, K.-E., HAUENHERM, W. und ALTMANN, W., 1991: Die Umstellung der Gaswirtschaft Ostdeutschlands von Stadt- auf Erdgas. GWF – Gas/Erdgas 132, 245–254

HORN, R., 1992: Böden als Pflanzenstandorte. In: BLUME, H.-P. (Hrsg.), 1992: Handbuch des Bodenschutzes. 2. Auflage. Ecomed Verlagsgesellschaft mbH, Landsberg/Lech

HÖSTER, H. R., 1993: Baumpflege und Baumschutz. E. Ulmer Verlag, Stuttgart, 225 S.

JAHN, H., 1990: Pilze an Bäumen. 2. Auflage. Patzer Verlag, Berlin, 272 S.

KLAFFKE, K., 1990: Situation des Straßenbegleitgrüns in Hannover unter besonderer Berücksichtigung der Ergebnisse des Baumkatasters. In: BROD, H.-G. (Hrsg.), 1991: Straßenbaumschäden – Ursachen und Wirkungen. Ecomed Verlagsgesellschaft mbH, Landsberg/Lech, 59–64

KOCH, W., 1992: Schaden bei Eingriffen in den Wurzelbereich. Das Gartenamt 41, S. 75

KOPINGA, J., 1992: Die Entwicklung von Baumwurzeln unter Straßenbelägen und einige praktische Methoden um Schaden vorzubeugen. 10. Osnabrücker Baumpflegetage, Tagungsband

KOPINGA, J., 1994: Aspects of the Damage to Asphalt Road Pavings Caused by Tree Roots. In: WATSON, G. W. and NEELY, D. (Eds.): The Landscape Below Ground. Proceedings of an International Workshop on Tree Root Development in Urban Soils. International Society of Arboriculture, Savoy, Illinois (USA), 165–178

KÖSTLER, J. N., BRÜCKNER, E. und BIBELRIETHER, H., 1968: Die Wurzeln der Waldbäume. P. Parey Verlag, Berlin, 284 S.

KRETZSCHMAR, R., 1992: Gase und Wärme. In: BLUME, H.-P. (Hrsg.), 1992: Handbuch des Bodenschutzes. 2. Auflage. Ecomed Verlagsgesellschaft mbH, Landsberg/Lech, 414–431

KREUTZER, K., 1978: Die Salzimmission im straßennahen Bereich aus forstlich ökologischer Sicht. Kali-Briefe 14, 161–171

KRIETER, M., BILL, A., MARKUS, A. und WÜRDIG, G.,1989: Standortoptimierung von Straßenbäumen (Forschungsbericht, Teil 1). Forschungsges. Landschaftsentwickl. Landschaftsbau (FLL), Bonn

KRIETER, M., 1993: Bodenaufbau am innerstädtischen Straßenbaumstandort. Das Gartenamt 42, 492–499

KRÖGER, K. H., 1975: Beeinflussung der biologischen Aktivität im Boden durch Erd- und Stadtgas. Zbl. Bakteriol. II 130, 251–284

KRÜGER, G., NOÉ, H. und BALDER, H., 1997: Zum Einfluß von Bodenbelüftungsmaßnahmen auf die Verbesserung der Bodenluft nach Langzeitgasschäden am Beispiel des Berliner Lustgartens. In: DUJESIEFKEN, D. und KOCKERBECK, P., 1997: Jahrbuch der Baumpflege 1997. B. Thalacker Verlag, Braunschweig, 192–195

KRÜSSMANN, G., 1997: Die Baumschule. 6. Auflage. Parey Buchverlag, Berlin, 982 S.

KÜHN, R., 1961: Die Straßenbäume. Patzer Verlag, Berlin, 200 S.

KULER, H., 1996: Pflege und Erhaltung von Alleebäumen aus der Sicht der Verkehrssicherung und des Naturschutzes – Kontrolle, Pflege, langfristige Planung

KUTSCHEIDT, J., 1996: Einsatz von Mycorrhizapilzen in der Baumpflege. 14. Osnabrücker Baumpflegetage, Tagungsband

LEH, H.-O., 1971: Schäden an Straßenbäumen durch Auftausalze. Gesunde Pflanzen 23, 217–220

LEH, H.-O., 1973: Untersuchungen über die Auswirkungen der Anwendung von Natriumchlorid als Auftaumittel auf die Straßenbäume in Berlin. Nachrichtenbl. Dt. Pflanzenschutzd. 25, 163–170

LEH, H.-O. und SÜNDER, A., 1989: Untersuchungen zur Ermittlung der Ursachen von Schäden an Straßenbäumen in Berlin sowie Erarbeitung/Erprobung von Gegenmaßnahmen. Gutachterauftrag, Abschlußbericht; Senatsverwaltung für Stadtentwicklung und Umweltschutz, Berlin

LEH, H.-O., 1991: Innerstädtische Streßfaktoren und ihre Auswirkungen auf Straßenbäume. In: BROD, H.-G. (Hrsg.), 1991: Straßenbaumschäden – Ursachen und Wirkungen. Ecomed Verlagsgesellschaft mbH, Landsberg/Lech, 5–17

LEH, H.-O., 1993: Straßenbaumschäden: Ursachen, Auswirkungen, Gegenmaßnahmen. Das Gartenamt 42, 659–662, 746–749

LEHNARDT, F. und BRECHTEL, H., 1980: Schöpftiefe und effektiv nutzbare Bodenwasserspeicherung der wichtigsten Bodeneinheiten von grundwasserabgesetzten Waldstandorten im Hessischen Ried. Z. f. Kulturtechnik u. Flurbereinigung 26, 138–149

LEHR, R., 1997: Taschenbuch für den Garten-, Landschafts- und Sportplatzbau. 5. Auflage. Parey Buchverlag, Berlin, 952 S.

LESNINO, G., MAKAS, M., WILHELM, L. und GROSSER, D., 1996: Jahrring-Analyse als Verpflanznachweis. Deutsche Baumschule 48, 628–633

LIESE, W. und DUJESIEFKEN, D., 1995: Wundreaktionen an Bäumen. In: DUJESIEFKEN, D. (Hrsg.), 1995: Wundbehandlung an Bäumen. B. Thalacker Verlag, Braunschweig

LIESECKE, H.-J., 1991: Verbesserung des Wurzel- und Standraumes von Bäumen in Stadtstraßen. Das Gartenamt 40, 649–650, 655–660

LIESECKE, H.-J., 1994: Substrate für innerstädtische Straßenbaum-Pflanzungen. Das Gartenamt 43, 761–769

LÖSCHBURG, W., 1980: Unter den Linden. Buchverlag der Morgen, Berlin

LUDWIG, T., 1993: Bäume: Der Blick nach unten. Nordische Baumtage Rostock. Deutsche Baumschule 45, 423–425

LYR, H., FIEDLER, H.-J. und TRANQUILLINI, W., 1992: Physiologie und Ökologie der Gehölze. G. Fischer Verlag, Jena, 620 S.

LYR, H., 1996: Effect of the root temperature on growth parameters of various European tree species. Ann. Sci. For. 53, 317–323

MAETHE, H., 1996a: Wurzel, Verpflanzen, Norm – Text, Theorie und Praxis. Deutsche Baumschule 48, 616–619

MAETHE, H., 1996b: Wurzelbild und Wurzelwachstum aus Baumschuler-Sicht. Deutsche Baumschule 48, 626–627

MAETHE, H., 1996c: Zum Thema Wurzel – Zeigt her eure Wurzeln. Deutsche Baumschule 48, S. 668

MAHLER, E., 1993: Alleepflanzung als Tradition – Straßenbäume in Berlin. Landschaftsarchitektur 23, 20–23

MARZINI, K., 1997: Was ist dran an der Autochthonie? Deutsche Baumschule 49, 557–559

MATTHECK, C. und BRELOER, H., 1994: Allgemeingültigkeit der Regeln zur Bewertung von Risikobäumen. Das Gartenamt 43, 407–412

MATTHECK, C. und BETHGE, K., 1996a: Der Angriff von Wurzeln auf Rohrleitungen. LA 26, 25–26

MATTHECK, C. und BETHGE, K., 1996b: Die Baustatik versagt beim Angriff von Wurzeln auf Mauern. LA 26, 40–41

MECHTOLD, B. und MEIER, U., 1986: Der Einsatz von Pflanzenschutzmitteln im öffentlichen Grün. Das Gartenamt 35, 15–20

MENGEL, K., 1972: Ernährung und Stoffwechsel der Pflanze. 4. Auflage. G. Fischer Verlag, Stuttgart, 470 S.

Merkblatt Alleen. Bundesminister für Verkehr, 1992. Verkehrsblattverlag Borgmann GmbH & Co. KG, Dortmund

MEYER, F. H. (Hrsg.), 1982: Bäume in der Stadt. 2. Auflage. E. Ulmer Verlag, Stuttgart, 380 S.

MEYER, F. H., 1985: Gefährdung von Baumarten in Stadt und Wald. Texte Umweltbundesamt. BMI-/UBA-internes Fachgespräch „Parkbäume/Waldbäume", 9–21

MEYER-SPASCHE, H., 1987: Entscheidungshilfen für die Baumsanierung. Das Gartenamt 36, 378–384

MEYER-SPASCHE, H., 1991: Ökosystemorientierte Bodensanierungskonzepte für innerörtliche Straßenbäume durch Standortanalyse und Computersimulation. Neue Landschaft 36, 604–606

MEYER-STEINBRENNER, H., DUES, G., FUCHS, E. und MEYER-ANTHOLZ, W., 1991: Bodensanierungsmaßnahmen in Hamburger Parks. In: UMWELTBEHÖRDE HAMBURG, 1991: Baumpflege in Hamburg. Forschungsbericht. Naturschutz und Landschaftspflege in Hamburg 39, 10–37

NEUMANN, B., 1984: Das Verpflanzen großer Bäume. P. Parey Verlag, Berlin

NEUMANN, K. und WEBER, K., 1995: Baubedingte Grundwasserschwankungen und Vegetation. Stadt und Grün 45, 235–243

NOÉ, H., BALDER, H. und KRÜGER, G.,1995: Gasschäden an Bäumen – Ursachen, Folgen und Sanierung. Stadt und Grün 44, 862–866

OTTO, F., 1991: Die Bestimmung des Grundeigentums und des nachbarrechtlichen Verhältnisses durch Baumschutzregelungen. LÖLF-Mitt. 4, 16–19

OTTO, F., 1992: Die Bestimmung des Grundeigentums und des nachbarrechtlichen Verhältnisses durch Baumschutzregelungen. Neue Landschaft 37, 740–747

PFEIFFER, E., 1985: Veränderungen der Ionengehalte streusalzgeschädigter Straßenbäume durch Bodensanierung im Hamburger Stadtgebiet. Hamburger Bodenkdl. Ber. 4

Pflanzenschutzgesetz vom 15.9.1986 (BGBl. I, S. 1505), novelliert mit dem Ersten Gesetz zur Änderung des Pflanzenschutzgesetzes vom 14.5.1998 (BGBl. I, S. 950–970)

POLCZYNSKI, I. und BALDER, H., 1995: Was Stadtgärtner schon vor hundert Jahren wußten. Stadt und Grün 44, 393–398

PUCKNAT, D., 1980: Leckstellen in Gasnetzen: Ortung und Beurteilungskriterien. GWF – Gas/Erdgas 121, 190–198

RAS-LG 4, 1986: Richtlinien für die Anlage von Straßen, Teil: Landschaftsgestaltung, Abschnitt 4: Schutz von Bäumen und Sträuchern im Bereich von Baustellen. Forschungsgesellschaft für Straßen- und Verkehrswesen, Köln

RIECKE, F., 1981: Wurzeluntersuchungen an Bäumen in Berliner Parken und Wäldern.

Berl. Naturschutzbl. 25, 636–643; 663–670; 703–705; 717–720

RUGE, U. und STACH, W., 1968: Über die Schädigung von Straßenbäumen durch Auftausalze. Angew. Botanik 42, 69–77

RUGE, U., 1982: Physiologische Schäden durch Umweltfaktoren. In: MEYER, F. H. (Hrsg.), 1982: Bäume in der Stadt. 2. Auflage. E. Ulmer Verlag, Stuttgart, 134–198

SCHLEIFF, U., 1982: Salzdynamik im durchwurzelten Boden und ihre Bedeutung für die Wasserversorgung von Kulturpflanzen. Z. f. Kulturtechnik u. Flurber. 23, 38–49

SCHMITZ-ZEITZ, D., 1996: Stadtbäume und Mykorrhizapilze – nutzvolle Symbiose. LA 26, 32–33

SCHRÖDER, K., 1997: Wurzelraumoptimierung – Beispiele aus Osnabrück. 15. Osnabrücker Baumpflegetage. Tagungsunterlagen

SCHWERTFEGER, F., 1981: Die Waldkrankheiten. P. Parey Verlag, Berlin, 486 S.

SF-Kooperation GmbH, 1994: Versickerung auf befestigten Verkehrsflächen. Bremen

SHIGO, A. L. und MARX, H. G., 1977: Compartmentalization of decay in trees. USDA For. Serv. Agric. Inform. Bull. No. 405

SHIGO, A. L., 1994: Moderne Baumpflege. Grundlagen der Baumbiologie. B. Thalacker Verlag, Braunschweig, 400 S.

SIEWNIAK, M. und KUSCHE, D., 1994: Baumpflege heute. 3. Auflage. Patzer Verlag, Berlin, 268 S.

SORAUER, P., 1985: Handbuch der Pflanzenkrankheiten, Band I. 5. Lieferung. P. Parey Verlag, Berlin

STACH, W., 1969: Untersuchungen über die Auswirkung der Winterstreuung und anderer ernährungsphysiologischer Faktoren auf die Straßenbäume der Hamburger Innenstadt. Diss. Universität Hamburg

STÅL, Ö. und ROLF, K., 1995: Schutz von Ver- und Entsorgungseinrichtungen gegen das Eindringen von Wurzeln. 13. Osnabrücker Baumpflegetage. Tagungsband

STRASSBURGER, E. (begr.), 1991: Lehrbuch der Botanik für Hochschulen. Neubearbeitung. G. Fischer Verlag, Stuttgart

SUKOPP, H. (Hrsg.), 1990: Stadtökologie – Das Beispiel Berlin. D. Reimer Verlag, Berlin

UMWELTBEHÖRDE HAMBURG, 1991: Baumpflege in Hamburg. Forschungsbericht. Naturschutz und Landschaftspflege in Hamburg 39

WALLNÖFER, P. R. und ENGELHARDT, G., 1995: Schadstoffe aus dem Boden. In: HOCK, B. und ELSTNER, E. F. (Hrsg.), 1995: Schadwirkungen auf Pflanzen. 3. Auflage. Spektrum Akademischer Verlag, Heidelberg, 118–140

WATSON, G. W., 1994: Root Development after Transplanting. In: WATSON, G. W. and NEELY, D. (Eds.): The Landscape Below Ground. Proceedings of an International Workshop on Tree Root Development in Urban Soils. International Society of Arboriculture, Savoy, Illinois (USA), 54–68

WAWRIK, H., 1992: Bundesgerichtsurteil erschwert Baumpflanzungen. Das Gartenamt 41, 522–523

WAWRIK, H., 1993: Sparmaßnahmen im öffentlichen Grün. Das Gartenamt 42, 648–651

WERNER, D., 1987: Pflanzliche und mikrobielle Symbiosen. G. Thieme Verlag, Stuttgart

WESSOLLY, L. und ERB, M., 1998: Handbuch der Baumstatik und Baumkontrolle. Patzer Verlag, Berlin, 270 S.

WIDMOSER, P., 1992: Boden- und Landschafts-Wasserhaushalt. In: BLUME, H.-P. (Hrsg.), 1992: Handbuch des Bodenschutzes. 2. Auflage. Ecomed Verlagsgesellschaft mbH, Landsberg/Lech, 29–46

WIESNER, U., 1998: Bodenlockerung mittels Druckluft an Baumstandorten im urbanen Bereich. 35. Gartenbauwissenschaftliche Tagung. BDGL-Schriftenreihe Band 16, S. 152

WILDE, M., 1997: Baumkontrollen im Rahmen der Verkehrssicherungspflicht als Aufgabe kommunaler Verwaltungen. Stadt und Grün 46, 500–505

WITT, H., 1997: Düngung im Freilandquartier. In: KRÜSSMANN, G., 1997: Die Baumschule. 6. Auflage. Parey Buchverlag, Berlin, 147–198

WITZIGMANN, J., 1940: Harnuntersuchungen bei den Säugetieren. Verlag M. & H. Schaper, Hannover

WÖLLNER, F. und BALDER, H., 1994: Zur derzeitigen Handhabung von Großbaumverpflanzungen. Das Gartenamt 43, 605–610

ZTV-Baumpflege, 1993: Zusätzliche Technische Vertragsbedingungen und Richtlinien für Baumpflege und Baumsanierung. FLL, Bonn

ZTV-Großbaumverpflanzung, 1995: Zusätzliche Technische Vertragsbedingungen und Richtlinien für das Verpflanzen von Großbäumen und Großsträuchern. FLL, Bonn

Sachwortverzeichnis

Kursiv gesetzte Seitenzahlen verweisen auf Abbildungen und Tabellen.

Tafel 1: Symbionten der Wurzel

1.1 Äußerlich sichtbarer Myzelmantel der Ektomykorrhiza bei Eiche. Der Myzelmantel umschließt die Feinstwurzeln und schützt sie vor parasitären und nichtparasitären Schäden.

1.2 Korallenförmige Ektomykorrhiza mit silbrigem Myzelmantel. Die vom Pilz induzierte stärkere Verzweigung führt zu einer Vergrößerung der Wurzeloberfläche und damit zu einer verbesserten Wasser- und Nährstoffaufnahme (aus: BALDER u. a., 1997a).

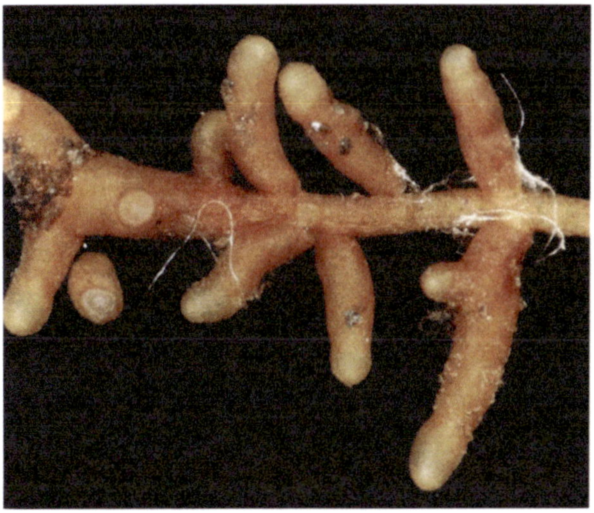

1.3 Anschwellen der Wurzelspitze durch Endomykorrhiza

1.4 Wurzelknöllchen

Tafel 2: Standortsituation von Straßenbäumen

2.1 Skizzierter Straßenquerschnitt mit räumlicher Verteilung von Ver- und Entsorgungsleitungen sowie eingeschränkter Wurzelentwicklung (aus: BALDER u. a., 1997a)

2.2 Bodenprofil am Straßenrand mit unterschiedlichem Skelettanteil und lokaler Wurzelentwicklung (aus: BALDER u. a., 1997a)

2.3 Widernatürliche Wurzelentwicklung (lange Suchwurzeln, wenig Verzweigung)

Tafel 3: Auffälligkeiten am Stammfuß von Bäumen ohne unmittelbare Schadensursache

3.1 Normaler Stammfuß mit sichtbaren Wurzelanläufen bei sachgerechter Pflanzung. Zunehmend werden oberirdische Wurzelanläufe als störend empfunden und daher Bäume gezielt tiefer gepflanzt. Sie sind jedoch das Produkt einer baumgerechten Entwicklung.

3.2 Wurzelhalsveredlung mit starker Wucherung bei Linde. Infolge eines Assimilatstaus zwischen Unterlage und Edelreis entstehen mitunter auffällige Wurzelhälse, die aber in der Regel baumphysiologisch unproblematisch sind.

3.3 Auffällige Wurzelschößlinge bei Linde werden bei starkem Wachstum zu einem Problem der Verkehrssicherheit, da sie die Sicht beeinträchtigen können. Sie müssen dann regelmäßig entfernt werden.

3.4 Würgewurzel bei Linde. Sie können mit der Zeit zu Abschnürungen führen und sollten daher bei der Pflanzung rechtzeitig entfernt werden.

Tafel 4: Grundbelastung von Baumscheiben

4.1 Verdichten von Baumscheiben durch Tritt infolge mangelnden Baumschutzes

4.2 Stadtbaum in kleiner, verdichteter Baumscheibe mit versiegeltem Baumumfeld

4.3 Starke Wildkrautentwicklung

4.4 Oberflächennahe Wurzelbildung unter Pflasterbelägen (Aufsicht)

Tafel 5: Standortveränderungen mit Einfluß auf den Wasser- und Bodenlufthaushalt

5.1 Zopftrocknis nach Grundwasserabsenkung

5.2 Ausstieg an einer Bushaltestelle unmittelbar an ungeschützter Baumscheibe

5.3 Charakteristische Blattvergilbung bei Staunässe

5.4 Oberflächennahe Wurzeln auf verdichtetem Standort mit mechanischen Verletzungen (Aufsicht)

Tafel 6: Gasleckagen mit Folgen für Boden und Bäume

6.1 Charakteristische Bodenverfärbung durch Gas als Folge umfangreicher bodenchemischer Umbauprozesse. Gleichzeitig ist ein starker Geruch wahrnehmbar (aus: NOÉ u. a., 1995).

6.2 Frühsymptome (Welke) der Krone bei Gasschädigung in der Vegetationsperiode. Diese können jedoch auch durch intensive Strahlung und Trockenheit hervorgerufen werden.

6.3 Fortgeschrittene Welkesymptome befinden sich bei unterschiedlicher Ausprägung bei größeren Leckagen häufig auf engem Raum nebeneinander. Sie sind aus der Entfernung oft besser anzusprechen als unmittelbar unter dem Baum stehend.

6.4 Frühjahrs-Schadsymptome an Bäumen bei Gasschädigung im Winter in Form von Chlorosen und Blattrandnekrosen

6.5 Kleinblättrigkeit und Blattrandnekrosen im Frühsommer (links = normales Blatt). Die Kleinblättrigkeit gilt als charakteristisches Schadsymptom, insbesondere bei zuvor vitaler Gehölzentwicklung. In diesem Stadium ist bereits ein erheblicher Teil des Wurzelsystems irreversibel geschädigt.

6.6 Heterogener Austrieb im Folgejahr nach Leckschließung mit nahezu ungeschädigten Kronenpartien, schütterer und kleinblättriger Belaubung sowie abgestorbenen Ästen. Die stärker geschädigte Seite korreliert meist mit dem teilgeschädigten Wurzelsystem.

6.7 Nesterartiges Baumsterben bei größerer Gasleckage. Am Rand der Flächenbelastung läßt die Schädigung schrittweise nach.

6.8 Charakteristische Wurzelschädigung (blau) durch Gas

Tafel 7: Streusalzschäden des Winterdienstes

7.1 Stark geschädigte Baumkronen (Kastanie) innerhalb der Sommerperiode mit deutlicher Kronenverlichtung, absterbenden Ästen und starker Blattverfärbung (aus: BALDER, 1990b).

7.2 Blattrandnekrosen bei Ahorn an der Bundesautobahn. Der Salzeintrag wird hier durch Spritzwasser und Oberflächenwasser erhöht.

7.3 Blattrandnekrose bei Linde

7.4 Blattrandnekrose bei Kastanie

Tafel 8: Baumschäden durch Hunde-Urin

8.1 Blattnekrosen am Stammfuß

8.2 Stammnekrose und nachfolgende Stammfäule (aus: BALDER, 1994b)

8.3 Schädigung der Algen am Stamm (aus: BALDER, 1994c)

8.4 Wurzelschäden (links = Kontrolle) (aus: BALDER, 1994c)

Tafel 9: Mechanische Wurzelverletzungen

9.1 Schädigung der Wurzelrinde durch Rasenmäher bei oberflächennaher Wurzelentwicklung, oft einhergehend mit Trittschäden.

9.2 Maschinelles Arbeiten im Wurzelbereich von Bäumen im GaLaBau. Leider nimmt auch in der grünen Branche die Motorisierung zu, so daß u. a. aus ökonomischen Zwängen, Unkenntnis und Gewohnheit Maschinen und Fahrzeuge in sensiblen Bereichen eingesetzt werden. Bodenverdichtungen und Wurzelschäden sind die Folge.

9.3 Wurzelabrisse durch den Einsatz schwerer Maschinen im Straßenbau. Vorrangig bei ungepflasterten Wegen und wurzelfreundlichen Belägen befinden sich im Arbeitsbereich nicht unerhebliche Wurzelanteile der am Straßenrand stehenden Bäume (aus: BALDER, 1990a).

9.4 Folgen wurzelschädigender Bauweisen im Straßenbau, die Wurzelkappungen am Stammfuß haben bereits zu einer sichtbaren Fäule geführt.

9.5 Wurzeleingriffe beim Bodenaushub. Der Maschineneinsatz führt nicht nur zu einem unkontrollierten Wurzelverlust, sondern auch zu weiteren Wurzelanrissen im Erdreich.

9.6 Wurzelschädigende Standortsanierung. Die Entsiegelung des Baumumfeldes mit Maschinen hat durch die unkontrollierten Bodeneingriffe und das Überfahren der Wurzelbereiche erhebliche Wurzelschäden zur Folge.

9.7 Nachfolgende Wurzelabrisse durch Tiefbauarbeiten nach dem Bodenaushub (aus: BALDER, 1988)

9.8 Abknicken und Zerreißen von Starkwurzeln bei der Großbaumverpflanzung durch Rundspatenmaschinen (aus: BALDER u. a., 1994a)

Tafel 10: Schaderreger an Wurzelsystemen

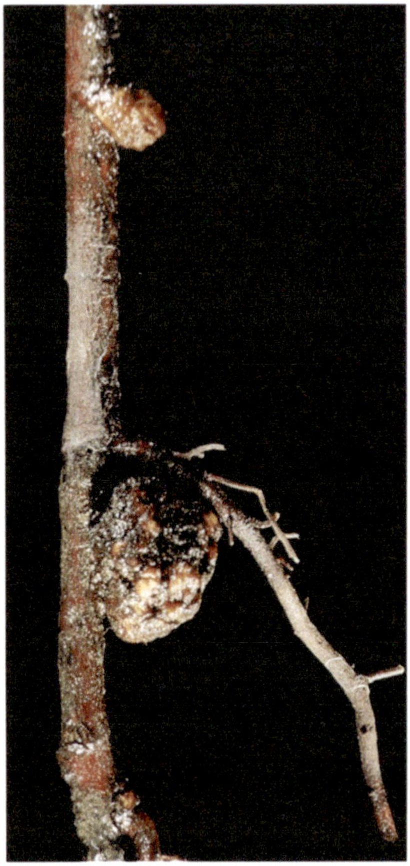

10.1 Wurzeldeformationen durch *Agrobakterium tumefaciens*

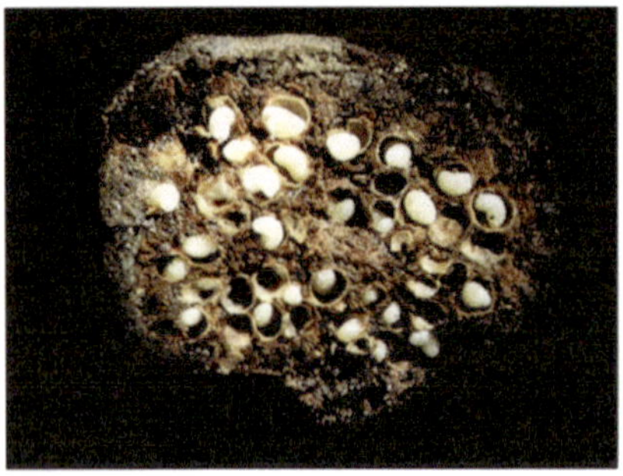

10.2 Wurzelgalle einer Gallwespe im Anschnitt mit Larven (aus: BALDER u. a., 1997a).

10.3 Rhizomorphen des Hallimasch-Pilzes unter der Wurzelrinde

10.4 Fortgeschrittene Wurzelfäule

10.5 Wurzelanastomose als Infektionsweg für Gefäßkrankheiten

10.6 Maikäfer – Käfer und Engerlinge

10.7 Rindenschädigung durch Kaninchen

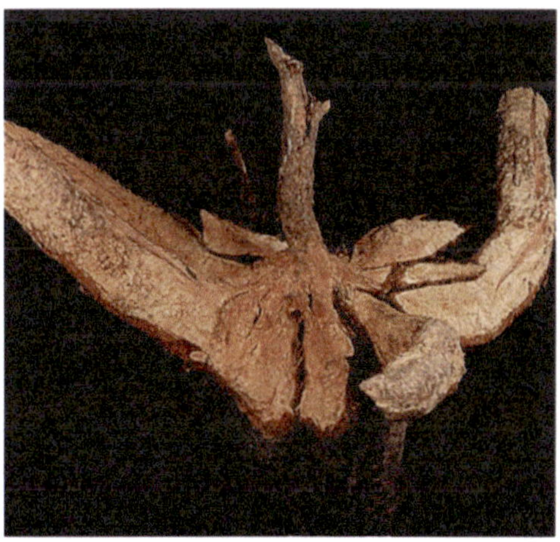

10.8 Nage-Schaden durch Schermaus (aus: BALDER u. a., 1997a).

10.9 Pilzfruchtkörper am Stammfuß einer Buche (*Meripilus giganteus*)

Tafel 11: Witterungsschäden

11.1 Hitze- und Trockenschäden an freigelegten Wurzelsystemen infolge mangelnder Schutzmaßnahmen (aus: BALDER u. a., 1990a).

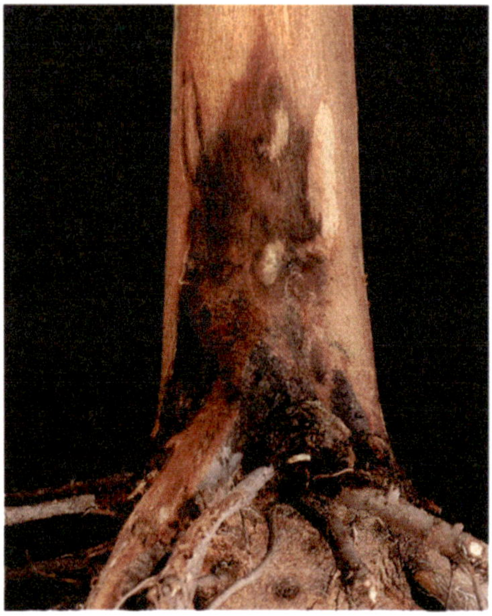

11.2 Wurzelnekrose (braun) durch Frost an Jungbäumen durch ungeschützte Lagerung

11.3 Frostschädigung bei einer Großbaumverpflanzung

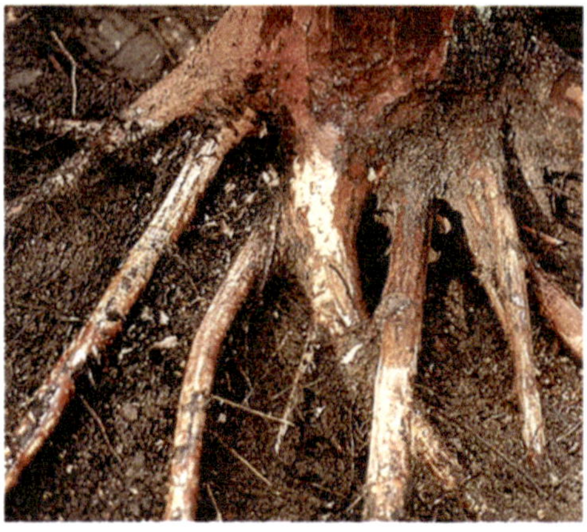

11.4 Starke Zonierung frostgeschädigten Gewebes (hell = gesund; braun = nekrotisch)

Tafel 12: Reaktion der Wurzel bei Rindenverletzung

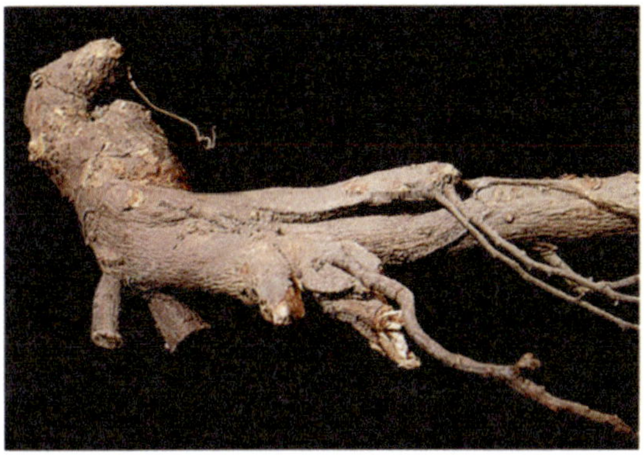

12.1 Kallusbildung und schwache Wurzelneubildung nach Verletzung bei anhaftender Wurzelrinde bei Linde (aus: BALDER u. a., 1996d)

12.2 Engräumige Abschottung nach Verletzung der Rinde im Querschnitt bei Eiche (aus: BALDER u. a., 1995a)

12.4 Engräumige Abschottung im Längsschnitt bei Eiche (links Verletzung)

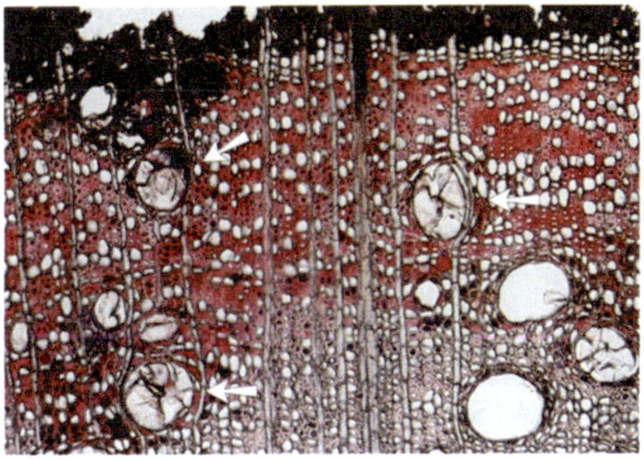

12.3 Verthyllung der Gefäße (Pfeile) und Wundholzbildung im jüngsten Jahrring nach Verletzung der Rinde bei Eiche (aus: BALDER u. a., 1995a)

Tafel 13: Wurzelkappung und Folgereaktionen

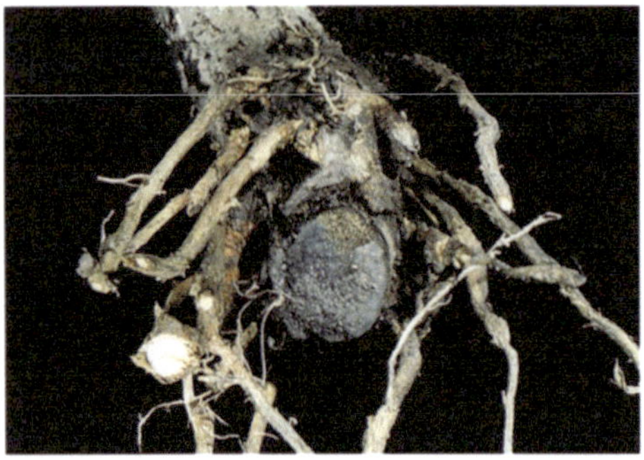

13.1 Rücktrocknung, Kallusbildung und Neuaustrieb bei Linde

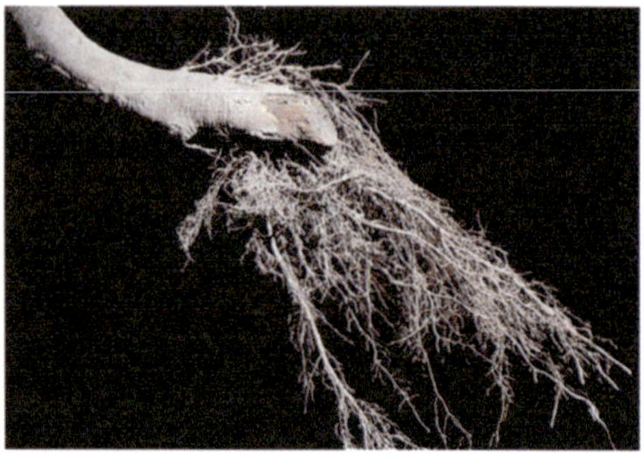

13.2 Verstärkte Rücktrocknung und Wurzelneubildung bei Derbwurzeln (2–5 cm) bei Buche

13.3 Intensive Wurzelneubildungsrate in Stammnähe (aus: BALDER u. a., 1996d)

13.4 Schwächere Wurzelneubildungsrate in Stammferne (aus: BALDER u. a., 1996d)

13.5 Charakteristische trichterförmige Holzverfärbung in gekappter Grobwurzel (0,5 –2 cm) bei Linde

13.6 Holzverfärbung und Pilzbefall nach Wurzelkappung (oben) und Abriß (unten) im Vergleich (aus: BALDER u. a., 1996d)

13.7 Unzureichende Kompartimentierung bei Robinie

13.8 Holzverfärbung in gekappter Starkwurzel bei Buche

Tafel 14: Folgeschäden bei Wurzelbeeinträchtigungen

14.1 Kleinblättriger und chlorotischer Austrieb nach Wurzelschädigung durch Frost

14.2 Totäste und Wasserreiserbildung nach Wurzelschädigung bei Eiche

14.3 Befall mit rindenbrütenden Insekten am Stamm nach Wurzelschädigung

14.4 Infektion mit holzzerstörenden Pilzen

Tafel 15: Schäden durch Wurzeln

15.1 Eindringen von Wurzeln in Gebäuderisse, häufig bei altem Mauerwerk. Die Wurzeln entwickeln mit den Jahren eine erhebliche Sprengkraft, so daß die Risse hierdurch verstärkt werden können.

15.2 Eindringen von Wurzeln in Schachtabdeckungen. Fugen von Betonplatten o. ä. dienen immer wieder als attraktive Eintrittspforte in tiefere Areale. Durch die wachsenden Wurzeln können Fugenaufweitungen, Schäden an den Platten und Verstopfungen ausgelöst werden.

15.3 Unterwachsen und Anheben von Mauern

15.4 Strahlenförmige Risse von Asphaltbelägen durch Wurzeln

15.5 Anheben von Pflasterbelägen

15.6 Verstopfen einer Leitung durch intensives Einwurzeln

15.7 Wurzelmatten unmittelbar unter dem Pflaster

15.8 Durchwurzeln von Belüftungsrohren

Tafel 16: Wurzelentwicklung bei unterschiedlicher Nährstoffversorgung

16.1 Charakteristisches Wurzelbild von Linde bei schlechter Nährstoffversorgung

16.2 Intensive Durchwurzelung des Bodens von Linde bei Verwendung von einem Langzeitdünger im Oberboden (Plantacote 12 M; 200 g/100 l Boden)

16.3 Verstärkte Durchwurzelung des Bodens bei harmonischer Nährstoffversorgung (Plantacote 8 M)

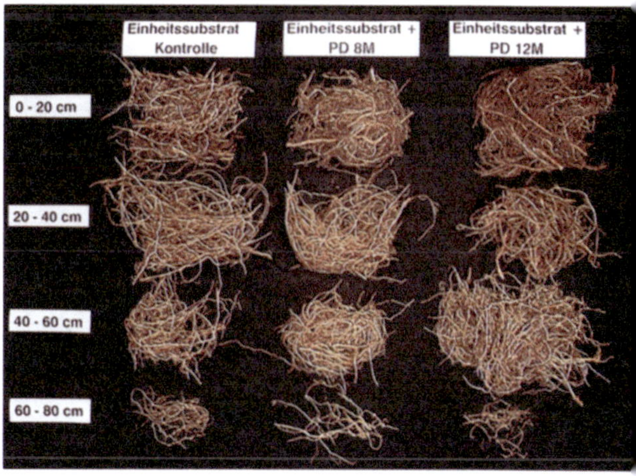

16.4 Wurzelmassen im Vergleich in unterschiedlicher Bodentiefe

Tafel 17: Wurzelqualität von Gehölzen

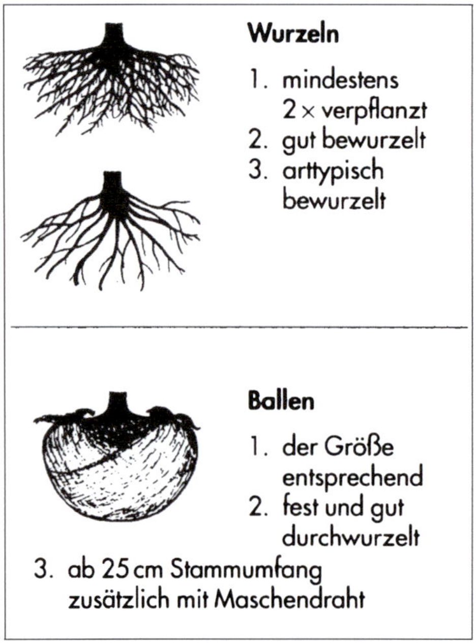

17.1 Gütebestimmungen des BdB

17.2 Starke Ringwurzelbildung bei überständiger Container-Baumschulware

17.3 Gute Ballenqualität mit guter Bewurzelung nach mehrmaligem Verpflanzen, insbesondere auch mit ausreichender Feinwurzelbildung.

17.4 Schlechte Ballenqualität mit geringer Bewurzelung wegen unzureichender Verpflanzung, insbesondere auch mit zu geringem Feinwurzelanteil.

Tafel 18: Auswurzeln aus Wurzelballen in unterschiedliche Umfeldsubstrate

18.1 Lehmballen in Lehm – lediglich an der Oberfläche, verursacht durch einen zu hohen Feuchtigkeitsgehalt bei gleichzeitiger Sauerstoffarmut des Bodens.

18.2 Lehmballen in Sand – gleichmäßig bei genügend Feuchtigkeit, mit langen Suchwurzeln und gutem Feinwurzelanteil. Die Gelbfärbung zeigt eine deutliche Suberinisierung.

18.3 Sandballen in Sand – intensiv mit langen Suchwurzeln und geringerem Feinwurzelanteil.

18.4 Sandballen in Lehm – gleichmäßig bei vorsichtiger Wässerung. Der Sandballen neigt in dieser Situation zur Staunässe.

Tafel 19: Technische und gestalterische Baumschutzmaßnahmen

19.1 Stammanschette zum Schutz des Wurzelhalses

19.2 Technische Baumschutzvorrichtung mit Bordsteinkante, freitragender Baumscheibenabdeckung und Vierbockanbindung zum Schutz der gesamten Baumscheibe.

19.3 „Hamburger Baumbügel" zum Schutz der Baumscheibe vor Bodenverdichtung

19.4 Verankerungsböcke mit zusätzlicher Schutzblende

19.5 Pfähle am Baumscheibenrand als kostengünstiger Schutz vor dem Beparken der Baumscheibe. Vandalismus, Anfahrschäden und Verwitterung verkürzen häufig die Haltbarkeit.

19.6 Schutzkante vor Tritt und freitragender Baumscheibenabdeckung zur direkten Steuerung von Menschenströmen.

19.7 Beeteinfassung mit Bänken, Verbindung aus Schutz- und Nutzelementen im Rahmen der Stadtgestaltung.

19.8 Bepflanzung

Tafel: 20: Schutzmaßnahmen bei Bauarbeiten

20.1 Stabiler Schutzzaun um den Traufenbereich

20.2 Durchgehender Schutzzaun
(aus: BALDER u. a., 1996b)

20.3 Optimaler Baumschutz bei Kurzzeitbelastung
(aus: BALDER u. a., 1997a)

20.4 Ein ungenügender Schutzzaun verhindert nicht die Beeinträchtigung der Wurzeln (aus: BALDER u. a., 1997a)

20.5 Verbesserter Stamm- und Wurzelschutz

Tafel 21: Trassenführung – optimierende Maßnahmen zum Wurzelschutz

21.1 Leitungs- und Wegebau in einer Parkanlage – a = wurzelschädigende Variante, b = wurzelschonende Varianten (aus: BALDER, 1995b)

21.2 Leitungsbau im Straßenkörper zum Schutz der Allee (aus: BALDER u. a., 1997a)

21.3 Ausgesparte Wurzelbereiche bei der Errichtung einer Lärmschutzwand

21.4 Einpassung von Parkplätzen je nach Wurzelausbreitung

21.5 Umfahren des unmittelbaren Wurzelbereiches

Tafel 22: Wurzelvorhang – Bauweise und Wirkung

22.1 Handschachtung des Grabens bei der Erstellung eines Wurzelvorhanges. Im linken Bereich des Bildes wird die Baugrube anschließend ausgehoben, rechts befindet sich hinter dem Graben das zu erhaltende Wurzelsystem (Foto: BOLLMANN).

22.2 Wurzelvorhang während der folgenden Bautätigkeit. Eine luftdurchlässige technische Konstruktion hält den Boden und schützt die Wurzeln vor Schädigung, während außerhalb des Wurzelvorhanges die Bauarbeiten ausgeführt werden können (Foto: BOLLMANN).

22.3 Wurzelentwicklung nach Öffnung des Wurzelvorhanges, gute Feinwurzelbildung und unzureichende Regeneration einer Starkwurzel bei Buche (aus: BALDER u. a., 1994c).

22.4 Gute Wurzelregeneration bei einem Wurzelvorhang (aus: BALDER u. a., 1994c)

Tafel 23: Großbaumverpflanzung

23.1 Erschwerte Aufnahme bei gestörtem Untergrund

23.2 Quetschen der Wurzeln durch Rundspaten

23.3 Vielfältige Wurzelschädigung nach maschineller Großbaumverpflanzung

23.4 Schwache Wurzelneubildung an der Ballenkante (aus: BALDER u. a., 1994b)

23.5 Nachhaltige Stammschäden durch Bolzen bei der Großbaumverpflanzung

Tafel 24: Behandlung von Wurzelabrissen und Kappungen

24.1 Glätten des Wundrandes zur Förderung der Wundreaktionen. Zuvor muß im angrenzenden Erdbereich untersucht werden, ob die Wurzeln weitere Anrisse zeigen. Diese müssen aufgearbeitet werden.

24.2 Phytotoxische Wirkung von Desinfektionsmitteln bei der Wundreaktion von Eiche (rechts = Kontrolle). Deutlich sichtbar ist die verminderte Kallusentwicklung und eine starke Holzverfärbung.

24.3 Gute Verträglichkeit von Wundverschlußmitteln (links = Kontrolle)

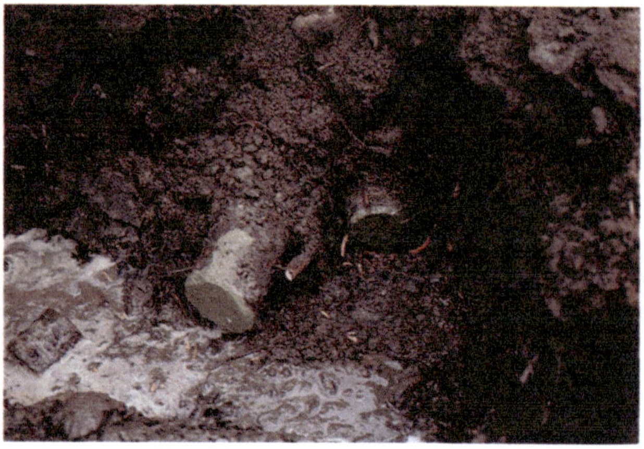

24.4 Fachgerechte Behandlung

Tafel 25: Sanierung von Baumstandorten

25.1 Freigelegtes Wurzelsystem bei Linde nach dem Absaugen des Oberbodens (aus: BALDER u. a., 1997a).

25.2 Intensive Wurzelentwicklung bei Linde nach Oberbodenaustausch (aus: BALDER u. a., 1997a).

25.3 Geringfügige Wurzelschäden durch den Absaugvorgang

25.4 Wurzelschonendes Verfüllen einer Sanierungsfläche

25.5 Sichtbare Kronenregeneration bei Kastanie (rechts = Kontrolle; links = Oberbodenaustausch)